计算机应用案例教程系列

电脑办公自动化
案例教程
（第 2 版）

李伦彬◎编著

清华大学出版社

北京

内 容 简 介

本书以通俗易懂的语言、翔实生动的案例全面介绍使用电脑进行办公的操作方法和技巧。全书共分 12 章，内容涵盖了电脑办公的基础操作、Word 2010 文档制作、Word 2010 图文混排、Word 2010 编辑技巧、Excel 2010 表格处理、Excel 2010 公式与函数、Excel 2010 数据分析、PowerPoint 2010 幻灯片制作、PowerPoint 2010 幻灯片设计、Office 2010 协同办公、使用常用办公软件和硬件以及电脑网络化办公。

书中同步的案例操作二维码教学视频可供读者随时扫码学习。本书还提供配套的素材文件、与内容相关的扩展教学视频以及云视频教学平台等资源的电脑端下载地址，方便读者扩展学习。本书具有很强的实用性和可操作性，是一本适合于高等院校及各类社会培训学校的优秀教材，也是广大初、中级电脑用户的首选参考书。

本书对应的电子课件及其他配套资源可以到 http://www.tupwk.com.cn/teaching 网站下载，也可以扫描前言中的二维码推送配套资源到邮箱。

图书在版编目(CIP)数据

电脑办公自动化案例教程 / 李伦彬 编著. —2 版. —北京：清华大学出版社，2020

计算机应用案例教程系列

ISBN 978-7-302-54050-2

Ⅰ. ①电… Ⅱ. ①李… Ⅲ. ①办公自动化－应用软件－教材 Ⅳ. ①TP317.1

中国版本图书馆 CIP 数据核字(2019)第 241155 号

责任编辑：胡辰浩
封面设计：孔祥峰
版式设计：妙思品位
责任校对：成凤进
责任印制：杨 艳

出版发行：清华大学出版社
　　　　　网　　址：http://www.tup.com.cn, http://www.wqbook.com
　　　　　地　　址：北京清华大学学研大厦 A 座　　　邮　　编：100084
　　　　　社 总 机：010-62770175　　　　　邮　　购：010-62786544
　　　　　投稿与读者服务：010-62776969，c-service@tup.tsinghua.edu.cn
　　　　　质 量 反 馈：010-62772015，zhiliang@tup.tsinghua.edu.cn
印　刷　者：北京富博印刷有限公司
装　订　者：北京市密云县京文制本装订厂
经　　销：全国新华书店
开　　本：185mm×260mm　　印　张：18.5　　插　页：2　　字　数：474 千字
版　　次：2016 年 6 月第 1 版　　2020 年 1 月第 2 版　　印　次：2020 年 1 月第 1 次印刷
印　　数：1～3000
定　　价：66.00 元

产品编号：076405-01

▶ 设置Windows主题

▶ 设置屏幕分辨率

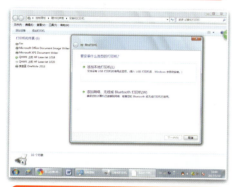

▶ 添加设备和打印机

▶ 设置系统桌面背景

▶ 创建动态数据透视表

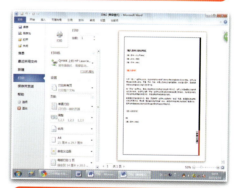

▶ 打印Word文档

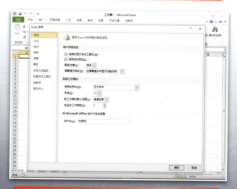

▶ 设置Excel选项

▶ 设置Word选项

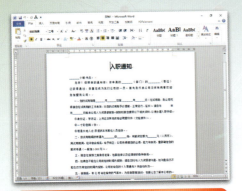

▶ 制作入职通知

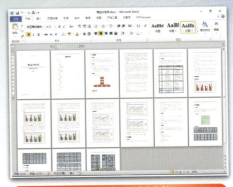

▶ 制作商业计划书

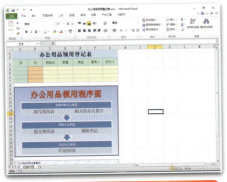

▶ 制作办公用品领用流程表

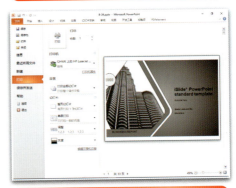

▶ 打印PPT文稿

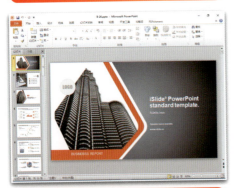

▶ 制作PPT模板

▶ 制作公司宣传单

▶ 制作工作总结计划PPT

▶ 在演示文稿中处理图片

▶▶ 观看二维码教学视频的操作方法

　　本套丛书提供书中实例操作的二维码教学视频，读者可以使用手机微信中的"扫一扫"功能，扫描本书前言中的"扫一扫，看视频"二维码图标，即可打开本书对应的同步教学视频界面。

▶▶ 推送配套资源到邮箱的操作方法

　　本套丛书提供扫码推送配套资源到邮箱的功能，读者可以使用手机微信中的"扫一扫"功能，扫描本书前言中的"扫码推送配套资源到邮箱"二维码图标，即可快速下载图书配套的相关资源文件。

[配套资源使用说明]

▶▶ 电脑端资源使用方法

本套丛书配套的素材文件、电子课件、扩展教学视频以及云视频教学平台等资源，可通过在电脑端的浏览器中下载后使用。读者可以登录本丛书的信息支持网站（http://www.tupwk.com.cn/teaching）下载图书对应的相关资源。

读者下载配套资源压缩包后，可在电脑中对该文件解压缩，然后双击名为 Play 的可执行文件进行播放。

▶▶ 扩展教学视频&素材文件

▶▶ 云视频教学平台

前 言

熟练使用计算机已经成为当今社会不同年龄层次的人群必须掌握的一门技能。为了使读者在短时间内轻松掌握计算机各方面应用的基本知识，并快速解决生活和工作中遇到的各种问题，清华大学出版社组织了一批教学精英和业内专家特别为计算机学习用户量身定制了这套"计算机应用案例教程系列"丛书。

丛书、二维码教学视频和配套资源

➤ **选题新颖，结构合理，内容精炼实用，为计算机教学量身打造**

本套丛书注重理论知识与实践操作的紧密结合，同时贯彻"理论+实例+实战"3阶段教学模式，在内容选择、结构安排上更加符合读者的认知习惯，从而达到老师易教、学生易学的目的。丛书采用双栏紧排的格式，合理安排图与文字的占用空间，在有限的篇幅内为读者提供更多的计算机知识和实战案例。丛书完全以高等院校及各类社会培训学校的教学需要为出发点，紧密结合学科的教学特点，由浅入深地安排章节内容，循序渐进地完成各种复杂知识的讲解，使学生能够一学就会、即学即用。

➤ **教学视频，一扫就看，配套资源丰富，全方位扩展知识能力**

本套丛书提供书中案例操作的二维码教学视频，读者使用手机微信、QQ以及浏览器中的"扫一扫"功能，扫描下方的二维码，即可观看本书对应的同步教学视频。此外，本书配套的素材文件、与本书内容相关的扩展教学视频以及云视频教学平台等资源，可通过在PC端的浏览器中下载后使用。用户也可以扫描下方的二维码推送配套资源到邮箱。

(1) 本书配套素材和扩展教学视频文件的下载地址如下。

http://www.tupwk.com.cn/teaching

(2) 本书同步教学视频的二维码如下。

扫一扫，看视频

扫码推送配套资源到邮箱

➤ **在线服务，疑难解答，贴心周到，方便老师定制教学课件**

本套丛书精心创建的技术交流QQ群(101617400)为读者提供24小时便捷的在线交流服务和免费教学资源。便捷的教材专用通道(QQ：22800898)为老师量身定制实用的教学课件。老师也可以登录本丛书的信息支持网站(http://www.tupwk.com.cn/teaching)下载图书对应的电子课件。

本书内容介绍

《电脑办公自动化案例教程(第 2 版)》是这套丛书中的一本，该书从读者的学习兴趣和实际需求出发，合理安排知识结构，由浅入深、循序渐进，通过图文并茂的方式讲解使用电脑进行办公的基础知识和操作方法。全书共分 12 章，主要内容如下。

第 1 章：介绍电脑办公自动化中关于操作系统和文件资源管理的基础知识。

第 2 章：介绍 Word 2010 的基本操作，以及在 Word 中制作普通办公文档的方法。

第 3 章：介绍使用 Word 2010 对文档内容进行图文混排的操作方法。

第 4 章：介绍使用 Word 2010 编辑文档的一些常用操作技巧。

第 5 章：介绍在 Excel 2010 中操作工作簿、工作表和单元格的方法。

第 6 章：介绍 Excel 2010 公式与函数的定义、引用单元格、公式的运算符等内容。

第 7 章：介绍在 Excel 2010 中使用数据透视表分析数据的方法。

第 8 章：介绍使用 PowerPoint 2010 制作幻灯片的基本方法。

第 9 章：介绍使用 PowerPoint 2010 设计幻灯片、设置幻灯片动画效果、放映和打包演示文稿等内容。

第 10 章：介绍 Office 各组件之间相互调用的操作方法。

第 11 章：介绍常用办公软件和硬件设备的使用。

第 12 章：介绍实现网络化办公的各种操作方法。

读者定位和售后服务

本套丛书为所有从事计算机教学的老师和自学人员而编写，是一套适合于高等院校及各类社会培训学校的优秀教材，也可作为初、中级计算机用户的首选参考书。

如果您在阅读图书或使用电脑的过程中有疑惑或需要帮助，可以登录本丛书的信息支持网站(http://www.tupwk.com.cn/teaching)联系，本丛书的作者或技术人员会提供相应的技术支持。

本书分为 12 章，黑河学院的李伦彬编写了全书。由于作者水平所限，本书难免有不足之处，欢迎广大读者批评指正。我们的邮箱是 huchenhao@263.net，电话是 010-62796045。

"计算机应用案例教程系列"丛书编委会

2019 年 8 月

目录

第 8 章 PowerPoint 2010 幻灯片制作

第 9 章 PowerPoint 2010 幻灯片设计

第1章

电脑办公的基础操作

电脑是现代信息社会的重要标志，在办公领域中扮演着得力助手的角色。电脑的普及，使其在办公领域起着举足轻重的作用，使用电脑办公，可以简化办公流程，提高办公效率。本章主要介绍电脑办公自动化中关于操作系统和文件资源管理的一些基础知识。

 **本章对应视频**

1.1 电脑办公自动化概述

随着电脑的普及，目前在几乎所有的公司中都能看到电脑的身影，尤其是一些金融投资、动画制作、广告设计、机械设计等公司，更是离不开电脑的协助。电脑已经成为人们日常办公中不可或缺的工具。

1. 电脑办公自动化的概念

办公自动化(Office Automation，OA)，是一个不断成长的概念，是利用先进的科学技术(主要是计算机技术)，使办公室部分工作逐步物化于各种现代化设备中，由办公室人员与设备共同构成服务于某种目标的人机信息处理系统；其目的是尽可能充分利用现代技术资源与信息资源，提高生产效率、工作效率和工作质量，辅助决策，以取得更好的效果。

电脑办公自动化主要强调以下 3 点。

▶ 利用先进的科学技术和现代化办公设备。

▶ 办公人员和办公设备构成人机信息处理系统。

▶ 提高效率是电脑办公自动化的目的。

2. 电脑办公自动化的功能和特点

电脑在办公操作中的用途有很多，例如制作办公文档、财务报表、3D 效果图，进行图片设计等。电脑公办自动化是当今信息技术高速发展的重要标准之一，具有如下特点。

▶ 电脑办公自动化是一个人机信息系统。在电脑办公中，"人"是决定因素，是信息加工的设计者、指导者和成果享用者；而"机"是指电脑及其相关办公设备，是信息加工的工具和手段。信息是被加工的对象，电脑办公综合并充分体现了人、机器和信息三者之间的关系。

▶ 电脑办公可以实现办公信息一体化处理。电脑办公通过不同技术的电脑办公软件和设备，将各种形式的信息组合在一起，使办公室真正具有综合处理信息的功能。

▶ 电脑办公可以提高办公效率和质量。电脑办公是人们处理更高价值信息的一个辅助手段，它借助一体化的电脑办公设备和智能电脑办公软件，来提高办公效率，以获得更大效益，并对信息社会产生积极的影响。

电脑办公的主要功能就是利用现代化的先进技术与设备，实现办公的自动化，提高办公效率。电脑办公的具体功能如下。

▶ 公文编辑：使用电脑输入和编辑文本，使公文的创建和制作更加方便、快捷和规范化。

▶ 活动安排：对领导的工作和活动进行统一的协调和安排，包括一周的活动安排和每日的活动安排等。

▶ 个人用户管理：可以用个人用户工作台对本人的各项工作进行统一管理，如安排日程和活动、查看和处理当日工作、存放个人的各项资料和记录等。

▶ 电子邮件：完成信息共享、文档传递等工作。

▶ 远程办公：通过网络连接远程电脑，完成所有相关办公的信息传递。

▶ 档案管理：对数据进行管理，如将员工资料与考勤、工资管理、人事管理相结合，实现高效、实时的查询管理，有效提高工作效率，降低管理费用。

3. 电脑办公自动化所需的条件

电脑办公自动化所需的 3 个基本条件为办公人员、办公电脑和常用的办公设备。

办公人员

办公人员大致分为 3 类：管理人员、办公操作人员和专业技术人员。不同的办公人员在实现办公系统的自动化中扮演不同的角色。

> 管理人员：管理人员需要考虑如何对现有的办公自动化体制做出改变，以适应办公的需要。在办公过程中，负责整理和优化办公流程，分析办公流程中的各个环节的业务处理过程。

> 办公操作人员：办公操作人员直接参与系统工作，完成办公任务。办公操作人员应有较高的业务素质，不但要熟悉本岗位的业务操作规范，而且要注意和其他环节的操作人员在工作上相互配合。

> 专业技术人员：专业技术人员应了解办公室应用的各项办公事务和有关的业务，善于把电脑信息处理技术恰当地应用在这些业务处理过程中。

办公电脑

办公电脑已经成为日常办公中必不可少的设备之一。随着电脑的普及，其自身也发展出了不同的类型，以便适应不同用户的需求。

> 根据使用方式分类：电脑根据使用方式的不同可以分为台式电脑与笔记本电脑两种。台式电脑是目前最为普遍的电脑类型，它拥有独立的机箱、键盘以及显示器，并拥有良好的散热性与扩展性；笔记本电脑是一种便携式的电脑，它将显示器、主机、键盘等必需设备集成在一起，方便用户随身携带。

> 根据购买电脑的方式分类：根据购买电脑的方式，可以将电脑分成兼容电脑与品牌电脑两种。兼容电脑就是用户自己单独选购各硬件设备，然后组装起来的电脑，也就是常说的 DIY 电脑，其拥有较高的性价比与灵活的配置，用户可以按照自己的要求和实际情况来配置兼容电脑；品牌电脑是由一定规模和技术实力的电脑生产厂商生产并标识商标品牌的电脑，拥有出色的稳定性以及全面的售后服务。品牌电脑的常见品牌包括联想、惠普和戴尔等。

惠普商用电脑

办公设备

要实现电脑办公不仅需要办公人员和电脑，还需要其他的办公设备，例如要打印文件时需要打印机；要将图纸上的图形和文字保存到电脑中时需要扫描仪；要复印图纸文件时需要复印机等。下面将介绍一些常用的办公设备的作用。

> 打印机：通过打印机可以将在电脑中制作的工作文档打印出来。在现代办公和生活中，打印机已经成为电脑最常用的输出设备之一。

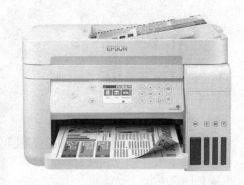

爱普生商用办公打印机

> 扫描仪：通过扫描仪，用户可以将办公中所有的重要文字资料或照片输入电脑中保存或者经过电脑处理后刻录到光盘中永久保存。

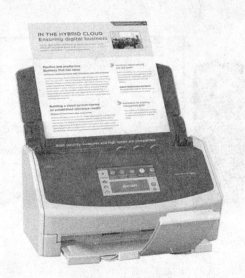

富士通高清彩色扫描仪

> ▶ 复印机：通过复印机，用户可以将照片等文档直接复制到原地的另一用户手中，从而实现资源共享。

> ▶ 移动存储设备：通过移动存储设备，可以在不同电脑间进行数据交换。

西部数据移动硬盘

1.2　使用操作系统

　　操作系统是电脑进行办公的基础，学会 Windows 7 的基本操作和设置系统环境可以使用户更加方便地操作电脑，促进办公自动化。本节将主要介绍 Windows 7 的基本操作方法，以及设置电脑办公环境的具体操作。

图标

任务栏

【开始】按钮

Windows 7 操作系统的桌面

1.2.1　使用系统桌面

　　在 Windows 7 操作系统中，"桌面"是

一个重要的概念，它指的是当用户启动并登录操作系统后，用户所看到的一个主屏幕区域。桌面是用户进行工作的一个平面，它由

图标、【开始】按钮、任务栏等几部分组成。

下面将详细介绍操作 Windows 7 系统桌面的具体方法。

1. 添加与排列桌面图标

常用的桌面系统图标有【计算机】【网络】【回收站】和【控制面板】等。除了可以添加系统图标外，用户还可以添加快捷方式图标。

添加系统图标

第一次进入 Windows 7 操作系统的时候，发现桌面上只有一个回收站图标，要增加其他常用的系统图标，可以使用下面的方法进行操作。

step 1　启动 Windows 7 操作系统后，在系统桌面空白处右击鼠标，在弹出的快捷菜单中选择【个性化】命令。

step 2　打开【个性化】窗口后，单击窗口左侧的【更改桌面图标】选项，设置桌面图标。

step 3　打开【桌面图标设置】对话框，选中【计算机】【回收站】【控制面板】和【网络】复选框，然后单击【确定】按钮。

step 4　此时将在桌面上添加下图所示的图标。

添加快捷方式图标

除了系统图标，还可以添加其他应用程序或文件夹的快捷方式图标。一般情况下，安装了一个新的应用程序后，都会自动在桌面上建立相应的快捷方式图标，如果该程序没有自动建立快捷方式图标，可在程序的启动图标上右击鼠标，在弹出的快捷菜单中选择【发送到】|【桌面快捷方式】命令，手动创建一个快捷方式，并将其显示在操作系统的桌面上。

排列图标

当用户安装了新的程序后，桌面也添加

了更多的快捷方式图标。为了让用户更方便快捷地使用图标，可以将图标按照自己的要求排列顺序。排列图标除了用鼠标拖曳图标随意安放，用户也可以按照名称、大小、项目类型和修改日期来排列桌面图标。

例如，在桌面空白处右击鼠标，在弹出的快捷菜单中选择【排序方式】下的【项目类型】命令，桌面上的图标即可按照项目类型进行排序。

2. 使用任务栏

任务栏是位于桌面下方的一个条形区域，它显示了系统正在运行的程序、打开的窗口和当前时间等内容，用户通过任务栏可以完成许多操作。任务栏最左边的圆形(球状)的立体按钮便是【开始】按钮，在【开始】按钮的右边依次是快速启动区(包含 IE 图标和库图标等系统自带程序、当前打开的窗口和程序等)、语言栏(输入法语言)、通知区域(系统运行程序的设置显示和系统时间日期)、【显示桌面】按钮(单击该按钮即可显示完整桌面，再单击即会还原)。

下面将分别介绍任务栏中主要区域的使用方法。

任务栏按钮

Windows 7 的任务栏可以将计算机中运行的同一程序的不同文档集中在同一个图标上，如果是尚未运行的程序，单击相应图标可以启动对应的程序；如果是运行中的程序，单击图标则会将此程序放在最前端。在任务

栏上，用户可以通过鼠标的各种按键操作来实现不同的功能。

> **左键单击**：如果图标对应的程序尚未运行，单击鼠标左键即可启动该程序；如果已经运行，单击左键则会将对应的程序窗口放置于最前端。如果该程序打开了多个窗口和标签，左键单击可以查看该程序所有窗口和标签的缩略图，再次单击缩略图中的某个窗口，即可将该窗口显示于桌面的最前端。

> **中键单击**：中键单击程序的图标后，会新建该程序的一个窗口。如果鼠标上没有中键，也可以单击滚轮实现中键单击的效果。

> **右键单击**：右键单击一个图标，可以打开跳转列表、查看该程序历史记录和解锁任务栏以及关闭程序的命令。

任务栏的快速启动区图标可以用鼠标左键拖动，来改变它们的顺序。对于已经启动的程序的任务栏按钮，Windows 7 还有一些特别的视觉效果。

任务进度监视

在 Windows 7 操作系统中，任务栏中的按钮具有任务进度监视的功能。例如用户在复制某个文件时，在任务栏的按钮中同样会显示复制的进度。

3. 使用【开始】菜单

【开始】菜单指的是单击任务栏中的【开始】按钮所打开的菜单。通过该菜单，用户可以访问硬盘上的文件或者运行安装好的程序。Windows 7 的【开始】菜单主要分成 5 部分：常用程序列表、【所有程序】列表、常用位置列表、搜索框、【关机】按钮组，如下图所示。

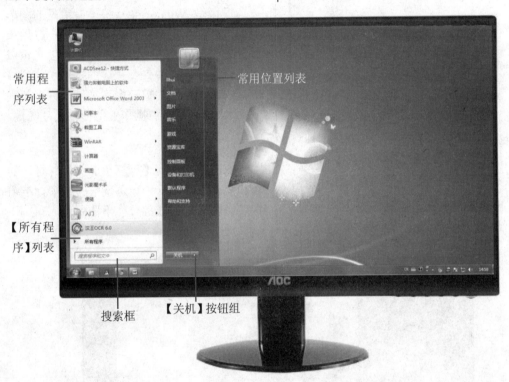

常用程序序列表

【所有程序】列表

搜索框　　　　【关机】按钮组

常用位置列表

Windows 7 系统的【开始】菜单

➤ 搜索框：在搜索框中输入关键字，即可搜索本机安装的程序或文档。

➤ 常用位置列表：该列表列出了硬盘上的一些常用位置，使用户能快速进入常用文件夹或系统设置。比如有【计算机】【控制面板】和【设备和打印机】等常用程序及设备。

➤ 【关机】按钮组：由【关机】按钮和旁边的■下拉菜单组成，包含【关机】【睡眠】【休眠】【锁定】【注销】【切换用户】【重新启动】这些系统命令。

➤ 常用程序列表：该列表列出了最近频繁使用的程序快捷方式，只要是从【所有程序】列表中运行过的程序，系统会按照使用频率的高低自动将其排列在常用程序列表上。另外，对于某些支持跳转列表功能的程序(右侧会带有箭头)，也可以在这里显示出跳转列表，如下图所示。

▷ 【所有程序】列表：系统中所有的程序都能在【所有程序】列表里找到。用户只需将光标指向或者单击【所有程序】命令，即可显示【所有程序】列表。如果光标指向或者单击【返回】命令，则恢复常用程序列表状态。

【例1-1】通过【开始】菜单搜索并运行硬盘上的【迅雷】软件。 视频

step 1 单击【开始】按钮，打开【开始】菜单，在搜索框中输入"迅雷"。

step 2 系统自动搜索出与关键字"迅雷"相匹配的内容，并将结果显示在【开始】菜单中。

step 3 单击【启动迅雷】命令，即可启动【迅雷】软件。

4. 使用窗口

窗口是 Windows 系统里最常见的图形界面，外形为一个矩形的屏幕显示框，用来区分各个程序的工作区域，用户可以在窗口里进行文件、文件夹及程序的操作和修改。Windows 7 系统的窗口操作加入了许多新模式，大大提高了窗口操作的便捷性与趣味性。

(1) 认识窗口

双击桌面上的【计算机】图标，打开的窗口就是 Windows 7 系统下的一个标准窗口，该窗口的组成部分如下图所示。

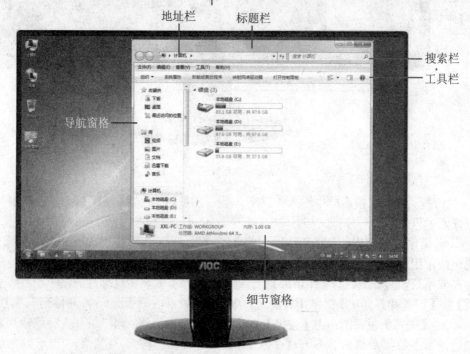

Windows 7 操作系统中的【计算机】窗口

窗口一般分为系统窗口和程序窗口，系统窗口是指如【计算机】窗口等 Windows 7 操作系统窗口；程序窗口是各个应用程序所使用的执行窗口。它们的组成部分大致相同，主要由标题栏、地址栏、搜索栏、工具栏、窗口工作区等元素组成。

标题栏

在 Windows 7 窗口中，标题栏位于窗口的顶端，标题栏最右端显示【最小化】、【最大化/还原】、【关闭】3 个按钮。通常情况下，用户可以通过标题栏来进行移动窗口、改变窗口的大小和关闭窗口操作。

【最小化】是指将窗口缩小为任务栏上的一个图标；【最大化/还原】是指将窗口充满整个屏幕，再次单击该按钮则窗口恢复为原样；【关闭】是指将窗口关闭。

地址栏

地址栏用于显示和输入当前浏览位置的详细路径信息，Windows 7 的地址栏提供按钮功能，单击地址栏文件夹后的按钮，弹出一个下拉菜单，里面列出了与该文件夹同级的其他文件夹，在菜单中选择相应的路径便可以跳转到对应的文件夹。

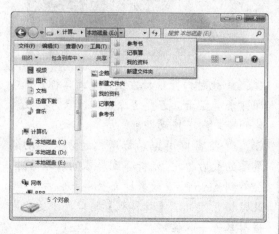

用户单击地址栏右端的按钮即可打开历史记录，通过该操作，用户可以在曾经访问过的文件夹之间来回切换。

地址栏最左侧的按钮组为浏览导航按钮，其中【返回】按钮可以返回上一个浏览位置；【前进】按钮可以重新进入之前所在的位置；旁边的按钮可以列出最近的浏览记录，方便进入曾经访问过的位置。

搜索栏

Windows 7 窗口右上角的搜索栏与【开始】菜单中的搜索框的作用和用法相同，具有在计算机中搜索各种文件的功能。搜索时，地址栏中会显示搜索进度情况。

工具栏

工具栏位于地址栏的下方，提供了一些基本工具和菜单任务。它相当于 Windows XP 的菜单栏和工具栏的结合，Windows 7 的工具栏具有智能化功能，它可以根据实际情况动态选择最匹配的选项。

单击工具栏右侧的【更改您的视图】按钮，就可以切换显示不同的视图；单击【显示预览窗格】按钮，则可以在窗口的右侧出现一个预览窗格；单击【获取帮助】按钮，则会出现【Windows 帮助和支持】窗口提供帮助文件。

窗口工作区

窗口工作区用于显示主要的内容，如多个不同的文件夹、磁盘驱动器等。它是窗口中最主要的部位。

导航窗格

导航窗格位于窗口左侧的位置，它给用户提供了树状结构文件夹列表，从而方便用户迅速地定位所需的目标。窗格从上到下分为不同的类别，通过单击每个类别前的箭头，可以展开或者合并，其主要分为收藏夹、库、计算机、网络 4 个大类。

细节窗格

细节窗格位于窗口的底部，用于显示当前操作的状态及提示信息，或当前用户选定对象的详细信息。

(2) 打开与关闭窗口

在 Windows 7 中打开窗口有多种方式，下面以【计算机】窗口为例进行介绍。

▶ 双击桌面图标：在【计算机】图标上双击鼠标左键即可打开该图标所对应的窗口。

▶ 通过快捷菜单：右键单击【计算机】图标，在弹出的快捷菜单上选择【打开】命令。

▶ 通过【开始】菜单：单击【开始】按钮，在弹出的【开始】菜单里选择常用位置列表里的【计算机】选项。

关闭窗口也有多种方式，同样以【计算机】窗口为例进行介绍。

▶ 单击【关闭】按钮：直接单击窗口标题栏右上角的【关闭】按钮 ，将【计算机】窗口关闭。

▶ 使用菜单命令：在窗口标题栏上右击鼠标，在弹出的快捷菜单中选择【关闭】命令来关闭【计算机】窗口。

▶ 使用任务栏：在任务栏上的对应窗口图标上右击鼠标，在弹出的快捷菜单中选择【关闭窗口】命令来关闭【计算机】窗口。

(3) 改变窗口大小

上文介绍了窗口的最大化按钮、最小化按钮、关闭按钮的操作，除了这些按钮，用户还可以通过对窗口的拖动来改变窗口的大小，只需将鼠标指针移动到窗口四周的边框或 4 个角上，当光标变成双箭头形状时，按住鼠标左键不放进行拖动即可拉伸或收缩窗口。Windows 7 系统特有的 Aero 特效功能也可以改变窗口大小，下面举例说明。

【例 1-2】通过 Aero 特效功能改变 Windows 系统的窗口大小。

step 1 双击桌面上的【计算机】图标，打开【计算机】窗口。

step 2 用鼠标拖动【计算机】窗口标题栏至屏幕的最上方，当光标碰到屏幕的上方边沿时，会出现放大的气泡，同时将会看到 Aero Peek 效果(窗口边框里面透明)填充桌面。

step 3 此时松开鼠标左键，【计算机】窗口即可全屏显示。若要还原窗口，只需将最大化的窗口向下拖动即可。

step 4 将窗口用拖动标题栏的方式移动到屏幕的最右边，当光标碰到屏幕的右边沿时，会看到 Aero Peek 效果填充至屏幕的右半边。此时松开鼠标，【计算机】窗口大小变为占据屏幕一半的区域。

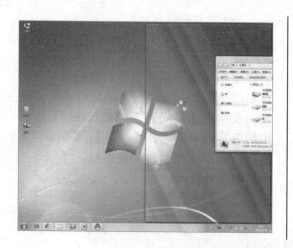

step 5 同理，将窗口移动到屏幕左边沿也可以将窗口大小变为屏幕靠左边的一半区域。若要还原窗口为原来大小，只需将窗口向下拖动即可。

5. 使用对话框

Windows 7 中的对话框多种多样，一般来说，对话框中的可操作元素主要包括命令按钮、选项卡、单选按钮、复选框、文本框、下拉列表框和数值框等，但并不是所有的对话框都包含以上所有的元素。

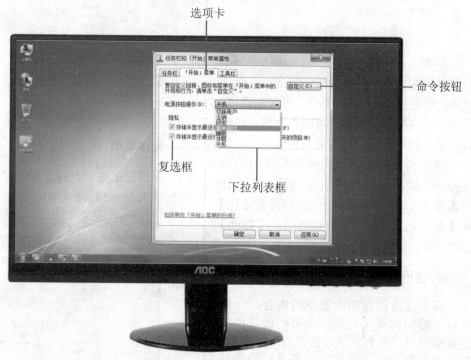

Windows 7 操作系统中的对话框

▶ 选项卡：对话框内一般有多个选项卡，选择不同的选项卡可以切换到相应的设置界面。

▶ 下拉列表框：下拉列表框在对话框里以矩形框形状显示，里面列出多个选项供用户选择。

▶ 复选框：复选框中所列出的各个选项是不互相排斥的，用户可根据需要选择其中的一个或几个选项。当选中某个复选框时，框内出现一个"√"标记，一个选择框代表一个可以打开或关闭的选项。在空白选择框上单击便可选中它，再次单击这个选择框便可取消选择。

▶ 单选按钮：单选按钮是一些互相排斥的选项，每次只能选择其中的一个项目，被选中的圆圈中将会有一个黑点。

▶ **文本框**：文本框主要用来接收用户输入的信息，以便正确地完成操作。如下图所示，【数值数据】选项下方的矩形白色区域即为文本框。

▶ **数值框**：数值框用于输入或选中一个数值。它由文本框和微调按钮组成。在微调框中，单击上三角的微调按钮，可增加数值；单击下三角的微调按钮，可减少数值。也可以在文本框中直接输入需要的数值。

移动和关闭对话框的操作和窗口的有关操作一样，不过对话框不能像窗口那样任意改变大小，在其标题栏上也没有【最小化】和【最大化】按钮，取而代之的是【帮助】按钮 。

6. 使用菜单

菜单是应用程序中命令的集合，一般都位于窗口的菜单栏里，菜单栏通常由多层菜单组成，每个菜单又包含若干个命令。要打开菜单，用鼠标单击需要执行的菜单选项即可。

(1) 菜单的分类

Windows 7 中的菜单大致分为 4 类，分别是窗口菜单、程序菜单、右键快捷菜单和【开始】菜单。前三类都可以称为一般菜单，【开始】菜单我们在上文介绍过，主要是用于对 Windows 7 操作系统进行控制和启动程序。下面我们主要对一般菜单进行介绍。

窗口菜单

窗口里一般都有菜单栏，单击菜单栏会弹出相应的子菜单命令，有些子菜单还有多级子菜单命令。在 Windows 7 中，用户需要单击【组织】下拉列表按钮，在弹出的下拉列表中选择【布局】|【菜单栏】选项，选中该选项前的复选框，才能显示窗口的菜单栏。

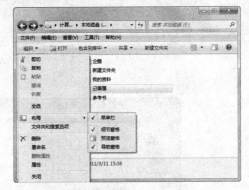

程序菜单

应用程序里一般包含多个菜单项，如下图所示为 Word 程序菜单。

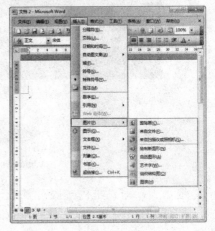

右键快捷菜单

在不同的对象上单击鼠标右键，会弹出不同的快捷菜单。例如，右击桌面任务栏时弹出的快捷菜单与右击桌面时弹出的快捷菜单完全不同。

(2) 菜单的命令

菜单其实就是命令的集合，一般来说，菜单中的命令包含以下几种。

可执行的命令和暂时不可执行的命令

菜单中可以执行的命令以黑色字符显示，暂时不可执行的命令以灰色字符显示，当满足相应的条件后，暂时不可执行的命令变为可执行命令，灰色字符也会变为黑色字符。

快捷键命令

有些命令的右边有快捷键，用户通过使用这些快捷键，可以快速直接地执行相应的菜单命令。

带大写字母的命令

菜单命令中有许多命令的后面都有一个括号，括号中有一个大写字母(为该命令英文第一个字母)。当菜单处于激活状态时，在键盘上按下相应字母，可执行该命令。

带省略号的命令

命令的后面有省略号"…"，表示选择此命令后，将弹出一个对话框或者一个设置向导，这种命令表示可以完成一些设置或者更多的操作。

单选和复选命令

有些菜单命令中，有一组命令每次只能有一个命令被选中，当前选中的命令左边出现一个单选标记"•"。选择该组的其他命令，标记" ● "出现在选中命令的左边，原先命令前面的标记" ● "将消失，这类命令称为单选命令。

有些菜单命令中，选择某个命令后，该命令的左边出现一个复选标记"√"，表示此命令正在发挥作用；再次选择该命令，命令左边的标记"√"消失，表示该命令不起作用，这类命令称为复选命令。

子菜单命令

有些菜单命令的右边有一个向右的箭头，当光标指向此命令后，会弹出一个下级子菜单,子菜单通常给出某一类选项或命令，有时是一组应用程序。

(3) 菜单的操作

菜单的操作主要包括选择菜单和撤销菜单，也就是打开和关闭菜单。

选择菜单

使用鼠标选择 Windows 窗口的菜单时，只需单击菜单栏上的菜单名称，即可打开该菜单。在使用键盘选择菜单时，用户可按下列步骤进行操作。

第一步：按下 Alt 键或 F10 键时，菜单栏的第一个菜单项被选中，然后利用左、右方向键选择需要的菜单项。

第二步：按下 Enter 键打开选择的菜单项。

第三步：利用上、下方向键选择其中的

命令，按下 Enter 键即可执行该命令。

撤销菜单

使用鼠标撤销菜单就是单击菜单外的任何地方，即可撤销菜单。使用键盘撤销菜单时，可以按下 Alt 或 F10 键返回文档编辑窗口，或连续按下 Esc 键逐渐退回到上级菜单，直到返回文档编辑窗口。

实用技巧

如果用户选择的菜单具有子菜单，使用右方向键"→"可打开子菜单，按左方向键"←"可收起子菜单。按 Home 键可选择菜单的第一个命令，按 End 键可选择最后一个命令。

1.2.2 设置个性化办公环境

在使用 Windows 7 进行电脑办公时，用户可根据自己的习惯和喜好为系统设置一个个性化的办公环境。其中主要包括设置桌面背景、更改系统时间以及创建用户账户等。

1. 设置桌面背景

桌面背景就是 Windows 7 系统桌面的背景图案，又叫墙纸。除了系统安装时默认设置的桌面背景以外，用户还可以根据自己的喜好更换桌面背景。

【例1-3】更换 Windows 7 系统的桌面背景。
🔘视频

step 1 启动 Windows 7 系统后，右击桌面空白处，在弹出的快捷菜单中选择【个性化】命令。

step 2 打开【个性化】窗口，单击窗口下方的【桌面背景】图标。

step 3 打开【选择桌面背景】对话框，单击【全部清除】按钮，然后在选项框内选择一幅图片，单击【保存修改】按钮。

step 4 此时 Windows 桌面背景将发生改变。

2. 更改系统时间

Windows 7 系统的日期和时间都显示在桌面的任务栏里，如果系统时间和现实生活中的时间不一致，用户可以对系统时间和日期进行调整。

【例1-4】更改 Windows 7 系统的日期和时间。
🔘视频

step 1 单击任务栏最右侧的时间显示区域，打开显示日期和时间的对话框，然后在该对话框中单击【更改日期和时间设置】链接。

step 2 打开【日期和时间】对话框，单击【更改日期和时间】按钮。

step 3 打开【日期和时间设置】对话框，在

【日期】选项区域中设置系统的日期(单击具体的日期即可),在【时间】数值框中设置系统的时间,单击【确定】按钮。

step 4 返回【日期和时间】对话框,单击【确定】按钮,返回系统桌面,即可查看设置后的日期和时间。

3. 创建用户账户

Windows 7 是一个多用户、多任务的操作系统,它允许每个使用电脑的用户建立自己的专用工作环境。一般来说,用户账户有以下 3 种:计算机管理员账户、标准用户账户和来宾账户。

▶ 计算机管理员账户:计算机管理员账户拥有对系统的控制权,它可改变系统设置,可以安装和删除程序,能访问计算机上的所有文件。此外,它还拥有控制其他用户的权限。

▶ 标准用户账户:标准用户账户是权限受到限制的账户,这类用户可以访问已经安装在计算机上的程序,可以更改自己的账户图片,还可以创建、更改或删除自己的密码,但无权更改大多数计算机的设置,不能删除重要文件,无法安装软件或硬件,也不能访问其他用户的文件。

▶ 来宾账户:来宾账户则是给那些在计算机上没有用户账户的人用的,只是一个临时用户,因此来宾账户的权限最小,它没有密码,可以快速登录,能做的事情仅限于查看电脑中的资源、检查电子邮件、浏览 Internet 等。

用户在安装 Windows 7 的过程中,第一次启动时建立的用户账户就属于"管理员"类型,在系统中只有"管理员"类型的账户才能创建新账户。

【例 1-5】在 Windows 7 中创建一个用户账户,并为其设置图标和密码。　视频

step 1 单击【开始】按钮,选择【控制面板】命令,打开【控制面板】窗口,单击【用户账户和家庭安全】链接。

step 2 打开【用户账户和家庭安全】窗口,单击【用户账户】链接。

step 3 在打开的【用户账户】窗口中单击【管理其他账户】链接。

step 4 打开【管理账户】窗口,在窗口中单击【创建一个新账户】链接。

step 5 打开【创建新账户】窗口，在【命名账户并选择账户类型】文本框内输入文字"客户"，选中【标准用户】单选按钮，单击【创建账户】按钮。

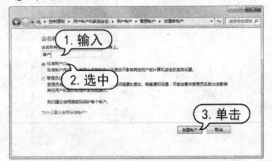

step 6 此时【管理账户】窗口中显示【客户】图标，单击该图标。

step 7 打开【更改账户】窗口，单击【更改图片】链接。

step 8 打开【更改图片】窗口，选中一张图片，单击【更改图片】按钮。

step 9 此时【更改账户】窗口显示图标图片，单击【创建密码】链接。

step 10 打开【创建密码】窗口，用户可以在其中为"客户"账户设置密码，单击【创建密码】按钮。

step 11 之后，再次登录 Windows 7 系统时，进入"客户"账户则需要输入密码。

4. 管理屏幕保护程序

屏幕保护程序是指在一定时间内没有使用鼠标或键盘进行任何操作而在屏幕上显示的画面。设置屏幕保护程序可以对电脑显示器起到保护作用，使电脑处于节能状态。

【例1-6】在 Windows 7 中设置一种屏幕保护程序。

🔘视频

step 1 在桌面上右击,在弹出的快捷菜单中选择【个性化】命令。

step 2 打开【个性化】窗口,单击下方的【屏幕保护程序】图标。

step 3 打开【屏幕保护程序设置】对话框,在【屏幕保护程序】下拉列表中选择【气泡】选项,在【等待】数值框中设置时间为 1 分钟,设置完成后单击【确定】按钮。

step 4 当屏幕静止时间超过设定的等待时间时(鼠标、键盘均没有任何动作),系统即可自动启动屏幕保护程序。

1.3 管理办公文件

电脑中的一切数据都是以文件的形式存放在电脑中的,而文件夹则是文件的集合。要想把电脑中的资源管理得井然有序,首先要掌握文件和文件夹的操作方法。

1.3.1 文件和文件夹的概念

文件是存储在计算机磁盘内的一系列数据的集合,而文件夹则是文件的集合,用来存放单个或多个文件。

1. 文件

文件是 Windows 中最基本的存储单位,它包含文本、图像及数值数据等信息。不同的信息种类保存在不同的文件类型中,文件名的格式为"文件名.扩展名"。文件主要由文件名、文件扩展名、分隔点、文件图标及文件描述信息等部分组成。

文件的各组成部分作用如下。

▶ 文件名:标识当前文件的名称,用户可以根据需求来自定义文件的名称。

▶ 文件扩展名:标识当前文件的系统格式,如下图中文件扩展名为 doc,表示这个文件是一个 Word 文档文件。

▶ 分隔点:用来分隔文件名和文件扩展名。

▶ 文件图标:用图例表示当前文件的类型,是由系统里相应的应用程序关联建立的。

▶ 文件描述信息:用来显示当前文件的大小和类型等信息。

在 Windows 中常用的文件扩展名及其表示的文件类型如下表所示。

Windows 系统中常用文件的扩展名

扩展名	文件类型	扩展名	文件类型
avi	视频文件	bmp	位图文件
bak	备份文件	exe	可执行文件
bat	批处理文件	dat	数据文件
dcx	传真文件	drv	驱动程序文件
dll	动态链接库	fon	字体文件
doc	Word 文件	hlp	帮助文件
inf	信息文件	rtf	文本格式文件
mid	乐器数字接口文件	scr	屏幕文件

(续表)

扩展名	文件类型	扩展名	文件类型
mmf	mail 文件	ttf	TrueType 字体文件
txt	文本文件	wav	声音文件

2. 文件夹

文件夹用于存放计算机中的文件，是为了更好地管理文件而设计的。通过将不同的文件保存在相应的文件夹中，可以让用户方便快捷地找到想要的文件。

文件夹的外观由文件夹图标和文件夹名称组成，如下图所示。

文件和文件夹都是存放在电脑磁盘中的。文件夹中可以包含文件和子文件夹，子文件夹中又可以包含文件和子文件夹。

当打开某个文件夹时，在资源管理器的地址栏中即可看到该文件夹的路径，路径的结构一般包括磁盘名称、文件夹名称。

1.3.2 文件和文件夹的基本操作

要将电脑中的资源管理得井然有序，首先要掌握文件和文件夹的基本操作方法。文件和文件夹的基本操作主要包括新建文件和文件夹，文件和文件夹的选择、重命名、移动、复制、删除等。

1. 新建文件和文件夹

在使用电脑时，用户新建文件是为了存储数据或者满足使用应用程序的需要。下面将举例介绍新建文件和文件夹的步骤。

【例1-7】新建一个文本文件和文件夹。 视频

step① 打开【计算机】窗口，然后双击【本地磁盘(E:)】盘符，打开 E 盘，在窗口空白处单击鼠标右键，在弹出的快捷菜单中选择【新建】|【文本文档】命令。

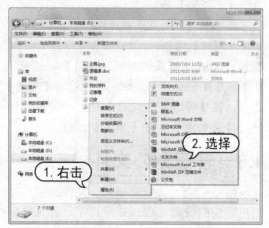

step② 此时窗口中出现"新建文本文档.txt"文件，并且文件名"新建文本文档"呈可编辑状态。用户输入"看电影"，则变为"看电影"文件。

step③ 右击窗口空白处，从弹出的快捷菜单中选择【新建】|【文件夹】命令。

step④ 显示【新建文件夹】文件夹，由于文件夹名呈可编辑状态，可直接输入"娱乐休闲"，则变成"娱乐休闲"文件夹。

2. 选择文件和文件夹

为了便于用户快速选择文件和文件夹，Windows 系统提供了多种文件和文件夹的选择方法，分别介绍如下。

> 选择单个文件或文件夹：用鼠标左键单击文件或文件夹图标即可将其选中。

> 选择多个不相邻的文件或文件夹：选择第一个文件或文件夹后，按住 Ctrl 键，逐一单击要选择的文件或文件夹。

> 选择所有的文件或文件夹：按 Ctrl+A 组合键即可选中当前窗口中所有的文件或文件夹。

> 选择某一区域的文件和文件夹：在需要选择的文件或文件夹起始位置处按住鼠标左键进行拖动，此时在窗口中出现一个蓝色的矩形框，当该矩形框包含了需要选择的文件或文件夹后松开鼠标，即可完成选择。

3. 重命名文件和文件夹

用户在新建文件和文件夹后，已经给文件和文件夹命名了，在实际的操作过程中，

为了方便用户管理文件和文件夹，可以根据用户需求对其进行重命名。

用户只需右击该文件或文件夹，在弹出的快捷菜单中选择【重命名】命令，则文件名变为可编辑状态，此时输入新的名称即可，如下图所示。

4. 移动、复制文件和文件夹

移动文件和文件夹是指将文件和文件夹从原先的位置移动至其他的位置，移动的同时，会删除原先位置下的文件和文件夹。在 Windows 7 系统中，用户可以使用右键快捷菜单中的【剪切】和【粘贴】命令，对文件或文件夹进行移动操作。

复制文件和文件夹是将文件或文件夹复制一份到硬盘的其他位置上，原文件依旧存放在原先位置。用户可以选择右键快捷菜单中的【复制】和【粘贴】命令，对文件或文件夹进行复制操作。

此外，使用拖动文件的方法也可以进行移动和复制的操作。将文件和文件夹在不同磁盘分区之间进行拖动时，Windows 的默认操作是复制。在同一分区中拖动时，Windows 的默认操作是移动。如果要在同一分区中从一个文件夹复制对象到另一个文件夹，必须在拖动时按住 Ctrl 键，否则将会移动文件。同样，若要在不同的磁盘分区之间移动文件，则必须要在拖动的同时按下 Shift 键。

5. 删除文件和文件夹

为了保持电脑中文件系统的整洁、有条理，同时也为了节省磁盘空间，用户经常需要删除一些已经没有用的或损坏的文件和文件夹。有如下几种删除文件和文件夹的方法：

➤ 右击要删除的文件或文件夹(可以是选中的多个文件或文件夹)，然后在弹出的快捷菜单中选择【删除】命令。

➤ 在【Windows 资源管理器】窗口中选中要删除的文件或文件夹，然后选择【组织】|【删除】命令。

➤ 选中想要删除的文件或文件夹，然后按键盘上的 Delete 键。

➤ 使用鼠标将要删除的文件或文件夹直接拖动到桌面的【回收站】图标上。

1.3.3 使用回收站

回收站是 Windows 7 系统用来存储被删除文件的场所。在管理文件和文件夹的过程中，系统将被删除的文件自动移动到回收站中，用户可以根据需要，选择将回收站中的文件彻底删除或者恢复到原来的位置，这样可以保证数据的安全性和可恢复性。

1. 还原文件和文件夹

从回收站中还原文件和文件夹有两种方法，第一种方法是右击要还原的文件或文件夹，在弹出的快捷菜单中选择【还原】命令，这样即可将该文件或文件夹还原到被删除之前的磁盘目录位置，如下图所示。第二种方法则是直接单击回收站窗口中工具栏上的【还原此项目】按钮，效果和第一种方法相同。

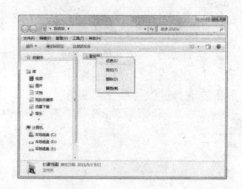

2. 删除回收站文件

在回收站中删除文件和文件夹是永久删除，方法是右击要删除的文件，在弹出的快捷菜单中选择【删除】命令，然后在弹出的提示对话框中单击【是】按钮。

3. 清空回收站

清空回收站是将回收站里的所有文件和文件夹全部永久删除，此时用户就不必去选择要删除的文件，直接右击桌面【回收站】图标，在弹出的快捷菜单中选择【清空回收站】命令。此时弹出提示对话框，单击【是】按钮即可清空回收站，清空后回收站里就一无所有了。

1.4 案例演练

本章的案例演练将通过实例指导用户在电脑中安装 Windows 7 操作系统，并在 Windows 7 系统中安装中文输入法的方法。

【例1-8】在电脑中安装 Windows 7 系统。

step ① 设置计算机从光驱启动,将 Windows 7 安装光盘放入光驱,启动计算机,等系统加载完毕后,进入 Windows 7 操作系统安装界面,用户可在该界面内设置时间等选项。

step ② 在 Windows 7 系统安装界面中完成基本设置后,单击【下一步】按钮。

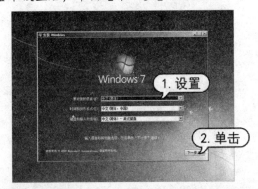

step ③ 在打开的界面中单击【现在安装】按钮,在打开的【请阅读许可条款】界面中选中【我接受许可条款】复选框。

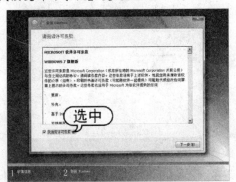

step ④ 单击上图中的【下一步】按钮,在打开的界面中选择【自定义】选项。

step ⑤ 在打开的界面中,单击【驱动器选项(高级)】按钮。

step ⑥ 在打开的界面中选中列表中的磁盘,

然后单击【新建】按钮。

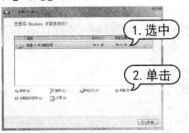

step ⑦ 在打开的界面中的【大小】微调框中输入要设置的主分区的大小。

step ⑧ 设置完成后,单击上图中的【应用】按钮,打开一个提示对话框,直接单击【确定】按钮,即可为硬盘划分一个主分区。

step ⑨ 主分区划分完成后选中主分区,单击【下一步】按钮,打开设置账户密码界面,在这里用户可根据电脑办公环境决定是否需要设置用户密码(也可不设置)。

step ⑩ 单击上图中的【下一步】按钮,要求用户输入产品密钥(用户可在光盘的包装盒

上找到产品密钥),也可单击【下一步】按钮
跳过,等到登录桌面后再进行操作。

step 11 在打开的系统安装界面中设置系统
的日期和时间,单击【下一步】按钮。

step 12 在打开的【请选择计算机当前的位
置】界面中设置计算机的网络位置(本例选择
【家庭网络】选项)。

step 13 接下来 Windows 7 操作系统将启用安
装程序所定义的设置。当 Windows 7 的登录界
面出现后,输入登录密码,再按下 Enter 键,
将进入如下图所示的 Windows 7 的桌面系统。

【例1-9】在 Windows 7 操作系统中添加【简体中文
全拼】输入法。 ●视频

step 1 在 Windows 7 任务栏的语言栏上右
击,在弹出的快捷菜单中选择【设置】命令。

step 2 打开【文本服务和输入语言】对话框,
单击右侧的【添加】按钮。

step 3 打开【添加输入语言】对话框,在该
对话框中选中【简体中文全拼】复选框,然后
单击【确定】按钮。

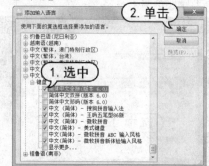

step 4 返回【文本服务和输入语言】对话框,
此时可在【已安装的服务】选项组中的输入
法列表中,看到刚刚添加的输入法,单击【确
定】按钮完成设置。

第 2 章

Word 2010 文档制作

Word 2010 是 Office 软件系列中的文字处理软件，它拥有良好的图形界面，可以方便地进行文字、图形、图像和数据处理，是最常使用的文档处理软件之一。本章将从最基础的知识入手，介绍 Word 2010 的基本操作以及在 Word 中制作普通办公文档的方法。

 本章对应视频

例 2-1 输入文本　　　　　　例 2-5 设置文本格式
例 2-2 输入特殊符号　　　　例 2-6 设置文本缩进
例 2-3 输入日期和时间　　　例 2-7 设置段间距
例 2-4 替换文本　　　　　　本章其他视频参见视频二维码列表

2.1 Word 2010 概述

Word 2010 是 Office 2010 的组件之一，也是目前文字处理软件中最受欢迎的、用户使用最多的文字处理软件。使用 Word 2010 处理文件，大大提高了企业办公自动化的效率。

1. 软件功能

Word 2010 是功能强大的文档处理软件。它既能够制作各种简单的办公商务和个人文档，又能满足专业人员制作用于印刷的版式复杂的文档。Word 2010 主要有以下几种办公应用。

▷ 文字处理功能：Word 2010 是一个功能强大的文字处理软件，利用它可以输入文字，并可设置不同的字体样式和大小。

▷ 表格制作功能：Word 2010 不仅能处理文字，还能制作各种表格，可以更好地解释和补充文字说明。

▷ 图形图像处理功能：在 Word 2010 中可以插入图形图像对象，例如文本框、艺术字和图表等，制作出图文并茂的文档。

▷ 文档组织功能：在 Word 2010 中可以建立任意长度的文档，还能对长文档进行各种管理。

▷ 页面设置及打印功能：在 Word 2010 中可以设置出各种大小不一的版式，以满足不同用户的需求，使用打印功能可轻松地将电子文本转换到纸上。

2. 工作界面

在 Windows 7 操作系统中，选择【开始】|【所有程序】| Microsoft Office | Microsoft Office Word 2010 命令或双击已创建好的 Word 文件，即可启动 Word 2010 进入软件的工作界面。Word 工作界面主要由标题栏、快速访问工具栏、功能区、导航窗格、文档编辑区、状态栏与视图栏组成，如下图所示。

Word 2010 的工作界面

Word 2010 的工作界面主要组成部分的各自作用如下。

▶ 标题栏：标题栏位于窗口的顶端，用于显示当前正在运行的程序名及文件名等信息。标题栏最右端有 3 个按钮，分别用来控制窗口的最小化、最大化和关闭。

▶ 快速访问工具栏：快速访问工具栏中包含最常用操作的快捷按钮，方便用户使用。在默认状态下，快速访问工具栏中包含 3 个快捷按钮，分别为【保存】按钮、【撤销】按钮和【恢复】按钮。

▶ 功能区：在功能区中单击相应的标签，即可打开对应的功能选项卡，如【开始】【插入】【页面布局】等选项卡。

▶ 文档编辑区：它是 Word 中最重要的部分，所有的文本操作都将在该区域中进行，用来显示和编辑文档、表格等。

▶ 状态栏与视图栏：位于 Word 窗口的底部，显示了当前的文档信息，如当前显示的文档是第几页、当前文档的总页数和当前文档的字数等；还提供有视图方式、显示比例和缩放滑块等辅助功能，以显示当前的各种编辑状态。

3. 视图模式

Word 2010 为用户提供了多种浏览文档的方式，包括页面视图、阅读版式视图、Web 版式视图、大纲视图和草稿。在【视图】选项卡的【文档视图】区域中，单击相应的按钮，即可切换至相应的视图模式。下面介绍三种常用的视图模式。

▶ 页面视图：页面视图是 Word 2010 默认的视图模式。该视图中显示的效果和打印的效果完全一致。在页面视图中可看到页眉、页脚、水印和图形等各种对象在页面中的实际打印位置，便于用户对页面中的各种元素进行编辑，如下图所示。

▶ 大纲视图：对于一个具有多重标题的文档来说，用户可以使用大纲视图来查看该文档。大纲视图是按照文档中标题的层次来显示文档的，用户可将文档折叠起来只看主标题，也可将文档展开查看整个文档的内容，如下图所示。

▶ 草稿：草稿是 Word 中最简化的视图模式。在该视图中，不显示页边距、页眉和页脚、背景、图形图像以及没有设置为"嵌入型"环绕方式的图片。因此，这种视图模式仅适合编辑内容和格式都比较简单的文档，如下图所示。

2.2 制作入职通知

"入职通知"是用人单位向应聘人员发出的要约，其中详细介绍了应聘者入职岗位的工资报酬、签订劳务期限(十年)、节假日休息等条例，以及入职报到的具体时间。本节将通过制作入职通知，帮助用户掌握使用 Word 2010 新建、保存文档，以及在文档中输入和编辑文本内容等操作。

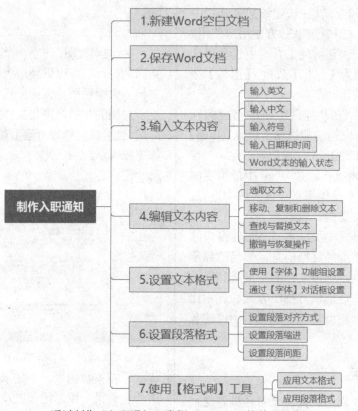

通过制作"入职通知"掌握 Word 2010 的基础操作

2.2.1 新建空白 Word 文档

在 Word 2010 中可以创建空白文档，也可以根据现有的内容创建文档。

空白文档是最常使用的文档。要创建空白文档，可单击【文件】按钮，在打开的界面中选择【新建】命令，打开新建文档界面，在【可用模板】列表框中选择【空白文档】选项，然后单击【创建】按钮(Ctrl+N 组合键)即可，如下图所示。

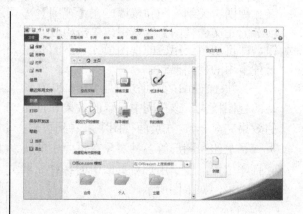

2.2.2　保存 Word 文档

对于新建的 Word 文档或正在编辑某个文档时，如果出现了计算机突然死机、停电等非正常关闭的情况，文档中的信息就会丢失。因此，为了保护劳动成果，做好文档的保存工作是十分重要的。

▶ 保存新建的文档：如果要对新建的文档进行保存，可单击【文件】按钮，在打开的界面中选择【保存】命令，或单击快速访问工具栏上的【保存】按钮，打开【另存为】对话框(快捷键：F12)，设置保存的路径、名称及格式(在保存新建的文档时，如果在文档中已输入了一些内容，Word 2010 自动将输入的第一行内容作为文件名)。如下图所示为将新建文档以文件名"入职通知"保存。

▶ 保存已保存过的文档：要对已保存过的文档进行保存，可单击【文件】按钮，在打开的界面中选择【保存】命令，或单击快速访问工具栏上的【保存】按钮，就可以按照原有的路径、名称以及格式进行保存。

▶ 另存为其他文档：如果文档已保存过，但在进行了一些编辑操作后，需要将其保存下来，并且希望仍能保存以前的文档，这时就需要对文档进行【另存为】操作。要将当前文档另存为其他文档，可单击【文件】按钮，在打开的界面中选择【另存为】命令，打开【另存为】对话框，在其中设置保存的路径、名称及格式，然后单击【保存】按钮。

2.2.3　输入文本内容

在 Word 中创建一个空白文档后，在文档的开始位置将出现一个闪烁的光标，称之为"插入点"。在 Word 中输入的任何文本都会在插入点处出现。定位了插入点的位置后，选择一种输入法即可开始输入文本。

1. 输入英文

在英文状态下通过键盘可以直接输入英文、数字及标点符号。在输入时，需要注意以下几点：

▶ 按 Caps Lock 键可输入英文大写字母，再次按该键则可输入英文小写字母。

▶ 按住 Shift 键的同时按双字符键，将输入上档字符；按住 Shift 键的同时按字母键，输入英文大写字母。

▶ 按 Enter 键，插入点自动移到下一行行首。

▶ 按空格键，在插入点的左侧插入一个空格。

2. 输入中文

一般情况下，Windows 系统自带的中文输入法都是通用的，用户可以使用默认的输入法切换方式，如打开/关闭输入法控制条(Ctrl+空格键)、切换输入法(Shift+Ctrl 键)等。选择一种中文输入法后，即可开始在插入点处输入中文文本。

【例 2-1】在"入职通知"文档中使用中文输入法输入文本。

◉视频+素材 (素材文件\第 02 章\例 2-1)

step 1 单击任务栏上的输入法图标，在弹出的菜单中选择所需的中文输入法(例如选择搜狗拼音输入法)。

step 2 在插入点处输入标题"入职通知"。按 Enter 键进行换行，然后按 Backspace 键，将插入点移至下一行行首，继续输入如下图所示的文本。

step 3 最后按下 Ctrl+S 组合键将文档保存。

3. 输入符号

在输入文本的过程中，有时需要输入一些特殊符号，如希腊字母、商标符号、图形符号和数字符号等，而这些特殊符号通过键盘是无法直接输入的。这时，可以通过 Word 2010 提供的插入符号功能来实现符号的输入。

要在文档中插入符号，可先将插入点定位在要插入符号的位置，打开【插入】选项卡，在【符号】组中单击【符号】下拉按钮，在弹出的下拉列表中选择相应的符号即可。

在【符号】下拉列表中选择【其他符号】命令，即可打开【符号】对话框，在其中选择要插入的符号，单击【插入】按钮，同样也可以插入符号。

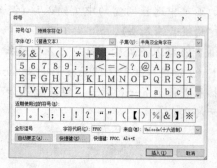

【例 2-2】在"入职通知"文档中，输入特殊符号①、②、③。

视频+素材 (素材文件\第 02 章\例 2-2)

step 1 继续例 2-1 的操作，将鼠标指针置入文档中需要插入特殊符号的位置。

step 2 选择【插入】选项卡，在【符号】组中单击【符号】下拉按钮，在弹出的下拉列表中选择【其他符号】选项，打开【符号】对话框，选中①符号，单击【插入】按钮在文档中插入符号①。

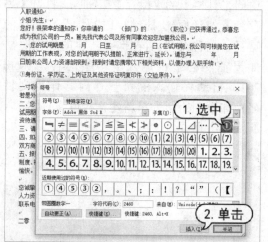

step 3 使用同样的方法，在文档中继续插入特殊符号②、③。

step 4 单击【关闭】按钮，关闭【符号】对话框，按下 Ctrl+S 组合键保存文档。

4. 输入日期和时间

使用 Word 2010 编辑文档时，可以使用插入日期和时间功能来输入当前日期和时间。

在 Word 2010 中输入日期类格式的文本时，Word 2010 会自动显示默认格式的当前日期，按 Enter 键即可完成当前日期的输入。

如果要输入其他格式的日期和时间，除了可以手动输入外，还可以通过【日期和时间】对话框进行插入。打开【插入】选项卡，在【文本】组中单击【日期和时间】按钮，打开【日期和时间】对话框。

在【日期和时间】对话框中，用户可以选择使用 Word 预定义的格式，在文档中输入日期和时间。具体方法如下。

【例 2-3】在文档结尾输入日期，并设置日期的格式为"××××年××月××日"。
📹视频+素材 (素材文件\第 02 章\例 2-3)

step① 将鼠标指针置于"入职通知"文档的结尾，输入 2019/2/21。

您诚挚的：
人力资源部负责人
联系电话：

2019/2/21

step② 选中输入的日期，选择【插入】选项卡，在【文本】组中单击【日期和时间】按钮，打开【日期和时间】对话框，选中【2019年 2 月 21 日】选项，单击【确定】按钮，即可设置输入日期的格式。

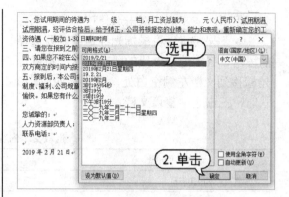

5. Word 文本的输入状态

Word 状态栏中有改写和插入两种状态。在改写状态下，输入的文本将会覆盖其后的文本，而在插入状态下，会自动将插入位置后的文本向后移动。Word 默认的状态是插入，若要更改状态，可以在状态栏中单击【插入】按钮 插入 ，此时将显示【改写】按钮 改写 ，单击该按钮，返回插入状态。另外，按 Insert 键，可以在这两种状态下切换。

2.2.4　编辑文本内容

在 Word 2010 中，文字是组成段落的最基本内容，任何一个文档都是从段落文本开始进行编辑的。下面将介绍在 Word 中编辑文本的基本方法。

1. 选取文本

在 Word 2010 中进行文本编辑前，必须选取文本，既可以使用鼠标或键盘来操作，也可以使用鼠标和键盘结合来操作。

使用鼠标选取文本

使用鼠标选取文本是最基本、最常用的方法，使用鼠标可以轻松地改变插入点的位置。

▶ 拖动选取：将鼠标光标定位在起始位置，按住左键不放，向目的位置拖动鼠标以选择文本。

▶ 双击选取：将鼠标光标移到文本编辑区左侧，当鼠标光标变成 形状时，双击，即可选择该段的文本内容；将鼠标光标定位到词组中间或左侧，双击选择该单字或词。

▶ 三击选取：将鼠标光标定位到要选择的段落，三击选中该段的所有文本；将鼠标光标移到文档左侧空白处，当光标变成 形状时，三击选中整篇文档。

使用快捷键选取文本

使用键盘选择文本时，需先将插入点移动到要选择的文本的开始位置，然后按键盘上相应的快捷键即可。利用快捷键选取文本内容的功能如下表所示。

选取文本内容的快捷键及功能

快 捷 键	功　　能
Shift+→	选取光标右侧的一个字符
Shift+←	选取光标左侧的一个字符
Shift+↑	选取光标位置至上一行相同位置之间的文本
Shift+↓	选取光标位置至下一行相同位置之间的文本
Shift+Home	选取光标位置至行首
Shift+End	选取光标位置至行尾
Shift+PageDown	选取光标位置至下一屏之间的文本
Shift+PageUp	选取光标位置至上一屏之间的文本
Shift+Ctrl+Home	选取光标位置至文档开始之间的文本
Shift+Ctrl+End	选取光标位置至文档结尾之间的文本
Ctrl+A	选取整篇文档

使用鼠标和键盘结合选取文本

除了使用鼠标或键盘选取文本外，还可以使用鼠标和键盘结合来选取文本。这样不仅可以选取连续的文本，也可以选择不连续的文本。

▶ 选取连续的较长文本：将插入点定位到要选取区域的开始位置，按住 Shift 键不放，再移动光标至要选取区域的结尾处，单击即可选取该区域之间的所有文本内容。

▶ 选取不连续的文本：选取任意一段文本，按住 Ctrl 键，再拖动鼠标选取其他文本，即可同时选取多段不连续的文本。

▶ 选取整篇文档：按住 Ctrl 键不放，将光标移到文本编辑区左侧空白处，当光标变成 形状时，单击即可选取整篇文档。

▶ 选取矩形文本：将插入点定位到开始位置，按住 Alt 键并拖动鼠标，即可选取矩形文本区域。

使用命令操作还可以选中与光标处文本格式类似的所有文本，具体方法为：将光标定位在目标格式下任意文本处，打开【开始】选项卡，在【编辑】组中单击【选择】按钮，在弹出的列表中选择【选择格式相似的文本】命令即可。

2. 移动、复制和删除文本

在编辑文本时，经常需要重复输入文本，可以使用移动或复制文本的方法进行操作。此外，也经常需要对多余或错误的文本进行删除操作。

移动文本

移动文本是指将当前位置的文本移到另外的位置，在移动的同时，会删除原来位置上的原版文本。移动文本后，原位置的文本消失。移动文本有以下几种方法：

▶ 选择需要移动的文本，按 Ctrl+X 组合键，再在目标位置处按 Ctrl+V 组合键。

> 选择需要移动的文本，在【开始】选项卡的【剪贴板】组中，单击【剪切】按钮 ，再在目标位置处单击【粘贴】按钮 。

> 选择需要移动的文本，按右键拖动至目标位置，释放鼠标后弹出一个快捷菜单，在其中选择【移动到此位置】命令。

> 选择需要移动的文本后，右击，在弹出的快捷菜单中选择【剪切】命令，再在目标位置处右击，在弹出的快捷菜单中选择【粘贴选项】命令。

> 选择需要移动的文本后，按左键不放，此时鼠标光标变为 形状，并出现一条虚线，移动鼠标光标，当虚线移动到目标位置时，释放鼠标。

> 选择需要移动的文本，按 F2 键，再在目标位置处按 Enter 键移动文本。

复制文本

复制文本是指将需要复制的文本移动到其他的位置，而原版文本仍然保留在原来的位置。复制文本的方法如下：

> 选取需要复制的文本，按 Ctrl+C 组合键，将插入点移动到目标位置，再按 Ctrl+V 组合键。

> 选择需要复制的文本，在【开始】选项卡的【剪贴板】组中，单击【复制】按钮 ，将插入点移到目标位置处，单击【粘贴】按钮 。

> 选取需要复制的文本，按鼠标右键拖动到目标位置，释放鼠标会弹出一个快捷菜单，在其中选择【复制到此位置】命令。

> 选取需要复制的文本，右击，在弹出的快捷菜单中选择【复制】命令，把插入点移到目标位置，右击并在弹出的快捷菜单中选择【粘贴选项】命令。

删除文本

在编辑文档的过程中，经常需要删除一些不需要的文本。删除文本的方法如下：

> 按 Backspace 键，删除光标左侧的文本；按 Delete 键，删除光标右侧的文本。

> 选择要删除的文本，在【开始】选项卡的【剪贴板】组中，单击【剪切】按钮 。

> 选择文本，按 Backspace 键或 Delete 键均可删除所选文本。

3. 查找与替换文本

在篇幅比较长的文档中，使用 Word 2010 提供的查找与替换功能可以快速地找到文档中某个文本或更改文档中多次出现的某个词语，从而无须反复地查找文本，使操作变得较为简单，节约办公时间，提高工作效率。

查找文本

要查找一个文本，可以使用【导航】窗格进行查找，也可以使用 Word 2010 的高级查找功能。

> 使用【导航】窗格查找文本：【导航】窗格的上方就是搜索框，用于搜索文档中的内容。在下方的列表框中可以浏览文档中的标题、页面和搜索结果。

> 使用高级查找功能：使用高级查找功能不仅可以在文档中查找普通文本，还可以对特殊格式的文本、符号等进行查找。打开【开始】选项卡，在【编辑】组中单击【查找】下拉按钮，在弹出的下拉列表中选择【高级查找】命令，打开【查找和替换】对话框的【查找】选项卡，如下图所示。在【查找内容】文本框中输入要查找的内容，单击【查找下一处】按钮，即可将光标定位在文档中第一个查找目标处。单击若干次【查找下一处】

按钮,可依次查找文档中对应的内容。

在【查找】选项卡中单击【更多】按钮,可展开该对话框的高级设置界面,在该界面中可以设置更为精确的查找条件。

替换文本

想要在多页文档中找到或找全所需操作的字符,比如要修改某些错误的文字,如果仅依靠用户去逐个寻找并修改,既费事,效率又不高,还可能会发生错漏现象。在遇到这种情况时,就需要使用查找和替换操作来解决。替换和查找操作基本类似,不同之处在于,替换不仅要完成查找,而且要用新的文档覆盖原有内容。准确地说,在查找到文档中特定的内容后,才可以对其进行统一替换。

【例2-4】在"入职通知"文档中将文本"工资"替换为"薪资"。

视频+素材 (素材文件\第 02 章\例2-4)

step 1 打开"入职通知"文档,在【开始】选项卡的【编辑】组中单击【替换】按钮,打开【查找和替换】对话框。

step 2 自动打开【替换】选项卡,在【查找内容】文本框中输入文本"工资",在【替换为】文本框中输入文本"薪资",单击【查找下一处】按钮,查找第一处文本。

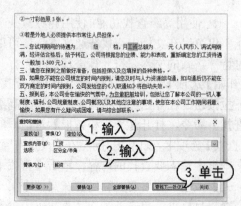

step 3 单击【替换】按钮,完成第一处文本的替换,此时自动跳转到第二处符合条件的文本"工资"处。

step 4 单击【替换】按钮,查找到的文本就被替换,然后继续查找。如果不想替换,可以单击【查找下一处】按钮,则将继续查找下一处符合条件的文本。

step 5 单击【全部替换】按钮,文档中所有的文本"工资"都将被替换成文本"薪资",并弹出提示框提示已完成搜索和替换几处文本。

step 6 单击【确定】按钮,返回【查找和替换】对话框。单击【关闭】按钮,关闭对话框,返回 Word 2010 文档窗口,完成文本的替换。

4. 撤销与恢复操作

在编辑文档时,Word 2010 会自动记录最近执行的操作,因此当操作错误时,可以通过撤销功能将错误操作撤销。如果误撤销了某些操作,还可以使用恢复操作将其恢复。

撤销操作

常用的撤销操作主要有以下两种:

▶ 在快速访问工具栏中单击【撤销】按钮 ,撤销上一次的操作。单击按钮右侧的下拉按钮，可以在弹出的列表中选择要撤销的操作。

> 按 Ctrl+Z 组合键，可撤销最近的操作。

恢复操作

常用的恢复操作主要有以下两种：

> 在快速访问工具栏中单击【恢复】按钮，恢复操作。

> 按 Ctrl+Y 组合键，恢复最近的撤销操作，这是 Ctrl+Z 组合键的逆操作。

恢复不能像撤销那样一次性还原多个操作，所以在【恢复】按钮右侧也没有可展开列表的下三角按钮。当一次撤销多个操作后，再单击【恢复】按钮时，最先恢复的是第一次撤销的操作。

2.2.5 设置文本格式

在 Word 文档中输入的文本默认字体为宋体，字号为五号，为了使文档更加美观、条理更加清晰，通常需要对文本进行格式化操作。

1. 使用【字体】组设置

打开【开始】选项卡，使用如下图所示的【字体】组中提供的按钮即可设置文本格式，如文本的字体、字号、颜色、字形等。

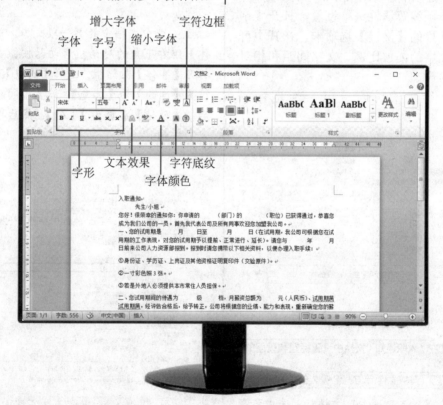

2. 通过【字体】对话框设置

利用【字体】对话框，不仅可以完成【字体】组中所有字体的设置功能，而且还可以为文本添加其他的特殊效果和设置字符间距等。

打开【开始】选项卡，单击【字体】组右下角的对话框启动器按钮 (或者选中一段文字后右击鼠标，在弹出的菜单中选择【字体】命令)，打开【字体】对话框的【字体】选项卡，如下图所示。

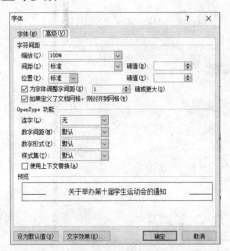

在该选项卡中可对文本的字体、字号、颜色、下画线等属性进行设置。打开【字体】对话框的【高级】选项卡，在其中可以设置文字的缩放比例、文字间距和相对位置等参数。

【例2-5】 在"入职通知"文档中设置标题和段落的文本格式。

视频+素材 (素材文件\第02章\例2-5)

step 1 打开"入职通知"文档后，选中标题文本"入职通知"，然后右击鼠标，在弹出的菜单中选择【字体】命令，打开【字体】对话框。

step 2 在【字体】选项卡中设置【中文字体】为【微软雅黑】，设置【字形】为【加粗】，设置【字号】为【二号】，然后单击【确定】按钮。

按钮。

step 3 选中文档中的第一段文本，单击【字体】组右下角的对话框启动器按钮，再次打开【字体】对话框，选择【高级】选项卡，设置【间距】为【加宽】，设置【间距】选项后的【磅值】参数为【1磅】，然后单击【确定】按钮。

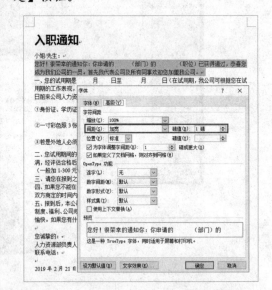

2.2.6 设置段落格式

段落是构成整个文档的骨架，它由正文、图表和图形等加上一个段落标记构成。为了使文档的结构更清晰、层次更分明，Word 2010 提供了段落格式设置功能，包括段落对齐方式、段落缩进、段落间距等。

1. 设置段落对齐方式

设置段落对齐方式时，先选定要对齐的段落，然后可在【开始】选项卡中单击下图所示【段落】组中的相应按钮来实现(也可以通过【段落】对话框来实现，但使用【段落】组是最快捷方便的，也是最常用的方法)。

段落对齐指文档边缘的对齐方式，包括两端对齐、居中对齐、左对齐、右对齐和分散对齐。

▶ 两端对齐：默认设置，两端对齐时文本左右两端均对齐，但是段落最后不满一行的文字右边是不对齐的。

▶ 居中对齐：文本居中排列。

▶ 左对齐：文本的左边对齐，右边参差不齐。

▶ 右对齐：文本的右边对齐，左边参差不齐。

▶ 分散对齐：文本左右两边均对齐，而且每个段落的最后一行不满一行时，将拉开字符间距使该行均匀分布。

此外，按 Ctrl+E 组合键，可以设置段落居中对齐；按 Ctrl+Shift+J 组合键，可以设置段落分散对齐；按 Ctrl+L 组合键，可以设置段落左对齐；按 Ctrl+R 组合键，可以设置段落右对齐；按 Ctrl+J 组合键，可以设置段落两端对齐。

2. 设置段落缩进

段落缩进指段落中的文本与页边距之间的距离。Word 2010 提供了以下 4 种段落缩进的方式。

▶ 左缩进：设置整个段落左边界的缩进位置。

▶ 右缩进：设置整个段落右边界的缩进位置。

▶ 悬挂缩进：设置段落中除首行以外的其他行的起始位置。

▶ 首行缩进：设置段落中首行的起始位置。

使用标尺设置缩进量

通过水平标尺可以快速设置段落的缩进

方式及缩进量。水平标尺中包括首行缩进、悬挂缩进、左缩进和右缩进4个标记，如下图所示。拖动各标记就可以设置相应的段落缩进方式。

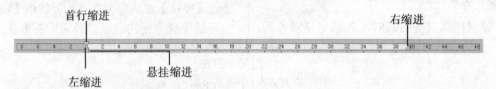

使用标尺设置段落缩进时，在文档中选择要改变缩进的段落，然后拖动缩进标记到缩进位置，可以使某些行缩进。在拖动鼠标时，整个页面上出现一条垂直虚线，以显示新边距的位置。

在使用水平标尺格式化段落时，按住 Alt 键不放，使用鼠标拖动标记，水平标尺上将显示具体的度量值。拖动首行缩进标记到缩进位置，将以左边界为基准缩进第一行。拖动悬挂缩进标记至缩进位置，可以设置除首行外的所有行缩进。拖动左缩进标记至缩进位置，可以使所有行左缩进。

使用【段落】对话框设置缩进量

使用【段落】对话框可以准确地设置缩进尺寸。打开【开始】选项卡，单击【段落】组中的对话框启动器按钮，打开【段落】对话框的【缩进和间距】选项卡，在该选项卡中进行相关设置即可设置段落缩进。

【例 2-6】在文档中设置标题文本居中对齐，设置部分段落文本首行缩进 2 个字符。
🔴 视频+素材 (素材文件\第 02 章\例 2-6)

step 1 打开"入职通知"文档后，选中标题文本"入职通知"，在【开始】选项卡的【段落】组中单击【居中】按钮，设置文本居中对齐。

step 2 选择【视图】选项卡，在【显示】组中选中【标尺】复选框，设置在编辑窗口中显示标尺。

step 3 选中第二行文本，向右拖动【首行缩进】标记，将其拖动到标尺 2 处，释放鼠标，即可将第 1 段文本设置为首行缩进 2 个字符。

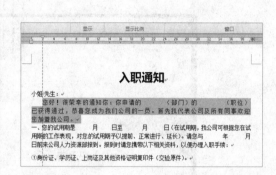

step 4 按住 Ctrl 键选中文档中需要设置首行缩进的段落，右击鼠标，在弹出的菜单中选择【段落】命令，打开【段落】对话框。

step 5 在【段落】对话框中设置【特殊格式】为【首行缩进】，其后的【磅值】为【2 字符】，然后单击【确定】按钮。

step 6 此时，选中的文本段落将以首行缩进 2 个字符显示。

3. 设置段落间距

段落间距的设置包括文档行间距与段间距的设置。行间距是指段落中行与行之间的距离；段间距是指前后相邻的段落之间的距离。

设置行间距

行间距决定段落中各行文本之间的垂直距离。Word 默认的行间距值是单倍行距，用户可以根据需要重新对其进行设置。在【段落】对话框中，打开【缩进和间距】选项卡，在【行距】下拉列表框中选择相应选项，并在【设置值】微调框中输入数值即可。

设置段间距

段间距决定段落前后空白距离的大小。在【段落】对话框中，打开【缩进和间距】选项卡，在【段前】和【段后】微调框中输入值，就可以设置段间距。

【例2-7】在"入职通知"文档中，设置标题文本的段间距(段前和段后)为【12磅】。

视频+素材 (素材文件\第 02 章\例 2-7)

step 1 打开"入职通知"文档后，选中并右击标题文本"入职通知"，在弹出的菜单中选择【段落】命令。

step 2 打开【段落】对话框，在【段前】和【段后】微调框中输入【12磅】，然后单击【确定】按钮。

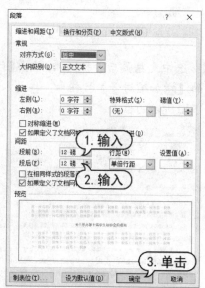

step 3 此时，将设置标题文本的段间距，效果如下图所示。

2.2.7 使用【格式刷】工具

使用【格式刷】工具可以快速地将指定的文本、段落格式复制到目标文本、段落上，可以大大提高工作效率。

1. 应用文本格式

要在文档中不同的位置应用相同的文本格式，可以使用【格式刷】工具快速复制格式，方法很简单，选中要复制其格式的文本，在【开始】选项卡的【剪贴板】组中单击【格式刷】按钮，当鼠标光标变为形状时，拖动鼠标选中目标文本即可。

2. 应用段落格式

要在文档中不同的位置应用相同的段落格式，同样可以使用【格式刷】工具快速复制格式。方法很简单，将光标定位在某个将要复制其格式的段落的任意位置，在【开始】选项卡的【剪贴板】组中单击【格式刷】按钮，当鼠标光标变为形状时，拖动鼠标选中目标段落即可。移动鼠标光标到目标段落所在的左边距区域内，当鼠标光标变成形状时按下鼠标左键不放，在垂直方向上进行拖动，即可将格式复制给选中的若干个段落。

单击【格式刷】按钮复制一次格式后，系统会自动退出复制状态。如果是双击而不是单击时，则可以多次复制格式。要退出格式复制状态，可以再次单击【格式刷】按钮或按 Esc 键。另外，复制格式的组合键是 Ctrl+Shift+C；粘贴格式的组合键是 Ctrl+Shift+V。

【例2-8】应用【格式刷】工具，调整"入职通知"文档中所有文本的格式。

📹 视频+素材 (素材文件\第02章\例2-8)

step 1 在文档正文的第一行前插入6个空格，然后选中插入的空格，单击【开始】选项卡【字体】组中的【下画线】按钮U，为空格设置如下图所示的下画线。

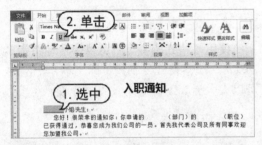

step 2 双击【剪贴板】组中的【格式刷】按钮，当鼠标光标变为形状时，拖动鼠标选中目标位置，为文档中需要设置下画线的位置设置如下图所示的下画线。

step 3 选中文档的第二行文本，单击【开始】选项卡【段落】组中的【行和段落间距】下拉按钮，从弹出的列表中选择【1.5】选项。

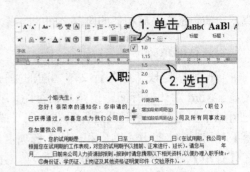

step 4 双击【剪贴板】组中的【格式刷】按钮，当鼠标光标变为形状时，在文档中其他段落中单击，将步骤3设置的行和段落间距应用到文本中的其他位置。

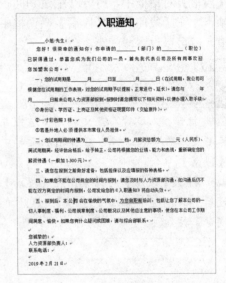

step 5 选中文档最后5行文本，单击【段落】组中的【增加缩进量】按钮，将文本缩进至如下图所示的位置。

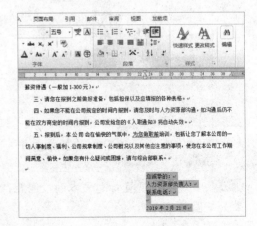

step 6 最后，按下 Ctrl+S 组合键，将制作的"入职通知"文档保存。

2.3 制作考勤管理制度

考勤管理制度用于规范公司员工的上下班时间、事假等。本节将通过制作一个"考勤管理制度"文档，帮助用户进一步掌握 Word 文档内容设置的相关操作，例如使用项目符号和编号、为文档添加边框和底纹以及设置文档页面背景等。

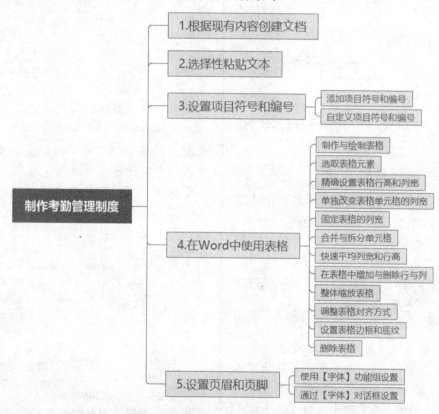

通过制作"考勤管理制度"文档掌握在 Word 中使用表格的方法

2.3.1 根据现有内容创建文档

当需要用到的文档设置包含在现有的文档中时，就可以以该文档为基础来创建文档。

【例2-9】根据本章创建的"入职通知"文档创建新文档。

视频+素材 (素材文件\第 02 章\例 2-9)

step 1 单击【文件】按钮，从弹出的【文件】菜单中选择【新建】命令，在显示的选项区域中选择【根据现有内容新建】选项。

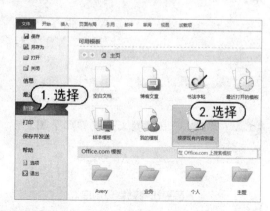

step 2 打开【根据现有内容新建】对话框，

选中"入职通知"文档,单击【新建】按钮即可创建一个如下图所示的新建文档。

step 3 按下 F12 键,打开【另存为】对话框,将文档以文件名"考勤管理制度"保存。

2.3.2 选择性粘贴文本

在 Word 中,"选择性粘贴"功能是非常强大的。利用"选择性粘贴"功能,用户可以将文本或对象进行多种效果的粘贴,实现粘贴格式和功能上的应用需求。

【例 2-10】利用"选择性粘贴"功能将文本复制到"考勤管理制度"文档。
视频+素材 (素材文件\第 02 章\例 2-10)

step 1 打开素材文档后,复制其中的文本"考勤管理制度",然后切换至"考勤管理制度"文档,将鼠标指针置于标题文本之后,右击鼠标,从弹出的菜单中选择【只保留文本】选项A。

step 2 此时,将在标题文本中粘贴下图所示的文本。

step 3 删除标题中的文本"入职通知",然后切换至素材文档,选中要复制的文本区域,如下图所示,按下 Ctrl+C 组合键进行复制。

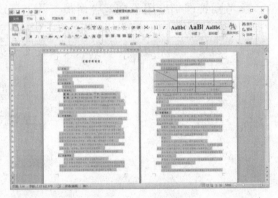

step 4 切换至"考勤管理制度"文档,选中文档中除标题以外的所有文本,单击【开始】选项卡【剪贴板】组中的【粘贴】下拉按钮,从弹出的下拉列表中选择【选择性粘贴】选项。

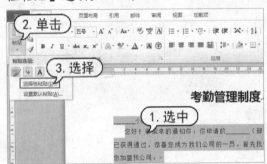

step 5 打开【选择性粘贴】对话框,在【形式】列表中选中【带格式的文本(RTF)】选项,然后单击【确定】按钮。

step 6 此时,被复制的文本在粘贴到"考勤管理制度"文档时,将保留其原有的格式。

【选择性粘贴】对话框中各选项的功能说明如下。

▶　【源】：显示复制内容的源文档位置或引用电子表格单元格地址等，若显示为"未知"，则表示复制内容不支持"选择性粘贴"操作。

▶　【粘贴】单选按钮：将复制内容以某种"形式"粘贴到目标文档中，粘贴后断开与源程序的联系。

▶　【粘贴链接】单选按钮：将复制内容以某种"形式"粘贴到目标文档中，同时还建立与源文档的超链接，源文档中关于该内容的修改都会反映到目标文档中。

▶　【形式】列表框：选择将复制对象以何种形式插入当前文档中。

▶　【说明】：当选择一种"形式"时进行有关说明。

▶　【显示为图标】复选框：在【粘贴】为【Microsoft Word 文档对象】或选中【粘贴链接】单选按钮时，该复选框才可以选择，在这两种情况下，嵌入文档中的内容将以其源程序图标形式出现，用户可以单击【更改图标】按钮来更改此图标。

2.3.3　设置项目符号和编号

使用项目符号和编号列表，可以对文档中并列的项目进行组织，或者将内容的顺序进行编号，以使这些项目的层次结构更加清晰、更有条理。Word 2010 提供了多种标准的项目符号和编号，并且允许用户自定义项目符号和编号。

1. 添加项目符号和编号

Word 2010 提供了自动添加项目符号和编号的功能。在以 1、(1)、a 等字符开始的段落中按 Enter 键，下一段开始将会自动出现 2、(2)、b 等字符。

另外，也可以在输入文本之后，选中要添加项目符号或编号的段落，打开【开始】选项卡，在【段落】组中单击【项目符号】按钮，将自动在每段前面添加项目符号；单击【编号】按钮将以 1、2、3.的形式编号。

● 项目符号 1	1. 编号 1
● 项目符号 2	2. 编号 2
● 项目符号 3	3. 编号 3

若用户要添加其他样式的项目符号和编号，可以打开【开始】选项卡，在【段落】组中，单击【项目符号】下拉按钮，从弹出的下拉列表中选择项目符号的样式；单击【编号】下拉按钮，从弹出的下拉列表中选择编号的样式。

【例 2-11】继续例 2-10 的操作，在文档中为文本应用项目符号和编号。
视频+素材 (素材文件\第 02 章\例 2-11)

step 1　选中文档中需要添加编号的文本，单击【开始】选项卡【段落】组中的【编号】下拉按钮，从弹出的下拉列表中选择一种编号样式，即可将其应用于文本。

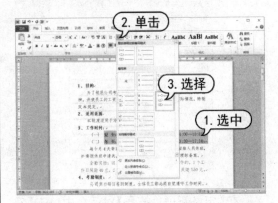

step 2　选中文档中需要添加项目符号的文本，单击【开始】选项卡【段落】组中的【项目符号】下拉按钮，从弹出的下拉列表中选

择一种项目符号，即可为其设置如下图所示的项目符号。

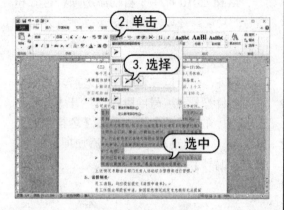

2. 自定义项目符号和编号

在使用项目符号和编号功能时，用户除了可以使用系统自带的项目符号和编号样式外，还可以对项目符号和编号进行自定义设置。

自定义项目符号

选取项目符号段落，打开【开始】选项卡，在【段落】组中单击【项目符号】下拉按钮，在弹出的下拉列表中选择【定义新项目符号】命令，打开【定义新项目符号】对话框，在其中自定义一种项目符号即可。

在【定义新项目符号】对话框中单击【符号】按钮，可以打开【符号】对话框，在该对话框中，用户可以选择合适的符号作为自定义的项目符号。

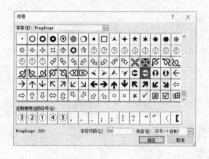

自定义编号

选取编号段落，打开【开始】选项卡，在【段落】组中单击【编号】下拉按钮，从弹出的下拉列表中选择【定义新编号格式】命令，打开【定义新编号格式】对话框，如下图所示。在【编号样式】下拉列表中选择其他编号的样式，并在【编号格式】文本框中输入起始编号；单击【字体】按钮，可以在打开的对话框中设置编号的字体；在【对齐方式】下拉列表中选择编号的对齐方式。

在【段落】组中单击【多级列表】下拉按钮，可以应用多级列表样式，也可以自定义多级符号，从而使得文档的条理更加分明。

在创建的项目符号或编号段落下,按下 Enter 键后可以自动生成项目符号或编号,要结束自动创建项目符号或编号,可以连续按两次 Enter 键,也可以按 Backspace 键删除新创建的项目符号或编号。

2.3.4 在 Word 中使用表格

在 Word 文档中使用表格,可以设计出一些左右不对称的文档页面。通过表格将页面分割并分别在不同区域放入不同信息,这样的结构和适当的留白不仅能突出文档的主要信息还可以缓解阅读者的视觉疲劳。

1. 制作与绘制表格

表格由行和列组成,用户可以直接在 Word 文档中插入指定行列数的表格,也可以通过手动的方法绘制完整的表格或表格的部分。

快速制作 10×8 表格

当用户需要在 Word 文档中插入列数和行数在 10×8(10 为列数,8 为行数)范围内的表格,如 6×6 时,可以按下列步骤操作。

【例 2-12】在"考勤管理制度"文档的末尾绘制一个 6×6 的表格。

视频+素材 (素材文件\第 02 章\例 2-12)

step 1 继续例 2-11 的操作,将鼠标指针插入文档末尾,输入文本"员工请假单",并在【开始】选项卡的【字体】和【段落】组中设置文本的字体、字号和对齐方式。

step 2 按下 Enter 键另起一行,选择【插入】选项卡,单击【表格】组中的【表格】下拉按钮,在弹出的下拉列表中移动鼠标让列表中的表格处于选中状态。

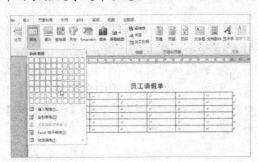

step 3 单击鼠标左键,即可在文档中插入所需的表格。

使用【插入表格】对话框创建表格

用户也可以在 Word 中使用【插入表格】对话框,通过指定表格的行、列数创建表格。

【例 2-13】在文档中使用【插入表格】对话框创建一个 6×5 的表格。

视频+素材 (素材文件\第 02 章\例 2-13)

step 1 继续例 2-12 的操作,将鼠标指针插入文档中,输入文本"未签到情况说明书",并在【开始】选项卡中设置文本的格式和对齐方式。

step 2 按下 Enter 键另起一行,选择【插入】选项卡,单击【表格】组中的【表格】下拉按钮,在弹出的下拉列表中选择【插入表格】命令。

step 3 打开【插入表格】对话框,在【列数】文本框中输入 6,在【行数】文本框中输入 5,然后单击【确定】按钮。

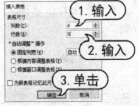

step 4 此时,将在文档中插入如下图所示的 6×5 的表格。

将文本转换为表格

在 Word 中,用户可以参考下列操作,将输入的文本转换为表格。

> **【例2-14】** 在"考勤管理制度"文档中将输入的文本转换为表格。
> 📹**视频+素材** (素材文件\第 02 章\例 2-14)

step 1 继续例 2-13 的操作,在文档中输入下图所示的文本,然后选中文档中需要转换为表格的文本,选择【插入】选项卡,单击【表格】组中的【表格】下拉按钮,在弹出的下拉列表中选择【文本转换成表格】命令。

step 2 打开【将文字转换成表格】对话框,根据文本的特点设置合适的选项参数,单击【确定】按钮。

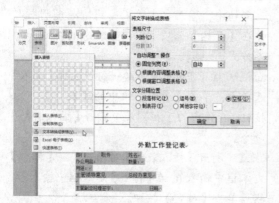

step 3 此时,将在文档中插入一个如下图所示的表格。

绘制表格

对于一些特殊的表格,例如带斜线表头的表格或行列结构复杂的表格,用户可以通过手动绘制的方法来创建,具体方法如下。

step 1 在文档中插入一个 4×4 的表格,选择【插入】选项卡,单击【表格】组中的【表格】按钮,在弹出的列表中选择【绘制表格】命令。

step 2 此时,鼠标指针将变成笔状,用户可以在表格中绘制边框和斜线表头。

2. 选取表格元素

在文档中插入表格后,可以根据需要选取行、列、单元格或整个表格,对表格的不同位置进行设置。

选取整个表格

在 Word 中选取整个表格的常用方法有以下几种。

▶ 使用鼠标拖动选择:当表格较小时,先选择表格中的一个单元格,然后按住鼠标左键拖动至表格的最后一个单元格即可。

员工请假单

▶ 单击表格控制柄选择:在表格任意位置单击,然后单击表格左上角显示的控制柄选取整个表格。

员工请假单

▶ 在 Numlock 键关闭的状态下,按下 Alt+5(5 是小键盘上的 5 键)。

▶ 将鼠标光标定位于表格中,选择【布局】选项卡,在【表】组中单击【选择】下拉按钮,在弹出的列表中选择【选择表格】命令。

选取单个单元格

将鼠标指针悬停在某个单元格左侧,当鼠标指针变为▰形状时单击,即可选中该单元格。

外勤工作登记表

部门:	职务:	姓名:
办公用品:	数量:	
用途:		
主管领导意见:	总经办意见:	
主管副总经理签字:	日期:	

选取整行

选取表格整行的常用方法有以下两种。

➤ 将鼠标指针放置在页面左侧(左页边距区),当指针变为▱形状后单击。

未签到情况说明书

➤ 将鼠标指针放置在一行的第一个单元格中,然后拖动鼠标至该列的最后一个单元格即可。

未签到情况说明书

选取整列

选取表格整列的常用方法有以下两种。

➤ 将鼠标指针放置在表格最上方的表格上边框,当指针变为↓形状后单击。

➤ 将鼠标指针放置在一列的第一个单元格中,然后拖动鼠标至该列的最后一个单元格即可。

如果用户需要同时选取连续的多行或者多列,可以在选中一列或一行时,按住鼠标左键拖动选中相邻的行或列,如果用户需要选取不连续的多行或多列,可以按住 Ctrl 键执行选取操作。

3. 精确设置表格的行高和列宽

在文档中编辑表格时,对于某些单元格,可能需要精确设置它们的列宽和行高,相关的设置方法如下。

step① 选择需要设置列宽与行高的表格区域,在【布局】选项卡的【单元格大小】组的【高度】和【宽度】文本框中输入行高和列宽。

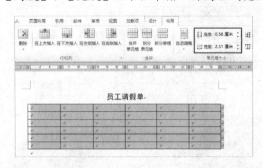

step② 完成设置后表格的行高和列宽效果将如下图所示。

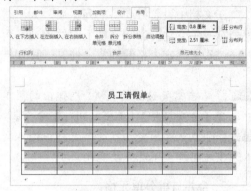

4. 单独改变表格单元格的列宽

有时用户需要单独对某个或几个单元格列宽进行局部调整而不影响整个表格,操作方法如下。

【例 2-15】在"考勤管理制度"文档中单独调整单元格列宽。
🎬 视频+素材 (素材文件\第 02 章\例 2-15)

step① 将鼠标指针移动至目标单元格的左侧框线附近,当指针变为▰形状时单击选中单元格。

员工请假单

step 2 将鼠标指针移动至目标单元格右侧的框线上,当鼠标指针变为十字形状时按住鼠标左键不放,左右拖动即可。

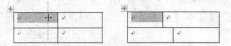

step 3 使用同样的方法,调整表格中其他单元格的列宽。

5. 固定表格的列宽

在文档中设置好表格的列宽后,为了避免列宽发生变化,影响文档版面的美观,可以通过设置固定表格的列宽,使其一直保持不变。

step 1 右击需要设置的表格,在弹出的菜单中选择【自动调整】|【固定列宽】命令。

step 2 此时,在固定列宽的单元格中输入文本,单元格宽度不会发生变化。

6. 合并与拆分单元格

Word 直接插入的表格都是行列平均分布的,但在编辑表格时,经常需要根据录入内容的关系,合并其中的某些相邻单元格,或者将一个单元格拆分成多个单元格。

合并若干相邻的单元格

在文档中编辑表格时,有时需要将几个相邻的单元格合并为一个单元格,以表达不同的关系。此时,可以参考下面介绍的方法合并表格中的单元格。

【例2-16】 在"考勤管理制度"文档中根据文档制作需要,合并表格中的单元格。

🎬 视频+素材 (素材文件\第02章\例2-16)

step 1 选中需要合并的多个单元格(连续),右击鼠标,在弹出的菜单中选择【合并单元格】命令。

step 2 此时,被选中的单元格将合并,效果如下图所示。

step 3 使用同样的方法,合并表格中的其他单元格。

step 4 在表格中输入文本,制作出效果如下图所示的表格。

拆分单元格

在 Word 中编辑表格时，经常需要将某个单元格拆分成多个单元格，以分别输入各个分类的数据。此时，可以参考下面介绍的方法进行操作。

【例 2-17】将表格中的一个单元格拆分成两个单元格。

视频+素材 (素材文件\第 02 章\例 2-17)

step 1 选中需要拆分的单元格，右击鼠标，在弹出的菜单中选择【拆分单元格】命令，打开【拆分单元格】对话框。

step 2 在【拆分单元格】对话框中设置具体的拆分行数(1)和列数(2)后，单击【确定】按钮。

step 3 此时，步骤 1 选中的单元格将被拆分为两列。

7. 快速平均分布列宽和行高

在文档中编辑表格时，出于美观考虑，在单元格大小足够输入字符的情况下，可以平均分布表格各行的高度，使所有行的高度一致，或者平均分布表格各列的宽度，使所有列的宽度一致。

【例 2-18】在表格中快速平均分布选中行的列宽和行高。

视频+素材 (素材文件\第 02 章\例 2-18)

step 1 继续例 2-17 的操作，选取表格中的多行，右击鼠标，在弹出的菜单中选择【平均分布各行】命令。

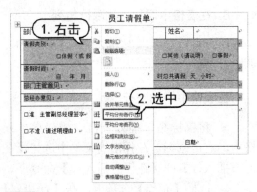

step 2 此时，即可得到下图所示的平均分布各行效果。

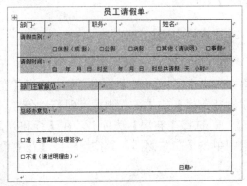

step 3 选中文档中的另一个表格，右击鼠标，在弹出的菜单中选择【平均分布各列】命令。

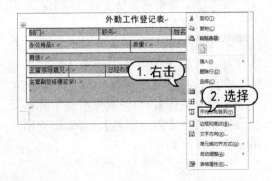

step 4 此时，即可得到下图所示的平均分布各列效果。

8. 在表格中增加、删除行与列

用户可以参考以下方法在表格中增加、删除行与列。

在表格中增加空行

▶ 将鼠标指针插入表格中的任意单元格中，右击鼠标，在弹出的菜单中选择【在上方插入行】或【在下方插入行】命令。

▶ 选择【布局】选项卡，在【行和列】组中单击【在上方插入】按钮或【在下方插入】按钮。

在表格中增加空列

▶ 将鼠标指针插入表格中的任意单元格中，右击鼠标，在弹出的菜单中选择【在左侧插入列】或【在右侧插入列】命令。

▶ 选择【布局】选项卡，在【行和列】组中单击【在左侧插入】按钮或【在右侧插入】按钮。

删除表格中的行或列

若用户需要删除表格中的行或列，可以参考以下几种方法。

▶ 将鼠标指针插入表格单元格中，右击鼠标，在弹出的菜单中选择【删除单元格】命令，打开【删除单元格】对话框，选择【删除整行】，可以删除所选单元格所在的行，选择【删除整列】，可以删除所选单元格所在的列。

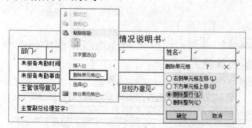

▶ 将鼠标指针插入表格单元格中，选择【布局】选项卡，在【行和列】组中单击【删除】下拉按钮，在弹出的列表中选择【删除行】或【删除列】命令。

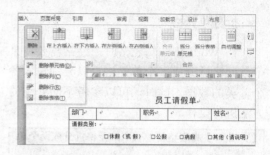

9. 整体缩放表格

要想一个表格在放大或者缩小时保持纵横比例，可以按住 Shift 键不放，然后拖动表格右下角的控制柄拖动即可。

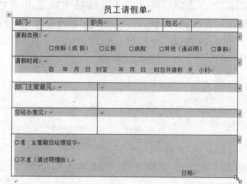

如果同时按住 Shift+Alt 键拖动表格右下角的控制柄，则可以实现表格锁定纵横比例的精确缩放。

10. 调整表格内容的对齐方式

Word 2010 提供多种表格内容的对齐方式，可以让文字居中对齐、右对齐或两端对齐等，而居中对齐又可以分为靠上居中对齐、水平居中对齐和靠下居中对齐；靠右对齐可以分为靠上右对齐、中部右对齐和靠下右对齐；两端对齐可以分为靠上两端对齐、中部两端对齐和靠下两端对齐。

【例 2-19】在"考勤管理制度"文档中设置表格中的文本中部两端对齐。

🎬 视频+素材 (素材文件\第 02 章\例 2-19)

step 1 继续例 2-18 的操作，选中文档中的表格，选择【布局】选项卡，在【对齐方式】组中单击【中部两端对齐】按钮▤。

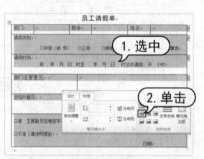

step 2 此时，表格中文本的对齐方式将如下图所示。

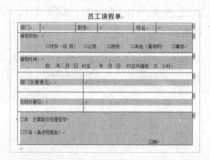

11. 设置表格的边框和底纹

选中表格后右击鼠标，从弹出的菜单中选择【边框和底纹】命令，将打开【边框和底纹】对话框，利用该对话框，用户可以为表格设置边框和底纹。

【例 2-20】在"考勤管理制度"文档中为表格设置边框和底纹效果。

🎬 视频+素材 (素材文件\第 02 章\例 2-20)

step 1 继续例 2-19 的操作，按住 Ctrl 键选中"考勤管理制度"文档中需要设置边框和底纹的所有表格，然后右击鼠标，从弹出的菜单中选择【边框和底纹】命令。

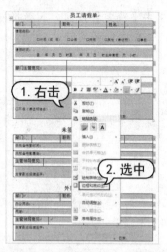

step 2 打开【边框和底纹】对话框，在【边框】选项卡的【设置】列表中先选择一种边框设置方式，再在【样式】列表中选择表格边框的线条样式，然后在【颜色】下拉列表框中选择边框的颜色，最后在【宽度】下拉列表中选择边框的宽度大小。

step 3 选择【底纹】选项卡，在【填充】下拉列表中选择底纹的颜色，如果需要填充图案，可以在【样式】下拉列表中选择图案的样式，在【颜色】下拉列表中选择图案颜色。

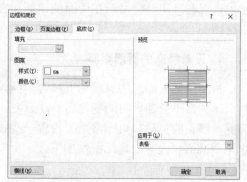

step④ 单击【确定】按钮，表格将应用下图所示的边框和底纹效果。

12. 删除表格

删除表格的方法并不是使用 Delete 键，选中表格后按下 Delete 键只会清除表格中的内容，正确删除表格的方法有以下几种：

➤ 选中表格，按下 Backspace 键。

➤ 选中表格，按下 Shift+Delete 组合键。

➤ 选择【布局】选项卡，在【行和列】组中单击【删除】按钮，在弹出的列表中选择【删除表格】命令。

2.3.5 设置页眉和页脚

在制作文档时，经常需要为文档添加页眉和页脚内容，页眉和页脚显示在文档中每个页面的顶部和底部区域。可以在页眉和页脚中插入文本或图形，也可以显示相应的页码、文档标题或文件名等内容，页眉与页脚中的内容在打印时会显示在页面的顶部和底部区域。

1. 设置静态的页眉页脚

为文档插入静态的页眉和页脚时，插入的页码内容不会随页数的变化而自动改变。因此，静态的页眉与页脚常用于设置一些固定不变的信息内容，具体操作如下。

【例 2-21】为"考勤管理制度"文档设置页眉和页脚。

视频+素材 (素材文件\第 02 章\例 2-21)

step① 继续例 2-20 的操作，选择【插入】选项卡，在【页眉和页脚】组中单击【页眉】下拉按钮，在展开的库中选择一种内置的页眉样式。

step② 进入页眉编辑状态，在页面顶部输入页眉文本。

step③ 选中步骤 2 输入的文本，右击鼠标，在弹出的菜单中选择【字体】命令，打开【字体】对话框设置文本字体。

step④ 按下键盘上的向下方向键，切换至页脚区域中，输入需要的页脚内容。

step⑤ 单击【设计】选项卡中的【关闭页眉和页脚】按钮，即可为文档添加如下图所示的页眉和页脚。

2. 添加动态页码

在制作页脚内容时，如果用户需要显示相应的页码，用户可以运用动态页码来添加自动编号的页码，具体操作步骤如下。

【例2-22】为"考勤管理制度"文档添加一个在每页底端居中显示的动态编号页码。
📹 视频+素材 (素材文件\第 02 章\例 2-22)

step 1 继续例 2-21 的操作，选择【插入】选项卡，在【页眉和页脚】组中单击【页脚】下拉按钮，在展开的库中选择一种 Word 内置的页脚样式，例如【空白】选项。

step 2 进入页脚编辑状态，在【设计】选项卡的【页眉和页脚】组中单击【页码】下拉按钮，在弹出的列表中选择【页面底端】|【普通数字2】选项。

step 3 此时可以看到页脚区域显示了页码，并应用了"普通数字 2"样式。

step 4 在【页眉和页脚】组中单击【页码】下拉按钮，在弹出的列表中选择【设置页码格式】命令，打开【页码格式】对话框。

step 5 单击【编号格式】下拉按钮，在弹出的下拉列表中选择需要的格式。

step 6 单击【确定】按钮后，将鼠标指针放置在页脚文本中，可以对页脚内容进行编辑。

step 7 完成以上设置后，向下拖动窗口滚动条，可以看到每页的页码均不同，随着页数的改变自动发生变化。

step 8 单击【设计】选项卡中的【关闭页眉和页脚】按钮，完成"考勤管理制度"文档的制作，按下 Ctrl+S 组合键保存文档。

2.4 案例演练

本章的案例演练将指导用户将本章制作的"入职通知"和"考勤管理制度"文档保存为 PDF 文档并进行打印。

【例2-23】将 Word 文档保存为 PDF 文档。
📹 视频+素材 (素材文件\第 02 章\例 2-23)

step 1 打开文档后，单击【文件】按钮，在

弹出的菜单中选择【保存并发送】选项，在显示的界面中选中【创建 PDF/XPS 文档】选项，单击【创建 PDF/XPS】按钮。

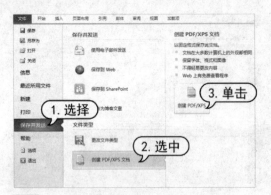

step 2 打开【发布为 PDF 或 XPS】对话框，选择一个保存文档的文件夹后，在【文件名】文本框中输入"考勤管理制度"，单击【发布】按钮，将 Word 文档保存为 PDF 文档。

step 3 按下 Ctrl+P 组合键，打开 Word 打印界面，单击界面下方的【页面设置】按钮，打开【页面设置】对话框，选择【纸张】选项卡，单击【纸张大小】下拉按钮，从弹出

的列表中选择 A4 选项。设置打印文档使用的纸张大小为 A4。

step 4 单击【确定】按钮返回 Word 打印界面，在【份数】文本框中输入文档的打印份数，调整界面右下角的预览缩放比例滑块，在预览区域查看要打印的文档效果。

step 5 最后，单击【打印】按钮，打印文档。

第3章

Word 2010 图文混排

Word 2010 支持插入修饰对象，如图片、艺术字等，此外还可以设置文档的页面规格。这些功能不仅会使文章、报告显得生动有趣，还能帮助用户更快地理解文章内容。本章将通过案例操作介绍使用 Word 2010 对文档内容进行图文混排的相关知识。

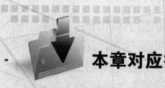 本章对应视频

3.1 制作公司宣传单

宣传单是企业宣传自身形象的推广工具之一。本节将通过制作公司宣传单，详细介绍在Word中设置页面、设置页面背景、使用样式制作图文混排文档的方法。

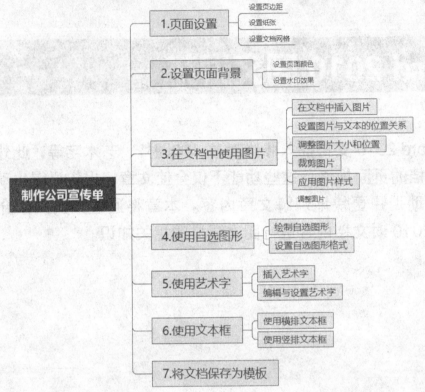

通过制作"公司宣传单"文档进一步熟悉 Word 2010 的常用功能

3.1.1 页面设置

在处理 Word 文档的过程中，为了使文档页面更加美观，用户可以根据需要规范文档的页面，如设置页边距、纸张、版式和文档网格等，从而制作出一个要求较为严格的文档版面。

1. 设置页边距

页边距就是页面上打印区域之外的空白空间。设置页边距，包括调整上、下、左、右边距，调整装订线的距离和纸张的方向。

选择【页面布局】选项卡，在【页面设置】组中单击【页边距】按钮，从弹出的下拉列表框中选择页边距样式，即可快速为页面应用该页边距样式。若选择【自定义边距】命令，打开【页面设置】对话框的【页边距】选项卡，在其中可以精确设置页面边距和装订线距离。

【例 3-1】使用 Word 创建一个名为"公司宣传单"的文档并设置文档页边距。 🔘视频

step 1 创建文档后选择【页面布局】选项卡，在【页面设置】组中单击【页边距】按钮，从弹出的列表中选择【自定义边距】命令，打开【页面设置】对话框。

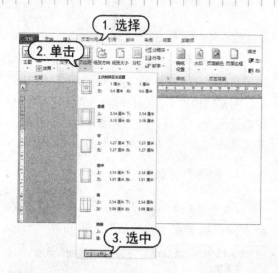

step 2 选择【页边距】选项卡，在【页边距】的【上】和【下】微调框中输入"1厘米"，在【左】和【右】微调框中输入"0.6厘米"。

step 3 单击【确定】按钮，为文档应用所设置的页边距样式。按下 F12 键打开【另存为】对话框，将创建的文档以文件名"公司宣传单"保存。

默认情况下，Word 2010 将此次页边距的数值记忆为【上次的自定义设置】，在【页面设置】组中单击【页边距】按钮，选择【上次的自定义设置】选项，即可为当前文档应用上次的自定义页边距设置。

2. 设置纸张

纸张的设置决定了要打印的效果，默认情况下，Word 2010 文档的纸张大小为 A4 。在制作某些特殊文档(如明信片、名片或贺卡)时，用户可以根据需要调整纸张的大小，从而使文档更具特色。

日常使用的纸张大小一般有 A4、16 开、32 开和 B5 等几种类型，不同的文档，其页面大小也不同，此时就需要对页面大小进行设置，即选择要使用的纸型，每一种纸型的高度与宽度都有标准的规定，但也可以根据需要进行修改。在【页面设置】组中单击【纸张大小】按钮，在弹出的下拉列表中选择设定的规格选项即可快速设置纸张大小。

【例 3-2】为"公司宣传单"文档设置页面纸张大小。
🔘 视频

step 1 继续例 3-1 的操作。选择【页面布局】选项卡，在【页面设置】组中单击【纸张大小】按钮，从弹出的列表中选择【其他页面大小】命令。

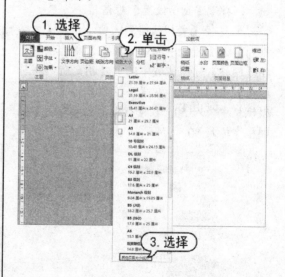

step 2 打开【页面设置】对话框的【纸张】选项卡，在【纸张大小】下拉列表框中选择 A4 选项，在【宽度】和【高度】微调框中分别输入"21厘米"和"30厘米"。

step 3 单击【确定】按钮，即可为文档应用所设置的纸张大小。

3. 设置文档网格

文档网格用于设置文档中文字排列的方向、每页的行数、每行的字数等内容。

【例3-3】在"公司宣传单"文档中设置文档网格。
🔵 视频

step 1 继续例 3-2 的操作，选择【页面布局】选项卡，单击【页面设置】对话框启动器按钮🔳，打开【页面设置】对话框。

step 2 选择【文档网格】选项卡，在【文字排列】选项区域中选中【水平】单选按钮；在【网格】选项区域中选中【指定行和字符网格】单选按钮；在【字符数】的【每行】微调框中输入 50；在【行数】的【每页】微调框中输入 50。

step 3 单击【确定】按钮，即可为文档应用所设置的文档网格。

3.1.2 设置页面背景

为了使文档更加美观，用户可以为文档设置背景，文档的背景包括页面颜色和水印效果。为文档设置页面颜色时，可以使用纯色背景以及渐变、纹理、图案、图片等填充效果；为文档添加水印效果时可以使用文字或图片。

1. 设置页面颜色

为 Word 文档设置页面颜色，可以使文档变得更加美观，具体操作方法如下。

【例3-4】为"公司宣传单"文档设置页面背景颜色。
🔵 视频

step 1 继续例 3-3 的操作，选择【页面布局】选项卡，在【页面背景】组中单击【页面颜色】下拉按钮，在展开的库中选择一种颜色。

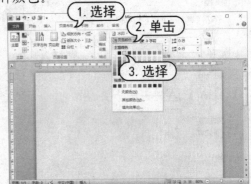

step 2 此时，文档页面将应用所选择的颜色作为背景进行填充。

step 3 如果在上图所示展开的库中选择【填充效果】选项，可以打开【填充效果】对话框，在该对话框中，用户可以为文档页面设置渐变、纹理、图案或图片填充。

2. 设置水印效果

水印是出现在文本下方的文字或图片。如果用户使用图片水印，可以对其进行淡化或冲蚀设置以免图片影响文档中文本的显示。如果用户使用文本水印，则可以从内置短语中选择需要的文字，也可以输入所需的文本。下面以设置图片水印为例，介绍为文档设置水印的具体方法。

step ❶ 选择【页面布局】选项卡，在【页面背景】组中单击【水印】下拉按钮，在展开的库中选择【自定义水印】选项。

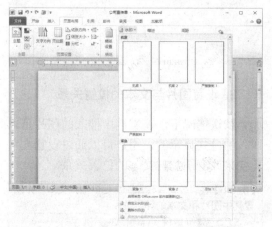

step ❷ 打开【水印】对话框，选择【图片水印】单选按钮，然后单击【选择图片】按钮。

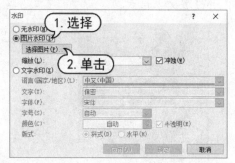

step ❸ 打开【插入图片】对话框，选择一个作为文档水印的图片后，单击【插入】按钮。

step ❹ 返回【水印】对话框，选中【冲蚀】复选框，然后单击【确定】按钮，即可为

文档设置水印效果。

3.1.3　在文档中使用图片

使用 Word 制作文档时，不仅可以在文档中插入图片，还可以很方便地处理图片与文字之间的环绕问题，使文档的整体排版效果更加整洁、美观。

1. 在文档中插入图片

在 Word 2010 中，用户不仅可以插入系统提供的剪贴画，还可以从其他程序或位置导入图片，甚至可以使用屏幕截图功能直接从屏幕中截取画面并以图片形式插入。

插入文件中的图片

用户可以直接将保存在电脑中的图片插入 Word 文档中，也可以利用扫描仪或者其他图形软件插入图片到 Word 文档中。下面将介绍插入电脑中保存的图片的方法。

【例 3-5】在"公司宣传单"文档中插入一张图片。

视频+素材　(素材文件\第 03 章\例 3-5)

step ❶ 将鼠标指针插入文档中合适的位置后，选择【插入】选项卡，在【插图】组中单击【图片】按钮，打开【插入图片】对话框。

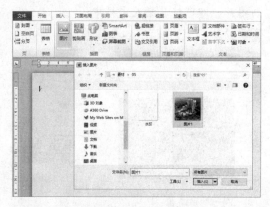

step ❷ 在【插入图片】对话框中选中一张图片后，单击【插入】按钮。

step ❸ 此时，将在文档中插入一张图片。

插入剪贴画

在 Word 中，用户可以参考以下方法，在文档中插入剪贴画。

step 1 选择【插入】选项卡，在【插图】组中单击【剪贴画】按钮，打开【剪贴画】任务窗格。在【搜索文字】文本框中输入想要的剪贴画类型名称，单击【搜索】按钮，即可开始通过网络查找相应的剪贴画文件。

step 2 在搜索结果列表中单击所需的剪贴画图片，即可将其插入文档中。

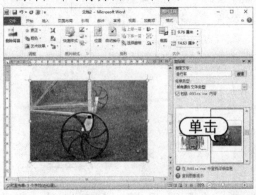

插入屏幕截图

如果需要在 Word 文档中使用当前正在编辑的窗口中或网页中的某个图片或者图片的一部分，则可以使用 Word 2010 提供的

屏幕截图功能来实现。打开【插入】选项卡，在【插图】组中单击【屏幕截图】按钮，在弹出的列表中选择【屏幕剪辑】选项，进入屏幕截图状态，拖动鼠标截取图片区域即可。

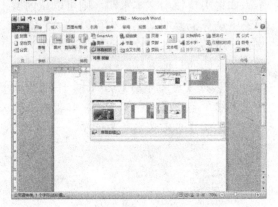

2. 设置图片与文本的位置关系

默认情况下，在文档中插入的图片是以嵌入的方式显示的，用户可以通过设置文字环绕来改变图片与文本的位置关系。

【例3-6】在"公司宣传单"文档中输入文本，并设置其中图片和文本的环绕关系。

视频+素材 （素材文件\第03章\例3-6）

step 1 继续例3-5的操作，在文档中输入文本，并设置文本格式。

step 2 选中图片，选择【格式】选项卡，在

【排列】组中单击【位置】下拉按钮，在弹出的列表中选择【中间居中，四周型文字环绕】选项，可以设置图片环绕文字。

3. 调整图片的大小和位置

在文档中插入图片后，经常还需要进行设置才能达到用户的需求，比如调整图片的大小、位置等。

【例3-7】调整"公司宣传单"文档中图片的大小和位置。

视频+素材（素材文件\第03章\例3-7）

step ① 继续例 3-6 的操作，选中文档中插入的图片，将鼠标指针放置在图片上方，当指针变为十字箭头时按住鼠标左键拖动，至合适的位置后释放鼠标，调整图片的位置。

step ② 将鼠标指针移动至图片四周的控制柄上(例如左下控制柄)，当指针变成双向箭头形状时按住鼠标左键拖动，当图片大小变化为合适的大小后，释放鼠标即可改变

图片大小。

4. 裁剪图片

如果只需要图片中的某一部分，可以对图片进行裁剪，将不需要的图片部分裁掉，具体操作步骤如下。

【例3-8】裁剪"公司宣传单"文档中插入的图片。

视频+素材（素材文件\第03章\例3-8）

step ① 继续例 3-7 的操作，在文档中插入一个图片，设置图片与文本的环绕方式，并调整图片在文档中的位置。

step ② 选中文档中需要裁剪的图片，在【格式】选项卡的【大小】组中单击【裁剪】下拉按钮，从弹出的下拉列表中选择【裁剪】选项。

step ③ 调整图片边缘出现的裁剪控制柄，拖动需要裁剪边缘的控制柄。按下回车键，即可裁剪图片，并显示裁剪后的图片效果。

5. 应用图片样式

Word 2010 提供了图片样式，用户可以选择图片样式快速对图片进行设置，操作步骤如下。

【例3-9】在"公司宣传单"文档中插入图片，并设置图片的样式。

视频+素材 (素材文件\第03章\例3-9)

step 1 继续例3-8的操作，在文档中插入图片并调整图片的大小和位置。

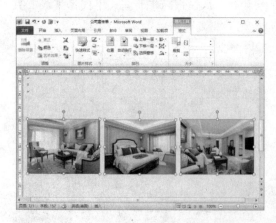

step 2 按住 Ctrl 键同时选中步骤1插入的3张图片，在【格式】选项卡的【图片样式】组中单击【快速样式】下拉按钮，在弹出的下拉列表中选择一种图片样式，即可为图片应用相应的样式。

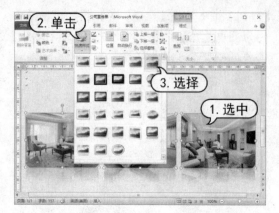

在为图片应用样式后，若要恢复图片的原始状态，可执行以下操作。

step 1 选中文档中的图片。

step 2 选择【格式】选项卡，在【调整】组中单击【重设图片】下拉按钮，在弹出的列表中选择【重设图片和大小】选项。

6. 调整图片

在 Word 2010 中，用户可以快速地设置文档中图片的效果，例如改变图片的亮度和对比度、重新设置图片颜色等。

改变图片的亮度和对比度

Word 2010 为用户提供了设置亮度和对比度功能，用户可以通过预览的图片效果来进行选择，快速得到所需的图片效果。具体操作方法：选中文档中的图片后，在【格式】选项卡的【调整】组中单击【更正】下拉按钮，在弹出的列表中选择需要的效果。

为图片应用艺术效果

Word 2010 提供了多种图片艺术效果，用户可以直接选择所需的艺术效果对图片进行调整。具体操作方法：选中文档中的图片，在【格式】选项卡的【调整】组中单击【艺术效果】下拉按钮，在展开的库中选择一种艺术效果。

重新设置图片颜色

如果用户对图片的颜色不满意，可以对图片颜色进行调整。在 Word 2010 中，可以快速得到不同的图片颜色效果。具体操作方法：选择文档中的图片，在【格式】选项卡的【调整】组中单击【颜色】下拉按钮，在展开的库中选择需要的图片颜色。

3.1.4　使用自选图形

自选图形是运用现有的图形，如矩形、圆等基本形状以各种线条或连接符绘制出的用户需要的图形，例如使用矩形、圆、箭头、直线等形状制作一个流程图。

1. 绘制自选图形

自选图形包括基本形状、箭头总汇、标注、流程图等类型，各种类型又包含了多种形状，用户可以选择相应形状绘制所需图形。

【例 3-10】在"公司宣传单"文档中绘制矩形图形。

视频+素材 (素材文件\第 03 章\例 3-10)

step 1 继续例 3-9 的操作，选择【插入】选项卡，单击【插图】组中的【形状】按钮，在展开的库中选择【矩形】选项。

step 2 按住鼠标左键，在文档中合适的位置拖动即可绘制一个矩形。

step 3 使用同样的方法，在文档中的其他位置分别绘制矩形。

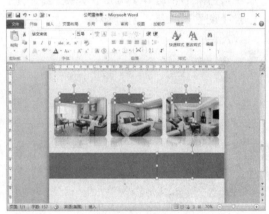

2. 设置自选图形格式

在文档中绘制自选图形后，为了使其与文档内容更加协调，用户可以设置相关的格式，例如更改自选图形的大小、位置等。下面将介绍设置自选图形格式的方法。

【例 3-11】在"公司宣传单"文档中设置矩形形状的格式。

视频+素材 (素材文件\第 03 章\3-11)

step 1 继续例 3-10 的操作，按住 Ctrl 键选中文档中所有的矩形图形后，选择【格式】选项卡，单击【形状样式】组中的【形状轮廓】下拉按钮，从弹出的列表中选择【无轮廓】选项，取消矩形形状的轮廓。

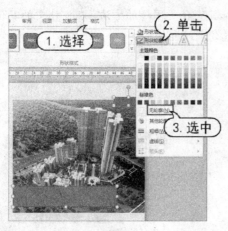

step 2 单独选中一个矩形形状，右击鼠标，从弹出的菜单中选择【设置形状格式】命令，打开【设置形状格式】对话框。

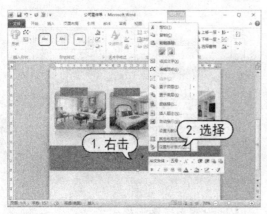

step 3 在【设置形状格式】对话框左侧的列表中选择【填充】选项，然后在【填充】选项区域中选中【图片或纹理填充】单选按钮和【将图片平铺为纹理】复选框(此时对话框标题将变为【设置图片格式】对话框)。

step 4 单击【文件】按钮，在打开的对话框

中选择一张背景图片后，单击【插入】按钮，即可为形状设置下图所示的图片填充。

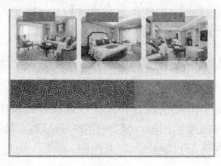

step 5 关闭【设置图片格式】对话框，在文档中选中另外一个矩形形状，重复步骤2的操作，在打开的【设置形状格式】对话框中选中【纯色填充】单选按钮，然后单击【颜色】下拉按钮，为选中的形状设置纯色填充。

step 6 重复以上操作，为文档中所有的矩形形状都设置填充颜色，并在【设置形状格式】对话框的【填充】选项区域中为下图所示的矩形设置35%的透明度参数。

step 7 按住 Ctrl 键，同时选中下图所示的 4 个矩形图形，右击鼠标，在弹出的快捷菜单中选择【设置形状格式】命令。

step 8 在打开的【设置形状格式】对话框中选择【阴影】选项，在【阴影】选项区域中设置【透明度】【大小】【虚化】【角度】【距离】等参数值，为图形设置阴影效果。

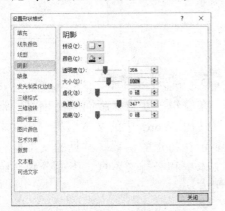

step 9 单击上图中的【关闭】按钮，关闭【设置形状格式】对话框。

3.1.5 使用艺术字

在 Word 文档中灵活地应用艺术字功能，可以为文档添加生动且具有特殊视觉效果的文字。在文档中插入的艺术字会被作为图形对象处理，因此在添加艺术字时，可以对艺术字的样式、位置、大小进行设置。

1. 插入艺术字

在 Word 中插入艺术字的方法有两种，一种是先输入文本，再将输入的文本应用为艺术字样式，另一种是先选择艺术字的样式，然后在 Word 软件提供的文本占位符中输入需要的艺术字文本。下面将介绍插入艺术字的具体操作。

【例 3-12】在"公司宣传单"文档中插入艺术字。
视频+素材 (素材文件\第 03 章\例 3-12)

step 1 选择【插入】选项卡，在【文本】组中单击【艺术字】下拉按钮，在展开的库中选择需要的艺术字样式。

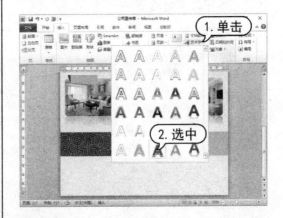

step 2 此时，将在文档中插入一个所选的艺术字样式，在其中显示"请在此放置您的文字"，删除艺术字样式中显示的文本，输入需要的艺术字内容">>联系我们"即可。

2. 编辑与设置艺术字

艺术字是作为图形对象放置在文档中的，用户可以将其作为图形来处理，例如更改位置、大小以及样式等。

【例3-13】调整"公司宣传单"文档中的艺术字。

视频+素材 (素材文件\第03章\例3-13)

step 1 继续例3-12的操作,选中文档中插入的艺术字,选择【格式】选项卡,单击【艺术字样式】组中的【设置文本效果格式】按钮,打开【设置文本效果格式】对话框。

step 2 在【设置文本效果格式】对话框左侧的列表中选择【文本边框】选项,在【文本边框】选项区域中选中【无线条】单选按钮,取消艺术字文本的边框。

step 3 在对话框左侧的列表中选择【文本填充】选项,在【文本填充】选项区域中单击【颜色】下拉按钮,从弹出的列表中选择一种颜色,为艺术字文本设置填充颜色。

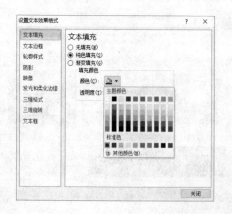

step 4 单击【关闭】按钮,关闭【设置文本效果格式】对话框。选择【开始】选项卡,在【字体】组中设置艺术字文本的大小为【二号】。

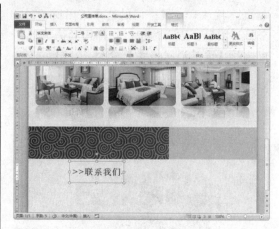

step 5 将鼠标指针放置在艺术字文本框的边缘,当鼠标指针变为十字形状后,按住鼠标拖动调整艺术字在文档中的位置。

3.1.6 使用文本框

在编辑一些特殊版面的文稿时,常常需要使用 Word 中的文本框将一些文本内容显示在特定的位置。常见的文本框有横排文本框和竖排文本框,下面分别介绍其使用方法。

1. 使用横排文本框

【例3-14】在"公司宣传单"文档中使用文本框放置页面文本。

视频+素材 (素材文件\第03章\例3-14)

step 1 继续例3-13的操作,选择【插入】选项卡,在【文本】组中单击【文本框】下拉按钮,在展开的库中选中【绘制文本框】选项,如下图所示。

step 2 当鼠标指针变为十字形状后,在文档中按住鼠标左键不放并拖动,拖至目标位置处释放鼠标。

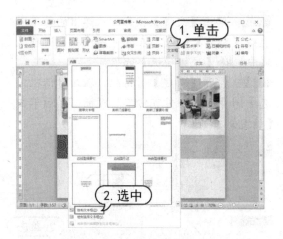

step 3 释放鼠标后即可绘制出横排文本框，默认情况下为白色背景。在其中输入需要的文本框内容。

step 4 右击文档中创建的文本框，在弹出的菜单中选择【设置形状格式】命令，打开【设置形状格式】对话框，选择【填充】选项，在显示的【填充】选项区域中选择【无填充】单选按钮，可以取消文本框的填充颜色，使其变为透明色。

step 5 在【设置形状格式】对话框左侧的列表中选择【线条颜色】选项，然后在【线条颜色】选项区域中选中【无线条】选项，取消文本框的边框线条颜色。保持文本框的选

中状态，在【开始】选项卡的【字体】组中设置文本框中文本的字体和字号。

step 6 拖动文本框四周的控制点调整文本框的大小，将鼠标指针放置在文本框四周，当鼠标指针变为十字形状后，按住鼠标左键拖动，调整文本框在文档中的位置。

step 7 重复以上操作，在文档中插入更多的文本框，并利用文本框组织页面中的文本内容，完成后的效果如下图所示。

2. 使用竖排文本框

在 Word 中插入竖排文本框的方法和插入横排文本框的方法类似，具体方法如下。

step 1 选择【插入】选项卡，单击【文本】组中的【文本框】下拉按钮，在展开的库中选择【绘制竖排文本框】选项。

step 2 在文档中按住鼠标左键不放并拖动，拖至目标位置处释放鼠标，即可绘制一个竖排文本框。

step 3 在竖排文本框中输入文本内容，可以看到输入的文字以竖排形式显示。

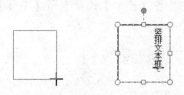

step 4 选中竖排文本框,在【格式】选项卡的【文本】组中单击【文字方向】下拉按钮,在弹出的列表中选择【水平】命令。

step 5 此时,竖排文本框中的竖排文本将变为横排显示。

3.1.7 将文档保存为模板

Word 文档都是在以模板为样板的基础上衍生的。模板的结构特征直接决定了基于它的文档的基本结构和属性,例如字体、段落、样式、页面设置等。如果编辑一个文档后,在【另存为】对话框中单击【文件类型】下拉按钮,将其另存为 dotx 格式或者 dotm 格式,那么模板就生成了。在 Word 2010 中,用户可以参考以下方法将文档保存为模板。

【例 3-15】将文档保存为模板,并使用创建的模板创建文档。
视频+素材 (素材文件\第 03 章\例 3-15)

step 1 按下 F12 键,打开【另存为】对话框,设置文件的保存路径为:

C:\Users\miaof\AppData\Roaming\Microsoft\Templates

step 2 单击【保存类型】下拉按钮,从弹出的列表中选择【Word 模板】选项,然后单击【保存】按钮。

step 3 单击【文件】按钮,从弹出的菜单中选择【新建】命令,在【可用模板】选项区域中选择【我的模板】选项。

step 4 打开【新建】对话框,在该对话框中选中保存的"公司宣传单"模板,然后单击【确定】按钮。

step 5 此时,将使用保存的模板创建一个下图所示的 Word 文档。

3.2 制作商业计划书

"商业计划书"是公司、企业或项目单位为了达到招商融资或其他发展目标,根据一定的格式和内容要求而编辑整理的一个向受众全面展示公司和项目目前状况、未来发展潜力的书面材料。

本节将通过制作一个"商业计划书"文档,详细介绍在 Word 中使用样式、SmartArt 图形、创建文档目录和文档封面的方法。

通过制作"商业计划书"文档学会在文档中应用样式、图表、封面和目录

3.2.1　修改 Word 文档默认模板

在 Word 中用户可以参考例 3-15 的操作，制作若干个自定义的模板以备用，但如果希望对默认新建的文档有所要求，如文档页眉中包含单位名称作为抬头，或者新建文档中已添加页码，就需要对 Normal.dotm 模板进行修改。

在资源管理器中，如果双击模板文件(例如 Normal.dotm)，就会生成一个基于此模板的新文档，如在模板上右击鼠标，在弹出的菜单中选择【打开】命令，则打开的是模板文件，打开后就可以进行如同一般文档一样的修改和保存等操作。

> 【例 3-16】找到 Normal.dotm(模板文件)，并对其进行修改，为其添加页眉和页码。
> 🎬视频+素材 (素材文件\第 03 章\例 3-16)

step① 选择【插入】选项卡，在【文本】组中单击【文档部件】按钮，在弹出的菜单中选择【域】命令，打开【域】对话框。

step② 在【域名】列表框中选中 Template 选项，然后选中【添加路径到文件名】复选框，并单击【确定】按钮。

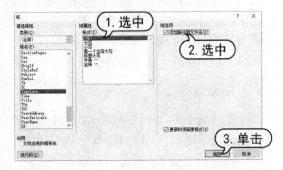

step③ 单击【确定】按钮，即可在文档中生成 Normal.dotm 文件的路径，选中该路径，例如：

C:\Users\miaof\AppData\Roaming\Microsoft\Templates\Normal.dotm

右击鼠标，在弹出的菜单中选择【复制】命令，复制该路径。

step④ 按下 Win+E 组合键打开资源管理器，将复制的文件夹路径粘贴到地址栏，按下回车键即可在窗口中快速找到并打开 Normal.dotm 文件。

step⑤ 选择【插入】选项卡，单击【页眉和页脚】组中的【页眉】和【页码】按钮，在打开的 Normal.dotm 文件中设置页眉和页码。

step 6 按下 Ctrl+S 组合键保存 Normal.dotm 文件，按下 Ctrl+W 组合键关闭文档。按下 Ctrl+N 组合键新建一个空白 Word 文档，这个新建的文档将自动包含步骤 5 设置的页眉和页码。

3.2.2 使用样式

在编辑大量同类型的文档时，为了提高工作效率，有经验的用户都会制作一个模板，在模板中事先设置好各种文本的样式。以模板为基础创建文档，在编辑时，就可以直接套用预设的样式，而无须逐一设置。

1. 认识样式

在 Word 中，样式是指一组已经命名的字符或段落格式。Word 自带有一些书刊的标准样式，例如正文、标题、副标题、强调、要点等，每一种样式所对应的文本段落的字体、段落格式等都有所不同。

除了使用 Word 自带的样式外，用户还可以自定义样式，包括自定义样式的名称，设置对应的字符、段落格式等。

2. 自定义样式

尽管 Word 提供了一整套的默认样式，但编辑文档时可能依然会觉得不太够用。遇到这样的情况时，用户可以参考以下操作，自行创建样式以满足实际需求。

【例 3-17】在新建的"商业计划书"文档中创建自定义样式。

视频+素材 (素材文件\第 03 章\例 3-17)

step 1 继续例 3-16 的操作，按下 F12 键打开【另存为】对话框，将文档以文件名"商业计划书"保存。

step 2 在文档中输入一段文本后，选中其中一段文本"1. 公司概况"，单击【开始】选项卡【样式】组右下角的对话框启动器按钮 ，打开【样式】窗格，单击其中的【新建样式】按钮 。

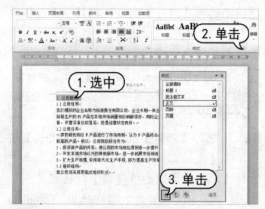

step 3 打开【根据格式设置创建新样式】对话框，在【名称】文本框中输入当前样式的名称"标题-1"，在【格式】选项区域

中设置样式采用的字体为"方正黑体简体"，字号为"小二"，单击【样式基准】下拉按钮，从弹出的列表中选择【标题6】选项。

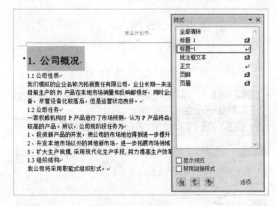

step 4 在上图中单击【确定】按钮，将添加一个自定义样式"标题-1"，并将该样式应用于选中的文字"1. 公司概况"上。

step 5 选中文档中的文本"1.1 公司性质"，然后重复步骤2、3的操作，打开【根据格式设置创建新样式】对话框，在【名称】文本框中输入当前样式的名称"标题-2"，在【格式】选项区域中设置样式采用的字体为"方正准圆简体"，字号为"小四"，单击【样式基准】下拉按钮，从弹出的列表中选择【标题7】选项。

step 6 在上图中单击【确定】按钮，添加一个名为"标题-2"的自定义样式，并将该样式应用于文字"1.1 公司性质"。

step 7 选中文档中的第一段文字，重复步骤2、3的操作，打开【根据格式设置创建新样式】对话框，在【名称】文本框中输入当前样式的名称"文章正文"，在【格式】选项区域中设置样式采用的字体为"宋体"，字号为"小四"，单击【样式基准】下拉按钮，从弹出的列表中选择【正文缩进】选项，单击【1.5倍行距】按钮≡。

step 8 在上图中单击【确定】按钮，将在【样式】窗格中添加一个自定义样式"文章正文"，并将该样式应用于选中的段落上。

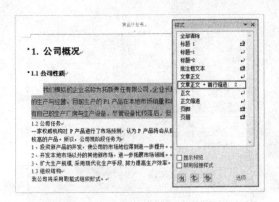

3. 套用现有样式

编辑文档时，如果之前设置过各类型文本的格式，并为之创建了对应的样式，用户可以参考下列步骤，快速将样式对应的格式套用到当前所编辑的段落中。

【例 3-18】在"商业计划书"文档中套用例 3-17 创建的自定义样式。

视频+素材 (素材文件\第 03 章\例 3-18)

step 1 继续例 3-17 的操作，选中文档中的文本"1.2 公司任务"，单击【样式】窗格中的【标题-2】选项，即可将该样式应用于文本中。

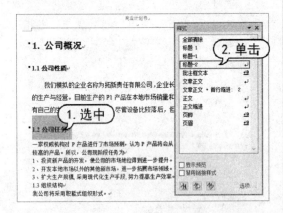

step 2 选中文档中的第二段文本，单击【开始】选项卡【样式】组中的【更多】按钮，在弹出的列表中选择【文章正文】样式，将其应用于选中的文本中。

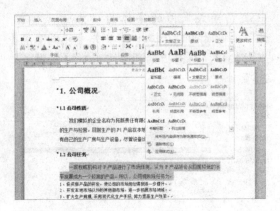

step 3 使用同样的方法，为文档中其他标题和正文应用样式。

3.2.3　使用 SmartArt 图形

SmartArt 图形是信息和观点的视觉表示形式，能够快速、有效地传达信息。本节将通过在"商业计划书"文档中制作组织结构图，介绍在文档中创建与设置 SmartArt 图形的具体方法。

1. 创建 SmartArt 图形

在创建 SmartArt 图形之前，用户需要考虑最适合显示数据的类型和布局，SmartArt 图形要传达的内容是否要求特定的外观等。

【例 3-19】在"商业计划书"文档中利用 SmartArt 图形制作一个组织结构图。

视频+素材 (素材文件\第 03 章\例 3-19)

step 1 选择【插入】选项卡，单击【插图】组中的 SmartArt 按钮。

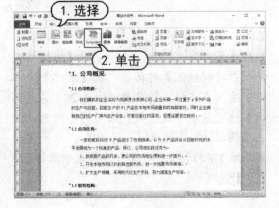

step 2 打开【选择 SmartArt 图形】对话框，选中【层次结构】选项，在显示的选项区域中选择一种 SmartArt 图形样式，然后单击【确定】按钮。

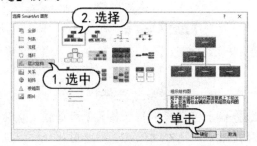

step 3 此时将在文档中创建 SmartArt 图形，并显示【SmartArt 工具】选项卡。

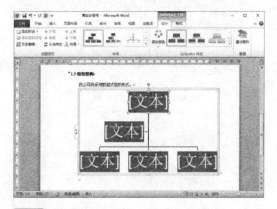

step 4 选中 SmartArt 图形中多余的文本占位符，按下 Delete 键将其删除，并在其余的文本占位符中输入文本。

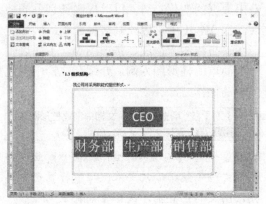

step 5 选中文本【财务部】所在的形状，右击鼠标，从弹出的菜单中选择【添加形状】|【在后面添加形状】命令。

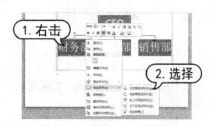

step 6 在 SmartArt 图形中添加一个下图所示的形状。

step 7 使用同样的方法，在创建的 SmartArt 图形中添加更多的形状，并分别在每个形状中输入文本，制作如下图所示的组织结构图。

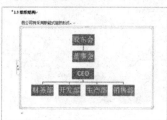

step 8 选中创建的组织结构图，将鼠标指针放置在 SmartArt 图形四周的控制点上，当指针变为双向指针后，如下图所示，按住左键拖动调整 SmartArt 图形的大小。

2. 设置 SmartArt 图形格式

在创建 SmartArt 图形之后，用户可以更改图形的形状、文本的填充以及三维效果，例如设置阴影、发光、柔化边缘或旋转效果。

【例 3-20】在"商业计划书"文档中设置例 3-19 创建的 SmartArt 图形格式。

视频+素材 (素材文件\第 03 章\例 3-20)

step 1 继续例 3-19 的操作，选中文档中的 SmartArt 图形，在【设计】选项卡的【SmartArt 样式】组中单击【更改颜色】下拉按钮，在展开的库中选择需要的颜色，更改 SmartArt 图形颜色。

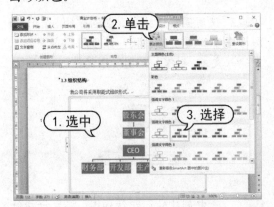

step 2 在【设计】选项卡的【SmartArt 样式】组中单击【其他】按钮，在展开的库中选择需要的图形样式。

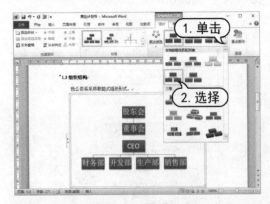

step 3 选中 SmartArt 图形中的形状，右击鼠标，从弹出的菜单中选择【设置形状格式】命令。

step 4 打开【设置形状格式】对话框，在该对话框中用户可以像设置普通形状一样，设置 SmartArt 图形中形状的填充、线条颜色、阴影、映像、柔化边缘等效果。

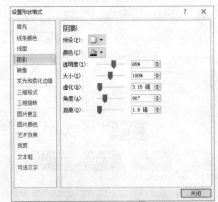

3.2.4 使用图表

将数据制作成图表能够让观众更直观地看出数据的变化趋势，可以提高计划书的档次。在 Word 中可以绘制多种图表，例如柱形图、折线图、饼图、条形图等。下面以制作最简单的柱形图为例，介绍在文档中创建图表的操作方法。

【例 3-21】在"商业计划书"文档中创建柱形图表。

视频+素材 (素材文件\第 03 章\例 3-21)

step 1 继续例 3-20 的操作，在"商业计划书"文档中继续输入文本，将鼠标置于需要插入图表的位置上，选择【插入】选项卡，单击【插图】组中的【图表】按钮，打开【插入图表】对话框，选中【柱形图】选项，单击【确定】按钮。

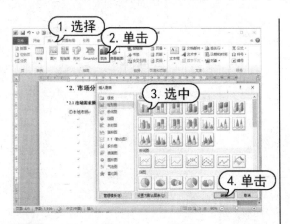

step 2 此时，将打开 Excel 表格，显示如下图所示的预置数据。

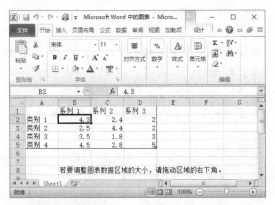

step 3 在上图所示的工作表中输入数据后，关闭 Excel 窗口，即可在 Word 文档中创建下图所示的图表。

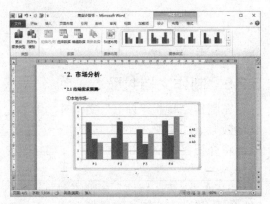

step 4 选中文档中插入的图表，拖动图表四周的控制柄调整图表的大小，单击【类型】组中的【更改图表类型】按钮，打开【更改图表类型】对话框，用户可以更改文档中的图表类型。

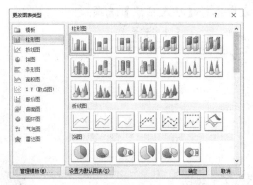

step 5 右击文档中的图表，在弹出的菜单中选择【编辑数据】命令，可以打开 Excel 窗口编辑图表数据。

3.2.5　制作文档目录

使用 Word 中的内建样式和自定义样式，用户可以自动生成相应的目录。下面将以"商业计划书"文档为例，介绍通过提取样式自动生成目录的方法。

【例 3-22】 在"商业计划书"文档中自动生成文档目录。

视频+素材 (素材文件\第 03 章\例 3-22)

step 1 继续例 3-21 的操作，将鼠标指针放置在"商业计划书"文档的开头，选择【插入】选项卡，单击【页】组中的【空白页】按钮，在文档中插入一个空白页。

step 2 将鼠标指针置于文档中的空白页中，输入文本"商业计划书"，并在【开始】选项卡中设置文本的格式。

step 3 选择【引用】选项卡，在【目录】组中单击【目录】下拉按钮，在弹出的下拉列表中选择【插入目录】选项。

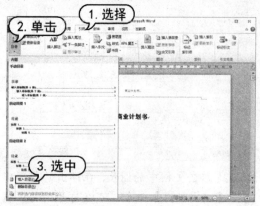

step 4 打开【目录】对话框,在【目录】选项卡中设置目录的结构,选中【显示页码】复选框,然后单击【选项】按钮。

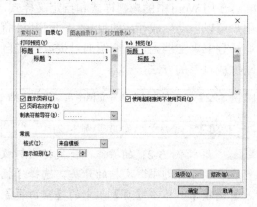

step 5 打开【目录选项】对话框,在【目录级别】列表框中删除【标题1】和【标题2】文本框中预定义的数字,在【标题-1】文本框中输入1,在【标题-2】文本框中输入2,然后单击【确定】按钮。

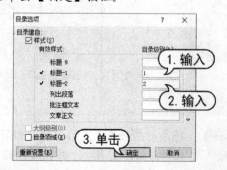

step 6 返回【目录】对话框,单击【确定】按钮,即可在页面中插入下图所示的目录。

step 7 选中文档中插入的目录,右击鼠标,从弹出的菜单中选择【段落】命令,打开【段落】对话框,单击【行距】下拉按钮,从弹出的列表中选择【1.5倍行距】选项,然后单击【确定】按钮,设置商业计划书目录文本的行距。

3.2.6 制作文档封面

在制作"商业计划书"文档时,为了使文档效果更加美观,需要为其制作一个封面。下面将介绍在 Word 2010 中制作文档封面的方法。

【例3-23】为"商业计划书"文档制作封面。

🎬 视频+素材 (素材文件\第03章\例3-23)

step 1 继续例 3-22 的操作,选择【插入】选项卡,单击【页】组中的【封面】下拉按钮,从弹出的列表中选择一种封面类型(例如【传统型】)。

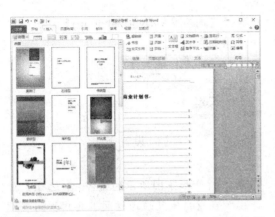

step 2 此时，将在文档中插入一个封面模板，将鼠标指针置于封面页面中预设的文本框中输入封面文本，即可完成封面的制作。

step 3 按下 Ctrl+S 组合键保存创建的"商业计划书"文档。

3.2.7　删除空白页

在使用 Word 的时候，总会遇到一些问题，由于种种原因，有时候在我们编辑的文档的最后总会有一页空白页，如下图所示。

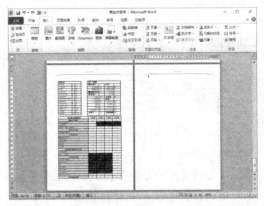

要删除文档中的空白页，只需要将鼠标指针插入空白页中，右击鼠标，从弹出的菜单中选择【段落】命令，打开【段落】对话框，将【行距】设置为【固定行距】，将其参数值设置为【1 磅】即可。

3.3　案例演练

本章的实战演练部分将通过实例指导用户在 Word 2010 使用宏简化操作的方法。宏是由一系列 Word 命令组合在一起作为单个执行的命令。通过宏，可以达到简化编辑操作的目的。可以将一个宏指定到工具栏、菜单或者快捷键上，并通过单击一个按钮、选取一个命令或按一个组合键来运行宏。

【例 3-24】在 Word 2010 文档中录制一个宏(该宏能够将所选文字格式化为"黑体""四号""倾斜"，快捷键为 Ctrl+1)，并且在快速访问工具栏中显示宏按钮。 视频

step 1 使用 Word 2010 打开任意一篇文档，使用鼠标拖动法选择任意一段文字。
step 2 单击【文件】选项，在弹出的菜单中选择【选项】选项。

step 3 打开【Word选项】对话框，选中【自定义功能区】选项，在对话框右侧的【自定义功能区】下拉列表中选中【开发工具】选项前的复选框，然后单击【确定】按钮，在功能区显示【开发工具】选项卡。

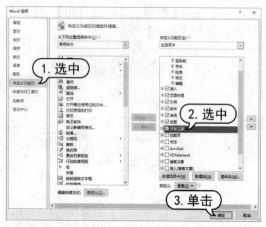

step 4 选择【开发工具】选项卡，在【代码】组中单击【录制宏】按钮，将打开【录制宏】对话框。

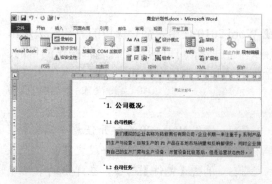

step 5 在【宏名】文本框中输入宏的名称"格式化文本"，在【将宏保存在】下拉列表框

中选择【所有文档(Normal.dotm)】，然后单击【按钮】按钮。

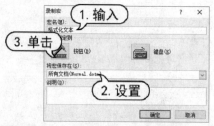

step 6 打开如下图所示的【Word选项】对话框，在【自定义快速访问工具栏】列表框中将显示输入的宏的名称。选择该宏命令，然后单击【添加】按钮，将该名称添加到快速访问工具栏上。

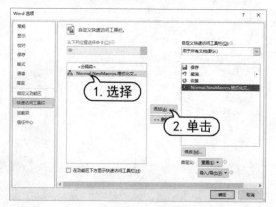

step 7 若要指定宏的键盘快捷键，打开【Word选项】对话框的【自定义功能区】选项卡，在【从下列位置选择命令】下拉列表中选择【宏】选项，在其下的列表框中选择宏名称，单击【键盘快捷方式】右侧的【自定义】按钮。

step 8 打开【自定义键盘】对话框，在【类

别】列表框中选择【宏】选项，在【宏】列表框中选择【格式化文本】选项，在【请按新快捷键】文本框中按快捷键 Ctrl+1，然后单击【指定】按钮。

step 9 单击上图中的【关闭】按钮，返回【录制宏】对话框，单击【确定】按钮，执行宏的录制。

step 10 打开【开始】选项卡，在【字体】组中将字体设置为"黑体"，字形为"倾斜"，字号为"四号"。

step 11 所有录制操作执行完毕后，在状态栏上单击【停止】按钮 ■。

step 12 此时，在文档中任选一段文字，单击快速访问工具栏上的宏按钮，或按快捷键 Ctrl+1，都可将该段文字自动格式化为"黑

体""四号""倾斜"。

【例 3-25】在 Word 2010 中使用【宏】对话框运行例 3-24 创建的宏命令。📹视频

step 1 启动 Word 2010，打开一篇 Word 文档，使用鼠标拖动法选择任意一段文字。

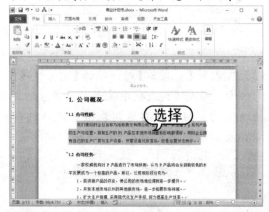

step 2 打开【开发工具】选项卡，在【代码】组中单击【宏】按钮，打开【宏】对话框。

step 3 在对话框的【宏的位置】下拉列表框中选择【所有的活动模板和文档】选项，在【宏名】下面的列表框中选择【格式化文本】选项。单击【运行】按钮，即可执行该宏命令。

【例 3-26】在 Word 2010 中使用【宏】对话框复制宏。📹视频

step 1 启动 Word 2010，打开一篇 Word 文档，打开【开发工具】选项卡，在【代码】组中单击【宏】按钮，打开【宏】对话框，单击【管理器】按钮。

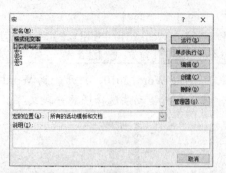

step 2 打开【管理器】对话框的【宏方案项】选项卡，在左边列表框中显示了当前活动文档使用的宏组，在右边列表框中显示的是 Normal 模板中的宏。

step 3 在右侧列表框中选择要复制的宏组 NewMacros，单击【复制】按钮，将选定的

宏组复制到左边的当前活动文档中。

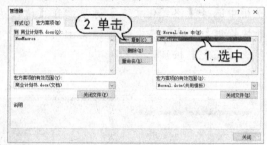

step 4 单击【关闭】按钮，完成宏的复制。此时在新文档中可以使用该宏命令。

第4章

Word 2010 编辑技巧

在工作中，很多人或许认为 Word 很简单，不值得专门去学习。确实，如果只是制作普通的电子文档，一般用户并不需要花很多的时间和精力去学习该软件。但如果要制作一个比较复杂的文档或者长文档，常规的方法就显得捉襟见肘，此时如果能适当运用技巧将为工作带来事半功倍的效果。

 **本章对应视频**

例 4-1 批量制作通知书　　　例 4-3 制作带照片的胸卡
例 4-2 批量制作标签

4.1 快速定位光标位置

用户在浏览或编辑 Word 文档时，经常要将光标移动到不同的位置。如果能快速地将光标定位到指定的位置，可以节省不少时间。下面介绍一些常用的光标快速定位的方法。

4.1.1 选择浏览对象定位

Word 可以根据对象来定位光标位置，即先指定浏览对象类型，再向前或向后浏览此类对象。在现有的 Word 文档中，单击【垂直滚动条】下方的【选择浏览对象】按钮◎，将弹出【选择浏览对象】菜单。

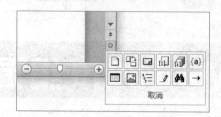

使用该菜单中的命令按钮，可以快速按浏览对象定位光标的位置，具体如下表所示。

【选择浏览对象】说明

图标	浏览对象	光标所定位的位置
▯	按页浏览	如果文档当前位置存在下一页，光标移动到光标所在页的下一页的开始处，否则跳到本页的开始位置
▫	按节浏览	如果文档当前位置存在下一节，光标移动到光标所在节的下一节的开始处，否则跳到本节的开始位置
▭	按批注浏览	如果文档当前位置存在下一个批注，光标移动到光标所在位置的下一个批注的开始处，否则光标位置不动
[1]	按脚注浏览	如果文档当前位置存在下一个脚注，光标移动到光标所在位置的下一个脚注的开始处，否则光标位置不动
▦	按尾注浏览	如果文档当前位置存在下一个尾注，光标移动到所在位置的下一个尾注的开始处，否则光标位置不动
{a}	按域浏览	如果文档当前位置存在下一个域，光标移动到光标所在位置的下一个域的开始处，否则光标位置不动
▦	按表格浏览	如果文档当前位置存在下一个表格，光标移动到光标所在位置的下一个表格的开始处，否则光标位置不动
▨	按图形浏览	如果文档当前位置存在下一个图形，光标移动到光标所在位置的下一个图形的开始处，否则光标位置不动
▤	按标题浏览	如果文档当前位置存在下一个标题，光标移动到光标所在位置的下一标题的开始处，否则光标位置不动
✎	按编辑位置浏览	在最后编辑过的 4 个插入点之间循环，快捷键是 Shift+F5
🔍	查找	打开【查找和替换】对话框，利用【查找】选项卡来定位
→	定位	打开【查找和替换】对话框，利用【定位】选项卡来定位

在使用"选择浏览对象"功能时，需要使用浏览按钮，即【前一浏览对象】按钮 ✦ 和【下一浏览对象】按钮 ▼，如下图所示。

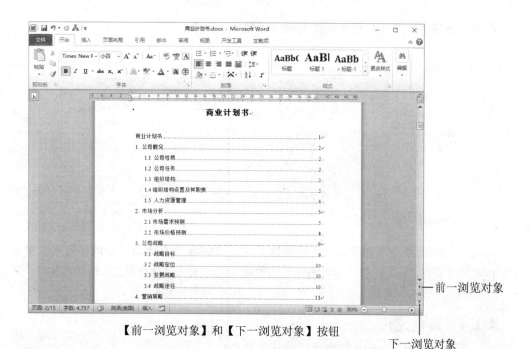

【前一浏览对象】和【下一浏览对象】按钮

选择不同的浏览对象,浏览按钮会相应地表示不同的执行操作。例如,浏览对象默认设置为【按页浏览】,单击【前一页】按钮▲或【下一页】按钮▼,将执行【上一页】或【下一页】动作。在默认对象类型处于活动状态时,浏览按钮显示为黑色;在非默认对象类型处于活动状态时,浏览按钮则显示为蓝色。

4.1.2 目标定位

如果在编辑文档时明确知道要定位的目标,利用 Word 2010 中的【定位目标】功能可以更快地定位到指定的目标。例如,要定位到第 N 页,要定位到第 N 节,要定位到第 N 行等。

在 Word 中按下 Ctrl+G 组合键可以打开【查找和替换】对话框,系统默认切换到【定位】选项卡。其中【定位目标】一共有 13 类选项。

在【定位目标】列表框中选择所要定位的选项,例如选择【页】选项,在对话框右侧的【输入页号】文本框中设置所要定位的具体目标,然后单击【定位】按钮即可实现快速定位。

4.1.3 拖动滚动条定位

在编辑文档时,通过拖动 Word 窗口中的"垂直滚动条"可以简单直接地定位位置。具体方法如下。

step 1 将鼠标指针放置在垂直滚动条上的滑块上并上下拖动。鼠标指针的左侧会相应地出现"页码:×××"的提示框,如果文档内容的某些段落样式设置了标题样式或大纲级别,则在提示框中会显示标题样式或大纲级别的内容。

step 2 拖动滚动条上的滑块到需要的位置，松开鼠标左键。将鼠标指针移到编辑区域的适当位置，单击鼠标左键。

4.1.4 键盘定位

利用键盘上的一些按键也可以快速定位光标，下表简要介绍了一些常用的定位键。

方 向 键	光标移动位置
Home	光标移动到所在行的行首
End	光标移动到所在行的行尾
←	光标向左移动一格
↓	光标向下移动一行
→	光标向右移动一格
↑	光标向上移动一行
Page Up	光标向上移动一屏
Page Down	光标向下移动一屏
Ctrl+Home	光标移动到文档的开头
Ctrl+End	光标移动到文档的结尾

4.1.5 标题定位

如果文档使用了大纲或标题样式，用户可以利用"浏览您的文档中的标题"功能来快速定位标题所在的位置。具体方法如下。

step 1 选择【视图】选项卡，在【显示】组中选中【导航窗格】复选框，显示【导航】任务窗格。

step 2 单击【导航】任务窗格下方的【浏览您的文档中的标题】选项卡，显示文档的标题

列表。

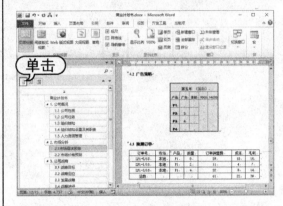

step 3 在上图所示的标题列表中查找并单击所要定位的标题，文档的光标就会定位到此标题的开始处。

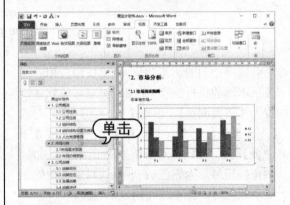

4.1.6 关键字(词)定位

利用【导航】窗格，通过对需要定位目标的关键字(词)进行查找，可以有效地定位目标。下面以"商业计划书"文档为例，介绍如何利用关键字(词)定位目标的方法。

打开【导航】任务窗格后，选择【浏览您当前搜索的结果】选项卡，在【导航】窗格顶部的文本框中输入"营销"，【导航】任务窗格中就会列出包含"营销"的导航链接。其中关键词"营销"以黄色底纹高亮显示，并显示该关键词的统计结果。单击【导航】任务窗格中显示的预览导航链接，就可以快速定位到文档的相关位置。

4.2　使用【即点即输】功能

在编辑 Word 文档时，常常需要在某个空白区域输入内容，常用的做法时按 Enter 键或空格键的方式实现光标到达指定的位置。这种做法有一定的局限性，特别是当排版出现变化时，需要反复修改文档，极为不便。利用"即点即输"功能，可以准确而又快捷地定位光标，实现在文档空白区域的指定位置输入内容。

在 Word 文档中使用"即点即输"功能，用户只需要在文档中任意空白区域内双击鼠标左键，光标即可定位于双击的位置。光标定位后，紧接着应在光标处输入内容或进行编辑操作，否则"即点即输"的功能就会被取消。

在双击操作之前，单击文档中空白区域

的不同位置，鼠标光标指针所显示的形状会有所不同，软件将自动应用指针形状所对应的格式，如下表所示。

指针形状	应用的格式
I⁼	首行缩进
I	居中
I⁼	左对齐
I⁼	右对齐
I	两端对齐

4.3　通过导航窗格调整文档结构

用户在编辑文档时，常常需要对某部分内容进行移动或删除等操作，当遇到长文档或结构复杂的文档时，使用传统的复制和粘贴方法显得费时费力，而且容易出错，利用导航窗格，则可以轻松地将内容直接移动或删除。

使用"导航"窗格有一个前提条件，文档必须应用了大纲级别或标题样式。

如果文档没有设置标题样式，就无法用标题进行导航。下面以应用了标题样式的某篇文档为例，介绍通过"导航"窗格直接移动内容的方法。

step 1 选择【视图】选项卡，在【显示】组中选中【导航窗格】复选框，显示【导航】任务窗格。选择【浏览您的文档中的标题】选项卡，然后单击要移动的标题。

step 2 按住鼠标左键不放向上或向下拖动至合适的位置。

step 3 松开鼠标后，被选中的内容架构整体直接移动到指定位置。

4.4 快速拟定文档结构

用户在使用 Word 编辑文档时，通常会预先拟定大纲，利用 Word 2010 的【导航】窗格，可以方便、快捷地拟定和修改大纲。

下面以拟定某图书的大纲为例进行介绍。

step 1 选择【视图】选项卡，在【显示】组中选中【导航窗格】复选框，打开【导航】窗格，然后在文档中输入图书的章节标题。

step 2 按下 Ctrl+A 组合键选中文档中的全部

step 4 如果要删除某个标题包含的文档内容，在【导航】窗格中右击要删除的标题，从弹出的菜单中选择【删除】命令即可。

内容，选择【开始】选项卡，单击【样式】组中的【标题 1】选项，将选中的文本设置为"一级标题"。

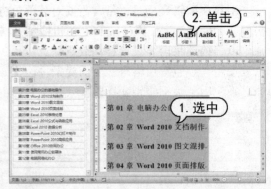

step 3 在【导航】窗格中右击"第 01 章 电脑办公的基础操作"，从弹出的菜单中选择【新建副标题】命令。

step 4 此时，将在文档中插入一个 2 级标题格式的空白段落。

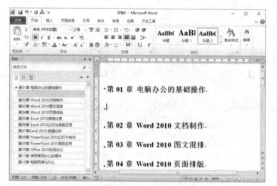

step 5 在空白段落中输入文本内容"1.1 电脑办公概述"后，在【导航】窗格中右击"1.1 电脑办公概述"标题，从弹出的菜单中选择【在后面插入新标题】命令。

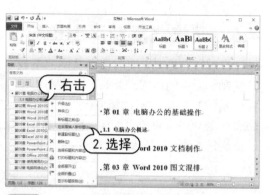

step 6 此时，将在文档中"1.1 电脑办公概述"后创建一个2级标题空白段落。

step 7 重复步骤 5、6 的操作，即可完成文档大纲的输入和设置。

4.5 远距离移动文本

编辑文档时，当我们需要将文本在不同的页面间进行移动时，使用鼠标进行操作不仅麻烦，还容易出错。此时可以借助 F2 键进行远距离移动。具体方法如下。

step 1 在文档中选中要移动的文本后，按下 F2 键(如果需要复制文本则按下 Shift+F2 组合键)，在状态栏左侧显示"移至何处？"提示。

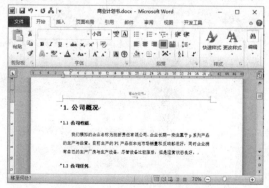

step 2 将鼠标指针定位到要移动到的位置，此时鼠标光标显示为闪烁的虚线，按下 Enter 键，即可完成文本的移动。

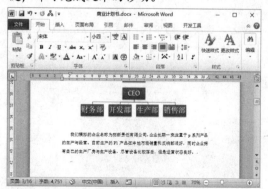

4.6 无格式复制网上资料

在编写文档时，有时需要从网上下载一些资料插入文档中。在复制网页中的文本后，默认复制页面中的格式。此时，如果不想使用网页的格式，为了节省编辑时间，可以使用【选择性粘贴】功能，将文本以无格式的方式粘贴。具体方法如下。

step 1 选中网页中的文本后，按下 Ctrl+C 组合键执行【复制】操作。

step 2 切换到 Word 中，选择【开始】选项卡，单击【剪贴板】组中的【粘贴】下拉按钮，从弹出的列表中选择【选择性粘贴】选项。

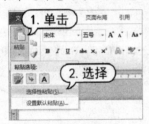

step 3 打开【选择性粘贴】对话框，在【形

式】列表框中选中【无格式文本】选项，单击【确定】按钮。

step 4 此时，将网页中的文本以"无格式文本"复制到 Word 文档中。

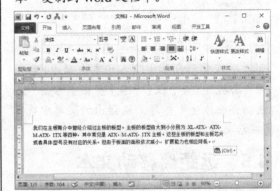

4.7 将文本以图形形式保存

在文档中，对于经常使用的说明性文字或使用较多形式呈现的文本，可以将其以图片形式保存，以后再编写文档时直接将其插入使用，既方便快捷，又能为文档呈现更理想的编排效果。

step 1 选择文档中的一段文本后，按下 Ctrl+C 组合键执行【复制】命令。

step 2 单击【开始】选项卡【剪贴板】组中的【粘贴】下拉按钮，从弹出的列表中选择【选择性粘贴】命令。

step 3　打开【选择性粘贴】对话框，选中【图片(增强型图元文件)】选项，然后单击【确定】按钮。

step 4　此时，文档中选中的文本和对象将被转换为图片。

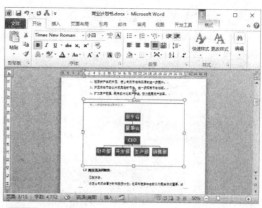

step 5　右击图片，从弹出的菜单中选择【另存为图片】命令，即可将图片保存在电脑中。

4.8　删除文档中重复的段落

用户在 Word 中制作、整理题库或者编辑大量内容的文档时，难免会不知不觉将已存在的文档内容复制粘贴了多次，如果这时人工来分辨哪些段落是重复的将是一件非常麻烦的事情，尤其对于长文档更是难以校对。

其实，只要找到规律，利用"查找和替换"功能就可以把原本复杂的工作变得非常简单。具体方法如下。

step 1　按下 Ctrl+A 组合键选中文档中的全部内容，再按下 Ctrl+H 组合键打开【查找和替换】对话框，在【查找内容】文本框中输入：

(<[!^13]*^13)(*)\1

在【替换为】文本框中输入：

\1\2

然后单击【更多】按钮。

step 2　在展开的选项区域中选中【使用通配符】复选框，然后单击【全部替换】按钮，在弹出的提示框中单击【是】按钮即可。

4.9　使用【在线翻译】功能

当电脑与 Internet 连接后，利用 Word 2010 的【在线翻译】功能可以对文档内容进行多种语言的在线全文翻译。具体方法如下。

step 1　打开制作好的文档后，选择【审阅】选项卡，单击【语言】组中的【翻译】下拉按钮，从弹出的列表中选择【选择转换语言】命令。

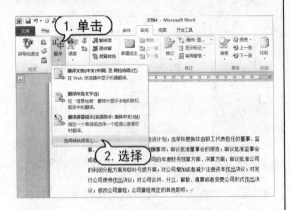

step 2 打开【翻译语言选项】对话框,单击【翻译为】下拉按钮,从弹出的列表中选择要翻译为的语言(例如"英语"),然后单击【确定】按钮。

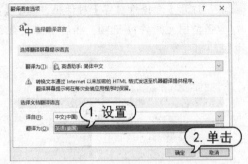

step 3 再次单击【语言】组中的【翻译】下拉按钮,从弹出的列表中选择【翻译文档】命令,然后在弹出的提示对话框中单击【发送】按钮。

step 4 此时,Word将会在浏览器中打开发送的文档,并将文档中的中文翻译为英语。

4.10 案例演练

本章的案例演练将介绍使用Word邮件合并功能的方法。

【例4-1】使用"邮件合并"功能批量制作通知书。
🎬 视频+素材 (素材文件\第04章\例4-1)

step 1 启动Excel,在工作表中输入如下图所示的数据源,并按下Ctrl+S组合键,将工作簿保存为"录取名单"。

step 2 打开Word,按下Ctrl+N组合键新建一个空白文档,并在该文档中输入下图所示内容。

step 3 选择【邮件】选项卡,单击【开始邮件合并】组中的【开始邮件合并】下拉按钮,从弹出的列表中选择【普通Word文档】选项。

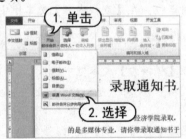

step 4 单击【选择邮件人】下拉按钮,从弹出的列表中选择【使用现有列表】选项。

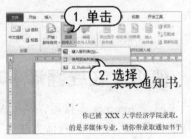

step 5 打开【选取数据源】对话框，选中步骤 1 制作的 "录取名单" 工作簿文件，然后单击【打开】按钮。

step 6 打开【选择表格】对话框，选中录取名单数据所在的工作表后单击【确定】按钮。

step 7 将鼠标指针定位在文档中的 "称呼" 行中，单击【编写和插入域】组中的【插入合并域】按钮。

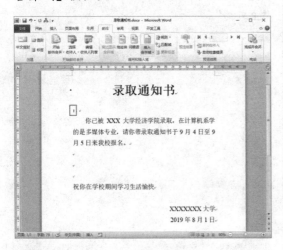

step 8 打开【插入合并域】对话框，在【域】列表框中选中【姓名】选项，然后单击【插入】按钮。

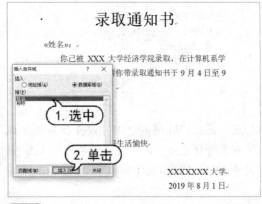

step 9 在【插入合并域】对话框的【域】列表框中选中【称呼】选项，然后单击【插入】按钮。

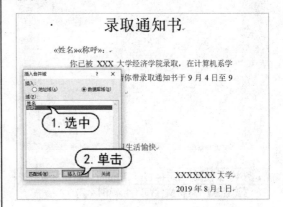

step 10 单击【插入合并域】对话框中的【关闭】按钮。单击【邮件】选项卡中的【完成并合并】下拉按钮，从弹出的列表中选择【编辑单个文档】选项。

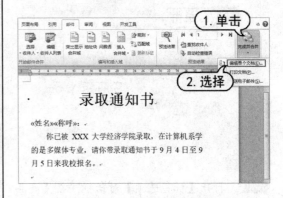

step 11 打开【合并到新文档】对话框，选中【全部】单选按钮后，单击【确定】按钮。

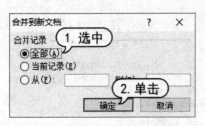

step 12 此时,Word 将根据 Excel 数据源生成合并后的新文档,新文档的标题为"信函 N"(其中 N 为阿拉伯数字)。

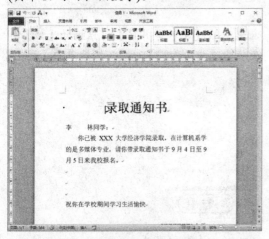

【例4-2】使用"邮件合并"功能批量制作标签。

视频+素材 (素材文件\第 04 章\例 4-2)

step 1 按下 Ctrl+N 组合键新建一个空白文档后,选择【邮件】选项卡,单击【开始邮件合并】组中的【开始邮件合并】下拉按钮,从弹出的列表中选择【标签】选项。

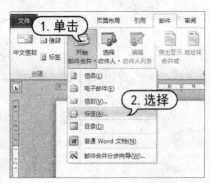

step 2 打开【标签选项】对话框,在【产品编号】列表框中选中【A4(纵向)】选项,然后单击【新建标签】按钮。

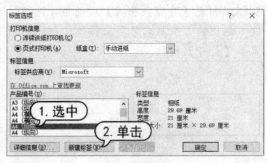

step 3 打开【标签详情】对话框,设置【标签列数】与【标签行数】数值,然后单击【确定】按钮。

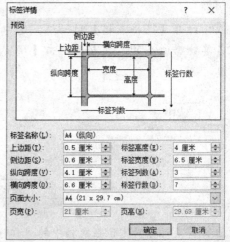

step 4 返回【标签选项】对话框,单击【确定】按钮。在 Word 文档中将生成下图所示的"主文档"。

step 5 单击文档左上方的【+】按钮,选中文档中的表格,然后选择【开始】选项卡,单击【段落】组中的【框线】下拉按钮,从

弹出的下拉列表中选择【所有框线】选项。

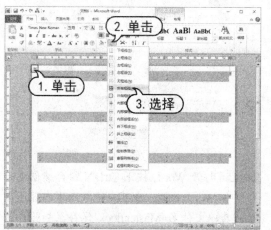

step ⑥ 选择【邮件】选项卡，在【开始邮件合并】组中单击【选择收件人】下拉按钮，从弹出的列表中选择【使用现有列表】选项。

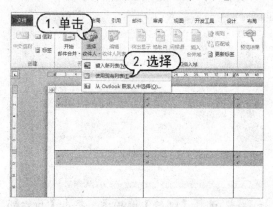

step ⑦ 打开【选择数据源】对话框，选择一个保存数据源的工作簿文件，单击【打开】按钮，打开【选择表格】对话框，选中一个保存数据源的工作表后，单击【确定】按钮。

step ⑧ 返回文档，在【编写和插入域】组中单击【插入合并域】按钮。

step ⑨ 打开【插入合并域】对话框，在【域】列表框中选中【姓名】选项，单击【插入】按钮。

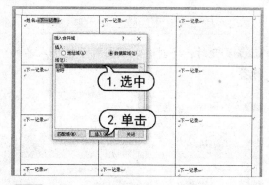

step ⑩ 单击【关闭】按钮，关闭【插入合并域】对话框。在【编写和插入域】组中单击【更新标签】按钮。

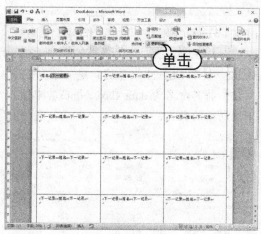

step ⑪ 在【邮件】选项卡的【完成】组中单击【完成并合并】下拉按钮，从弹出的下拉列表中选择【编辑单个文档】选项。

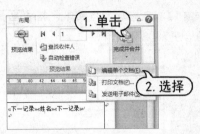

step 12 打开【合并到新文档】对话框，选中【全部】单选按钮，单击【确定】按钮。

step 13 此时，将创建如下图所示包含人名的标签。

【例4-3】使用"邮件合并"功能制作带照片的胸卡。

📹 视频+素材 (素材文件\第04章\例4-3)

step 1 按下 Ctrl+N 组合键新建一个 Excel 文档，将其命名为 data.xlsx，并在其中输入下图所示的数据。

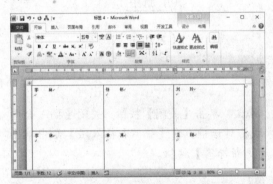

step 2 将 data.xlsx 与所需照片文件放在同一个文件夹中。

step 3 打开 Word，按下 Ctrl+N 组合键创建一个空白 Word 文档，在其中输入以下内容，然后将其以文件名 Master.docx 保存至和照片同一个文件夹中。

step 4 选择【邮件】选项卡，单击【开始邮件合并】组中的【开始邮件合并】下拉按钮，从弹出的列表中选择【目录】选项。

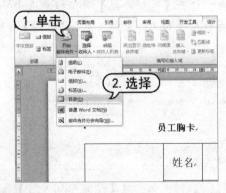

step 5 单击【选择收件人】下拉按钮，从弹出的列表中选择【使用现有列表】选项。

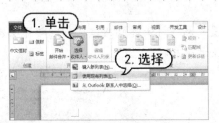

step⑥ 打开【选取数据源】对话框，选中步骤1制作的data.xlsx文件，然后单击【打开】按钮。

step⑦ 打开【选择表格】对话框，选中保存数据源的表格后单击【确定】按钮。

step⑧ 将鼠标指针插入"姓名"单元格后的空白单元格中，单击【编写和插入域】组中的【插入合并域】下拉按钮，从弹出的列表中选择【姓名】选项。

step⑨ 执行相同的操作，分别在【性别】和

【部门】单元格后的空白单元格中也插入相应的合并域。

step⑩ 将鼠标指针置于要插入照片的单元格中，按下Ctrl+F9组合键，输入一对域符号。

step⑪ 在插入的域符号中输入：

INCLUDEPICTURE

step⑫ 将鼠标指针置于"INCLUDEPICTURE"与空格之后、右花括号之前，单击【邮件】选项卡【编写和插入域】组中的【插入合并域】下拉按钮，从弹出的列表中选择【照片名】选项。

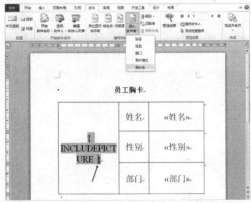

step 13 此时，单元格中的内容将为不可见。
单击【邮件】选项卡中的【完成并合并】下
拉按钮，从弹出的列表中选择【编辑单个文
档】选项。打开【合并到新文档】对话框，
选择【全部】单选按钮，单击【确定】按钮。

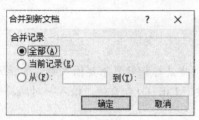

step 14 此时，将创建一个如下图所示的文
档，按下 Ctrl+S 组合键将其保存至与照片文
件相同的文件夹中。

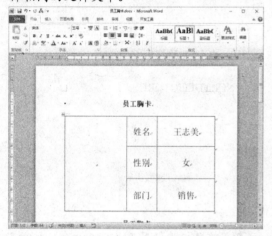

step 15 按下 F9 键刷新域代码，即可在表格
中显示照片。

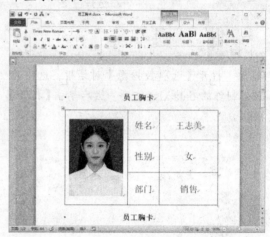

step 16 切换至阅读版式视图，制作的员工胸
卡文档效果如下图所示。

第5章

Excel 2010 表格处理

　　Excel 2010 是 Office 软件系列中的电子表格处理软件，它拥有良好的界面、强大的数据计算功能，广泛地应用于办公自动化领域。本章将重点介绍在 Excel 2010 中操作工作簿、工作表以及单元格的方法。

 **本章对应视频**

5.1 Excel 2010 概述

Excel 2010 是专门用于制作电子表格的软件。它不仅具有强大的数据组织、计算、分析和统计功能,还可以通过图表、图形等多种形式对处理结果加以形象的显示。

5.1.1 软件功能

Excel 2010 在办公应用中主要有以下几个功能。

▶ 创建统计表格:Excel 2010 的制表功能就是把用户所用到的数据输入 Excel 中以形成表格。

▶ 进行数据计算:在 Excel 2010 的工作表中输入完数据后,还可以对用户所输入的数据进行计算,例如进行求和、求平均值、求最大值以及求最小值计算等。此外,Excel 2010 还提供强大的公式运算与函数处理功能,可以对数据进行更复杂的计算工作。

▶ 建立多样化的统计图表:在 Excel 2010 中,可以根据输入的数据来建立统计图表,以便更加直观地显示数据之间的关系,让用户可以比较数据之间的变动、成长关系以及趋势等。

5.1.2 工作界面

Excel 2010 的工作界面主要由【文件】按钮、标题栏、快速访问工具栏、功能区、编辑栏、工作表编辑区、工作表标签和状态栏等部分组成。

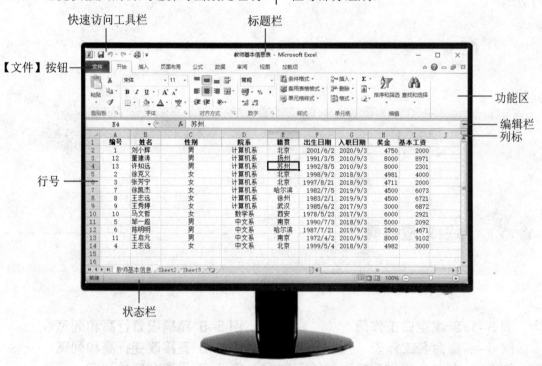

Excel 2010 的工作界面

Excel 2010 工作界面主要组成部分的各自作用如下。

▶ 标题栏:标题栏位于应用程序窗口的最上面,用于显示当前正在运行的程序名及文件名等信息。如果是刚打开的新工作簿文件,用户所看到的是【工作簿 1】,它是 Excel 2010 默认建立的文件名。

▶ 【文件】按钮:单击【文件】按钮,

会弹出【文件】菜单，在其中显示一些基本命令，包括新建、打开、保存、打印、选项以及其他一些命令。

> 功能区：Excel 2010 的功能区和 Excel 2007 的功能区一样，都是由功能选项卡和包含在选项卡中的各种命令按钮组成。使用 Excel 2010 功能区可以轻松地查找以前版本中隐藏在复杂菜单和工具栏中的命令和功能。

> 状态栏：状态栏位于 Excel 窗口底部，用来显示当前工作区的状态。在大多数情况下，状态栏的左端显示【就绪】，表明工作表正在准备接收新的信息；在向单元格中输入数据时，在状态栏的左端将显示【输入】字样；对单元格中的数据进行编辑时，状态栏中显示【编辑】字样。

> 其他组件：在 Excel 2010 工作界面中，除了包含与其他 Office 软件相同的界面元素外，还有许多其特有的组件，如编辑栏、工作表编辑区、工作表标签、行号与列标等。

5.1.3 Excel 的三大元素

一个完整的 Excel 电子表格文档主要由 3 部分组成，分别是工作簿、工作表和单元格。

1. 工作簿

工作簿：工作簿是 Excel 用来处理和存储数据的文件。工作簿文件是 Excel 存储在磁盘上的最小独立单位，其扩展名为.xlsx。工作簿窗口是 Excel 打开的工作簿文档窗口，它由多个工作表组成。刚启动 Excel 时，系统默认打开一个名为【工作簿 1】的空白工作簿。

2. 工作表

工作表是在 Excel 中用于存储和处理数据的主要文档，也是工作簿中的重要组成部分，它又称为电子表格。工作表是 Excel 的工作平台，若干个工作表构成一个工作簿。用户可以单击工作表标签右侧的【新工作表】按钮 ⊕，添加新的工作表。不同的工作表可以在工作表标签中通过单击进行切换，但在使用工作表时，只能有一个工作表处于当前活动状态。

3. 单元格

单元格是工作表中的小方格，它是工作表的基本元素，也是 Excel 独立操作的最小单位。单元格的定位是通过它所在的行号和列标来确定的，每一列的列标由 A、B、C 等字母表示；每一行的行号由 1、2、3 等数字表示。行与列的交叉形成一个单元格。

4. 工作簿、工作表和单元格之间的关系

工作簿、工作表与单元格之间的关系是包含与被包含的关系，即工作表由多个单元格组成，而工作簿又包含一个或多个工作表。

5.2 制作通讯录

通讯录是办公中经常要用到的表格之一，常见的通信录有员工通讯录、部门通讯录、客户通讯录等。本节将通过制作一个标准通讯录，介绍 Excel 2010 的基础操作，包括新建、保存工作簿，操作工作表，以及输入与编辑表格数据等。

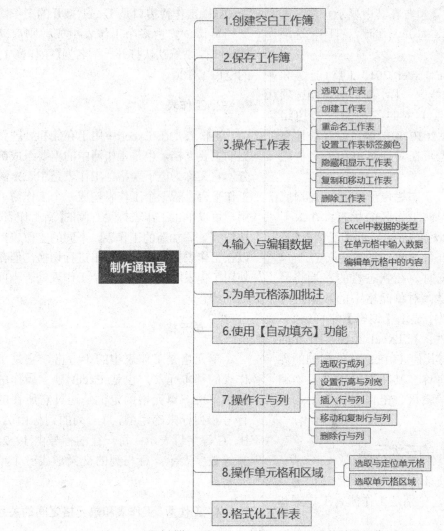

1.创建空白工作簿

2.保存工作簿

3.操作工作表 —— 选取工作表
创建工作表
重命名工作表
设置工作表标签颜色
隐藏和显示工作表
复制和移动工作表
删除工作表

4.输入与编辑数据 —— Excel中数据的类型
在单元格中输入数据
编辑单元格中的内容

制作通讯录

5.为单元格添加批注

6.使用【自动填充】功能

7.操作行与列 —— 选取行或列
设置行高与列宽
插入行与列
移动和复制行与列
删除行与列

8.操作单元格和区域 —— 选取与定位单元格
选取单元格区域

9.格式化工作表

通过制作"通讯录"掌握 Excel 2010 的基础操作

5.2.1 创建空白工作簿

在任何版本的 Excel 中，按下 Ctrl+N 组合键都可以新建一个空白工作簿。此外，选择【文件】选项卡，在弹出的菜单中选择【新建】命令，并在展开的工作簿列表中双击【空白工作簿】图标或任意一种工作簿模板，也可以创建新的工作簿。

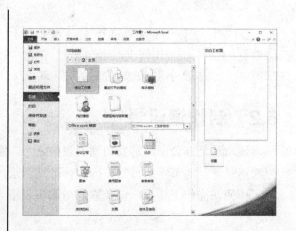

5.2.2　保存工作簿

当用户需要将工作簿保存在电脑硬盘中时，可以参考以下几种方法：

➤ 选择【文件】选项卡，在打开的菜单中选择【保存】或【另存为】命令。

➤ 单击快速访问工具栏中的【保存】按钮。

➤ 按下 Ctrl+S 组合键。

➤ 按下 Shift+F12 组合键。

此外，经过编辑修改却未经过保存的工作簿在关闭时，将自动弹出一个警告对话框，询问用户是否需要保存工作簿，单击其中的【保存】按钮，也可以保存当前工作簿。

【例 5-1】新建一个空白工作簿，并将其以名称"通讯录"保存。 视频

step 1 启动 Excel 2010 应用程序，按下 Ctrl+N 组合键新建一个空白工作簿。

step 2 按下 Shift+F12 组合键，打开【另存为】对话框，选择一个保存工作簿文件的路径，在【文件名】文本框中输入"通讯录"后，单击【保存】按钮。

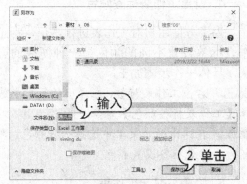

5.2.3　操作工作表

工作表是工作簿文档窗口的主体，也是进行操作的主体，它是由若干个行和列组成的表格。对工作表的基本操作主要包括工作表的选择与切换、插入与删除、移动与复制以及重命名等。

1. 选取工作表

在实际工作中，由于一个工作簿中往往包含多个工作表，因此操作前需要选取工作表。在 Excel 窗口底部的工作表标签栏中，选取工作表的常用操作包括以下 4 种：

➤ 选定一个工作表：直接单击该工作表的标签即可。

➤ 选定相邻的工作表：首先选定第一个工作表标签，然后按住 Shift 键不松并单击其他相邻工作表的标签即可。

➤ 选定不相邻的工作表：首先选定第一个工作表，然后按住 Ctrl 键不松并单击其他任意一张工作表标签即可。

➤ 选定工作簿中的所有工作表：右击任意一个工作表标签，在弹出的菜单中选择【选定全部工作表】命令即可。

除了上面介绍的几种方法外，按下 Ctrl+PageDown 组合键可以切换到当前工作表右侧的工作表，按下 Ctrl+PageUp 组合键可以切换到当前工作表左侧的工作表。

2. 创建工作表

若工作簿中的工作表数量不够，用户可以在工作簿中创建新的工作表，不仅可以创

建空白的工作表，还可以根据模板插入带有样式的新工作表。Excel 中常用的创建工作表的方法有 4 种，分别如下：

➤ 在工作表标签栏的右侧单击【插入新工作表】按钮 。

➤ 按下 Shift+F11 组合键，则会在当前工作表前插入一个新工作表。

➤ 右击工作表标签，在弹出的菜单中选择【插入】命令，然后在打开的【插入】对话框中选择【工作表】选项，并单击【确定】按钮。

➤ 在【开始】选项卡的【单元格】组中单击【插入】下拉按钮，在弹出的下拉列表中选择【工作表】命令。

3. 重命名工作表

在工作簿中插入工作表后，工作表的默认名称为 Sheet1、Sheet2…。如果用户需要重命名工作表，可以右击工作表标签，在弹出的菜单中选择【重命名】命令(或者双击工作表标签)，然后输入新的工作表名称即可。

【例5-2】在"通讯录"工作簿中创建工作表并重命名工作表。🔑视频

step 1 继续例 5-1 的操作，在工作表标签栏中连续单击两次【插入工作表】按钮 ，创建 Sheet4、Sheet5 两个工作表。

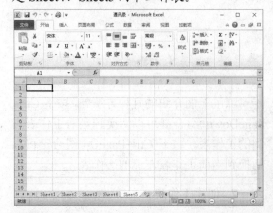

step 2 选定 Sheet1 工作表，然后右击鼠标，在弹出的菜单中选择【重命名】命令。

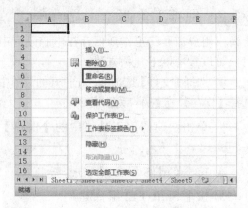

step 3 输入工作表名称"企划部"，按 Enter 键即可完成重命名工作表的操作。

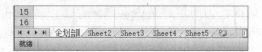

step 4 重复以上操作，将 Sheet2 工作表重命名为"销售部"，将 Sheet3 工作表重命名为"客服部"，将 Sheet4 工作表重命名为"开发部"，将 Sheet5 工作表重命名为"技术部"。

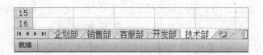

4. 设置工作表标签颜色

为了方便用户对工作表进行辨识，为工作表标签设置不同的颜色是一种便捷的方法，具体操作步骤如下。

step 1 右击工作表标签，在弹出的菜单中选择【工作表标签颜色】命令。

step 2 在弹出的子菜单中选择一种颜色，即可为工作表标签设置颜色。

5. 隐藏与显示工作表

用户可以使用工作表隐藏功能，将一些工作表隐藏，具体方法如下。

➤ 选择【开始】选项卡，在【单元格】组中单击【格式】按钮，在弹出的菜单中选择【隐藏和取消隐藏】|【隐藏工作表】命令。

▶ 右击工作表标签,在弹出的菜单中选择【隐藏】命令。

如果用户需要取消工作表的隐藏状态,可以参考以下两种方法。

▶ 选择【开始】选项卡,在【单元格】组中单击【格式】按钮,在弹出的菜单中选择【隐藏和取消隐藏】|【取消隐藏工作表】命令,在打开的【取消隐藏】对话框中选择需要取消隐藏的工作表后,单击【确定】按钮。

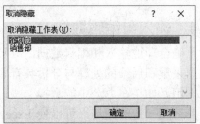

▶ 在工作表标签上右击鼠标,在弹出的菜单中选择【取消隐藏】命令,然后在打开的【取消隐藏】对话框中选择需要取消隐藏的工作表,并单击【确定】按钮。

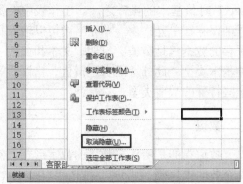

在取消隐藏工作表时应注意以下几点:

▶ Excel 无法一次性对多个工作表取消隐藏。

▶ 如果没有隐藏的工作表,则右击工作表标签后,【取消隐藏】命令为灰色不可用状态。

▶ 工作表的隐藏操作不会改变工作表的排列顺序。

6. 复制/移动工作表

通过复制操作,可以在同一个工作簿或者不同的工作簿间创建工作表副本,通过移动操作,可以在同一个工作簿中改变工作表的排列顺序,也可以在不同的工作簿之间转移工作表。

通过菜单实现工作表的复制与移动

在 Excel 中有以下两种方法可以显示【移动或复制工作表】对话框。

▶ 右击工作表标签,在弹出的菜单中选择【移动或复制工作表】命令。

▶ 选中需要进行移动或复制的工作表,在 Excel 功能区选择【开始】选项卡,在【单元格】组中单击【格式】按钮,在弹出的菜单中选择【移动或复制工作表】命令。

执行以上操作后将打开【移动或复制工作表】对话框,在该对话框的【工作簿】下拉列表中用户可以选择复制或移动到的目标工作簿。用户可以选择当前 Excel 软件中所有打开的工作簿或新建工作簿,默认为当前工作簿。下面的列表框中显示了指定工作簿中所包含的全部工作表，可以选择复制或移动工作表的目标排列位置。

在【移动或复制工作表】对话框中，选中【建立副本】复选框，则将为【复制】方式，取消该复选框的选中状态，则为【移动】方式。

另外，在复制和移动工作表的过程中，如果当前工作表与目标工作簿中的工作表名称相同，则会被自动重新命名，例如 Sheet1 将会被命名为 Sheet1(2)。

通过拖动实现工作表的复制与移动

拖动工作表标签实现移动或者复制工作表的操作步骤非常简单，具体如下。

step 1 将鼠标光标移动至需要移动的工作表标签上，单击鼠标，鼠标指针处显示文档的图标，此时可以拖动鼠标将当前工作表移动至其他位置。

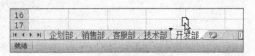

step 2 拖动一个工作表标签至另一个工作表标签的上方时，被拖动的工作表标签前将出现黑色三角箭头图标，以此标识了工作表的移动插入位置，此时如果释放鼠标即可移动工作表。

step 3 如果按住鼠标左键的同时，按住 Ctrl 键则执行复制操作，此时鼠标指针下显示的

文档图标上会出现一个"+"号，以此来表示当前操作方式为【复制】。

如果当前 Excel 工作窗口中显示了多个工作簿，拖动工作表标签的操作也可以在不同工作簿中进行。

7. 删除工作表

对工作表进行编辑操作时，可以删除一些多余的工作表。这样不仅可以方便用户对工作表进行管理，也可以节省系统资源。在 Excel 2010 中删除工作表的常用方法如下所示：

➤ 在工作簿中选定要删除的工作表，在【开始】选项卡的【单元格】组中单击【删除】下拉按钮，在弹出的下拉列表中选择【删除工作表】命令即可。

➤ 右击要删除的工作表的标签，在弹出的快捷菜单中选择【删除】命令，即可删除该工作表。

若要删除的工作表不是空工作表，则在删除时 Excel 2010 会弹出对话框提示用户是否确认删除操作。

5.2.4 输入与编辑数据

正确合理地输入和编辑数据，对于表格的数据采集和后续的处理与分析具有非常重要的作用。如果在办公中能掌握一些科学的方法并运用一定的技巧，可以使 Excel 数据的输入与编辑变得事半功倍。

1. Excel 中数据的类型

在工作表中输入和编辑数据是用户使用 Excel 时最基本的操作之一。工作表中的数据都保存在单元格内，单元格内可以输入和保存的数据包括数值、日期、文本和公式 4 种基本类型。此外，还有逻辑值、错误值等一些特殊的数值类型。

数值

数值指的是所代表数量的数字形式，例如企业的销售额、利润等。数值可以是正数，也可以是负数，但是都可以用于进行数值计算，例如加、减、求和、求平均值等。除了普通的数字以外，还有一些使用特殊符号的数字也被 Excel 理解为数值，例如百分号"%"、货币符号"￥"、千分间隔符","以及科学计数符号"E"等。

Excel 可以表示和存储的数字最大精确到 15 位有效数字。对于超过 15 位的整数数字，例如 342 312 345 657 843 742(18 位)，Excel 将会自动将 15 位以后的数字变为零，如 342 312 345 657 843 000。对于大于 15 位有效数字的小数，则会将超出的部分截去。

因此，对于超出 15 位有效数字的数值，Excel 无法进行精确的运算或处理，例如无法比较两个相差无几的 20 位数字的大小，无法用数值的形式存储身份证号码等。用户可以通过使用文本形式来保存位数过多的数字，来处理和避免上面的这些情况，例如，在单元格中输入身份证号码的首位之前加上单引号"'"，或者先将单元格格式设置为文本后，再输入身份证号码。

对于一些很大或者很小的数值，Excel 会自动以科学计数法来表示，例如 342 312 345 657 843 会以科学记数法表示为 3.423 12E+14，即为 $3.423\ 12 \times 10^{14}$ 的意思，其中代表 10 的乘方大写字母 E 不可以省略。

日期和时间

在 Excel 中，日期和时间是以一种特殊的数值形式存储的，这种数值形式被称为"序列值"，在早期的版本中也被称为"系列值"。序列值是介于一个大于等于 0，小于 2 958 466 的数值区间的数值，因此，日期型数据实际上是一个包括在数值数据范畴中的数值区间。

在 Windows 系统中所使用的 Excel 版本中，日期系统默认为"1900 年日期系统"，即以 1900 年 1 月 1 日作为序列值的基准日，当日的序列值计为 1，这之后的日期均以距基准日期的天数作为其序列值，例如 1900

年 2 月 1 日的序列值为 32，2017 年 10 月 2 日的序列值为 43 010。在 Excel 中可以表示的最后一个日期是 9999 年 12 月 31 日，当日的序列值为 2 958 465。如果用户需要查看一个日期的序列值，具体操作方法如下。

step 1 在单元格中输入日期后，右击单元格，在弹出的菜单中选择【设置单元格格式】命令，打开【设置单元格格式】对话框。

step 2 在【设置单元格格式】对话框的【数字】选项卡中选择【常规】选项，在【示例】框中显示日期的序列值，然后单击【确定】按钮，将单元格格式设置为"常规"。

由于日期存储为数值的形式，因此它继承数值的所有运算功能，例如日期数据可以参与加、减等数值运算。日期运算的实质就是序列值的数值运算。例如要计算两个日期之间相距的天数，可以直接在单元格中输入两个日期，再用减法运算的公式来求得结果。

日期系统的序列值是一个整数数值，一天的数值单位就是 1，那么 1 小时就可以表示为 1/24 天，1 分钟就可以表示为 1/(24×60) 天等，一天中的每一个时刻都可以由小数形式的序列值来表示。例如中午 12:00:00 的序列值为 0.5(一天的一半)，12:05:00 的序列值近似为 0.503 472。

如果输入的时间值超过 24 小时，Excel 会自动以天为单位进行整数进位处理。例如 25:01:00，转换为序列值为 1.04 236，即为 1+0.4236(1 天+1 小时 1 分钟)。Excel 中允许输入的最大时间为 9999:59:59:9999。

将小数部分表示的时间和整数部分表示的日期结合起来，就可以以序列值表示一个完整的日期时间点。例如，2017 年 10 月 2 日 12:00:00 的序列值为 43 010.5。

文本

文本通常指的是一些非数值型文字、符号等，例如企业的部门名称、员工的考核科目、产品的名称等。除此之外，许多不代表数量的、不需要进行数值计算的数字也可以保存为文本形式，例如电话号码、身份证号码、股票代码等。所以，文本并没有严格意义上的概念。事实上，Excel 将许多不能理解为数值(包括日期时间)和公式的数据都视为文本。文本不能用于数值计算，但可以比较大小。

逻辑值

逻辑值是一种特殊的参数，它只有 TRUE(真)和 FALSE(假)两种类型。

例如，公式：

```
=IF(A3=0,"0",A2/A3)
```

中的 "A3=0" 就是一个可以返回 TRUE(真)或 FLASE(假)两种结果的参数。当 "A3=0"为 TRUE 时，则公式返回结果为"0"，否则返回 "A2/A3" 的计算结果。

在逻辑值之间进行四则运算时，可以认为 TRUE=1，FLASE=0，例如：

```
TRUE+TRUE=2
FALSE*TRUE=0
```

逻辑值与数值之间的运算，可以认为 TRUE=1，FLASE=0，例如：

```
TRUE-1=0
FALSE*5=0
```

在逻辑判断中，非 0 的不一定都是 TRUE，例如公式：

```
=TRUE<5
```

如果把 TRUE 理解为 1，公式的结果应该是 TRUE。但实际上结果是 FALSE，原因是逻辑值就是逻辑值，不是 1，也不是数值，在 Excel 中规定，数字<字母<逻辑值，因此应该是 TRUE>5。

总之，TRUE 不是 1，FALSE 也不是 0，它们不是数值，它们就是逻辑值。只不过有些时候可以把它"当成"1 和 0 来使用。但是逻辑值和数值有着本质的区别。

错误值

经常使用 Excel 的用户可能都会遇到一些错误信息，例如 "#N/A!" "#VALUE!" 等，出现这些错误的原因有多种，如果公式不能计算出正确结果，Excel 将显示一个错误值。例如，在需要数字的公式中使用文本、删除了被公式引用的单元格等。

公式

公式是 Excel 中一种非常重要的数据，Excel 作为一款电子数据表格软件，其许多强大的计算功能都是通过公式来实现的。

公式通常都是以 "=" 号开头，它的内容可以是简单的数学公式，例如：

```
=16*62*2600/60-12
```

也可以包括 Excel 的内置函数，甚至是用户自定义的函数，例如：

```
=IF(F3<H3,"",IF(MINUTE(F3-H3)>30,"50 元","20 元"))
```

若用户要在单元格中输入公式，可以在开始输入的时候以一个等号 "=" 开头，表示当前输入的是公式。除了等号外，使用"+"号或者"-"号开头也可以使 Excel 识别其内容为公式，但是在按下 Enter 键确认后，Excel 还是会在公式的开头自动加上"="号。

当用户在单元格内输入公式并确认后，

默认情况下会在单元格内显示公式的运算结果。公式的运算结果，从数据类型上来说，也大致可以区分为数值型数据和文本型数据两大类。选中公式所在的单元格后，在编辑栏内也会显示公式的内容。在 Excel 中有以下 3 种等效方法，可以在单元格中直接显示公式的内容：

▶ 选择【公式】选项卡，在【公式审核】组中单击【显示公式】按钮，使公式内容直接显示在单元格中，再次单击该按钮，则显示公式计算结果。

▶ 在【Excel 选项】对话框中选择【高级】选项卡，然后选中或取消该选项卡中的【在单元格中显示公式而非计算结果】复选框。

▶ 按下 Ctrl+~组合键，在"公式"与"值"的显示方式之间进行切换。

2. 在单元格中输入数据

要在单元格内输入数值和文本类型的数据，用户可以在选中目标单元格后，直接向单元格内输入数据。数据输入结束后按下 Enter 键或者使用鼠标单击其他单元格都可以确认完成输入。要在输入过程中取消本次输入的内容，则可以按下 Esc 键退出输入状态。

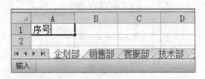

当用户输入数据的时候(Excel 工作窗口底部状态栏的左侧显示"输入"字样，如上图所示)，原有编辑栏的左边出现两个新的按钮，分别是 × 和 ✓，如下图所示。如果用户单击 ✓ 按钮，可以对当前输入的内容进行确认，如果单击 × 按钮，则表示取消输入。

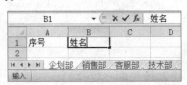

【例5-3】 在"通讯录"工作簿中的 5 个工作表中输入数据。

step 1 继续例 5-2 的操作，按住 Ctrl 键在工作表标签栏选中所有的工作表标签。

step 2 在 A1 单元格中输入"序号"，在 B1 单元格中输入"姓名"，在 C1 单元格中输入"职位"，在 D1 单元格中输入"电话"，在 E1 单元格中输入"邮箱"。此时，将同时在选中的 5 个工作表中输入相同的内容。

step 3 分别单击工作表标签栏中的各个工作表标签，切换至不同的工作表，在其中输入"通讯录"数据。

3. 编辑单元格中的内容

对于已经存放数据的单元格，用户可以在激活目标单元格后，重新输入新的内容来替换原有数据。但是，如果用户只想对其中的部分内容进行编辑修改，则可以激活单元格进入编辑模式。有以下几种方式可以进入单元格的编辑模式。

▶ 双击单元格，在单元格中的原有内容后会出现竖线光标，提示当前进入编辑模式，光标所在的位置为数据插入位置。在内容中不同位置单击鼠标或者右击鼠标，可以移动鼠标光标插入点的位置。用户可以在单元格中直接对其内容进行编辑。

▶ 激活目标单元格后按下 F2 键，可进入单元格编辑模式。

▶ 激活目标单元格，单击 Excel 编辑栏内部。这样可以将竖线光标定位在编辑栏中，激活编辑栏的编辑模式。用户可以在编辑栏中对单元格原有的内容进行编辑。对于数据内容较多的编辑，特别是对公式的修改，建议用户使用编辑栏的编辑方式。

进入单元格的编辑模式后，工作表窗口底部状态栏的左侧会出现"编辑"字样，如上图所示，用户可以在键盘上按下 Insert 键切换"插入"或者"改写"模式(不在状态栏中显示"插入"或"改写"字样)，如下图所示。用户也可以使用鼠标或者键盘选取单元格中的部分内容进行复制和粘贴操作。

另外，按下 Home 键可以将鼠标光标定位到单元格内容的开头，如下图所示。

按下 End 键则可以将光标插入点定位到单元格内容的末尾。在修改完成后，按下 Enter 键确认输入。

如果在单元格中输入的是一个错误的数据，用户可以再次输入正确的数据覆盖它，也可以单击【撤销】按钮↰或者按下 Ctrl+Z 组合键撤销本次输入。

单击一次【撤销】按钮↰，只能撤销一步操作，如果需要撤销多步操作，用户可以多次单击【撤销】按钮↰，或者单击该按钮旁的▾下拉按钮，在弹出的下拉列表中选择需要撤销返回的具体操作。

5.2.5　为单元格添加批注

除了可以在单元格中输入数据内容以外，用户还可以为单元格添加批注。通过批注，用户可以对单元格的内容添加一些注释或者说明，方便自己或者其他人更好地理解单元格中的内容。

在 Excel 中为单元格添加批注的方法有以下几种。

➤　选中单元格，选择【审阅】选项卡，在【批注】组中单击【新建批注】按钮，批注效果如下图所示。

➤　右击单元格，在弹出的菜单中选择【插入批注】命令。

在单元格中插入批注后，在目标单元格

的右上方将出现红色的三角形符号，该符号为批注标识符，表示当前单元格包含批注。右侧的矩形文本框通过引导箭头与红色标识符相连，此矩形文本框即为批注内容的显示区域，用户可以在此输入文本内容作为当前单元格的批注。批注内容会默认以加粗字体的用户名开头，标识了添加此批注的作者。此用户名默认为当前 Excel 用户名，实际使用时，用户名也可以根据自己的需要更改为方便识别的名称。

完成批注内容的输入后，用鼠标单击其他单元格即可完成添加批注的操作，此时批注内容呈现隐藏状态，只显示红色标识符。当用户将鼠标移动至包括标识符的目标单元格上时，批注内容会自动显示出来。用户也可以在包含批注的单元格上右击鼠标，在弹出的菜单中选择【显示/隐藏批注】命令使批注内容取消隐藏状态，固定显示在表格上方。或者在 Excel 功能区上选择【审阅】选项卡，在【批注】组中单击【显示/隐藏批注】按钮，切换批注的"显示"和"隐藏"状态。

除了上面介绍的方法以外，用户还可以通过单击【审阅】选项卡【批注】组中的【显示所有批注】按钮，切换所有批注的"显示"或"隐藏"状态。

如果用户需要对单元格中的批注内容进行编辑修改，可以使用以下几种方法。

▶ 选中包含批注的单元格，选择【审阅】选项卡，在【批注】组中单击【编辑批注】按钮。

▶ 右击包含批注的单元格，在弹出的菜单中选择【编辑批注】命令。

▶ 选中包含批注的单元格，按下 Shift+F2 组合键。

当批注处于编辑状态，将鼠标指针移动至批注矩形框的边框上方时，鼠标指针会显示为黑色双箭头或者黑色十字箭头。当出现黑色双箭头时，用户可以通过拖动鼠标改变批注的大小。

当出现黑色十字箭头时，用户可以通过拖动鼠标移动批注的位置。

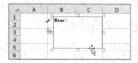

若用户要删除工作表中一个已有的批注，可以在选中包含批注的单元格后，右击鼠标，从弹出的菜单中选择【删除批注】命令，或者在【审阅】选项卡的【批注】组中单击【删除批注】按钮。

若用户需要一次性删除当前工作表中的所有批注，可以参考以下方法。

step 1 选择【开始】选项卡，在【编辑】组中单击【查找和选择】下拉按钮，从弹出的下拉列表中选择【转到】命令，或者按下 F5 键，打开【定位】对话框。

step 2 在【定位】对话框中单击【定位条件】按钮，打开【定位条件】对话框，选择【批注】单选按钮，然后单击【确定】按钮。

step 3 选择【审阅】选项卡，在【批注】组

中单击【删除】按钮。

5.2.6 使用【自动填充】功能

当用户需要在工作表中连续输入某些"顺序"数据时，例如星期一、星期二、……、甲、乙、丙、……等，可以利用 Excel 的自动填充功能实现快速输入。

在 Excel 中使用"自动填充"功能之前，应先确保"单元格拖放"功能启动。启动该功能的方法是：选择【文件】选项卡，在弹出的菜单中选择【选项】选项，打开【Excel 选项】对话框，选择【高级】选项卡，然后在对话框右侧的选项区域中选中【启用填充柄和单元格拖放功能】复选框。

下面通过一个实例介绍【自动填充】功能的使用方法。

【例5-4】使用【自动填充】功能，在"通讯录"的【序号】列中填充 1~7 的数字。

🔘视频+素材 (素材文件\第 05 章\例5-4)

step 1 继续例 5-3 的操作，在 A2 单元格中输入"1"，在 A3 单元格中输入"2"。

step 2 选中 A1: A2 单元格区域，将鼠标移动至区域中的黑色边框右下角，当鼠标指针显示为黑色加号时，按住鼠标左键向下拖动，直到 A8 单元格时释放鼠标即可。

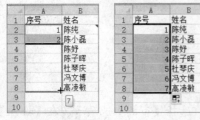

除了拖动填充柄执行自动填充操作以

外，双击填充柄也可以完成自动填充操作。当数据的目标区域的相邻单元格存在数据时(中间没有空白单元格)，双击填充柄的操作可以代替拖动填充柄的操作。

自动填充完成后，填充区域的右下角将显示【填充选项】按钮，将鼠标指针移动至该按钮上并单击，在弹出的菜单中可显示更多的填充选项。

在上图所示的菜单中，用户可以为填充选择不同的方式，如【仅填充格式】【不带格式填充】等，甚至可以将填充方式改为复制，使数据不再按照序列顺序递增，而是与最初的单元格保持一致。填充选项按钮下拉菜单中的选项内容取决于所填充的数据类型。例如下图所示的填充目标数据是日期型数据，则在菜单中显示了更多日期有关的选项，例如【以月填充】【以年填充】等。

5.2.7 操作行与列

Excel 作为一款电子表格软件，其最基本的操作形态是标准的表格——由横线和竖线组成的格子。在工作表中，由横线分隔出的区域称为行，而由竖线分隔出的区域称为列。行与列相互交叉形成的一个个的格子称为"单元格"。

1. 选取行或列

在操作工作表中的行与列之前，用户应先掌握根据表格编辑需求选取行或列的方法。

选取单行或单列

使用鼠标单击某个行号或者列标即可选中相应的整行或者整列。当选中某行后，此行的行号标签会改变颜色，所有的列标签会加亮显示，此行的所有单元格也会加亮显示，以此来表示此行当前处于选中状态，如下图所示。相应地，当列被选中时也会有类似的显示效果。

	A	B	C	D	E	F	G
1	序号	姓名	职位	电话	邮箱		
2	1	陈纯	经理	138xxxxxx	chencun@sina.com		
3	2	陈小磊		138xxxxxx	chenxiaolei@126.com		
4	3	陈妤		142xxxxxx	chenyu11.com		
5	4	陈子晖	经理	138xxxxxx	chenzihui@sina.com		
6	5	杜琴庆		151xxxxxx	duqing@sina.com		
7	6	冯文博	经理	156xxxxxx	fengwenbo@sina.com		
8	7	高凌敏		138xxxxxx	gaolingmin@sina.com		
9							

除此之外，使用快捷键也可以快速地选定单行或者单列，操作方法如下：选中单元格后，按下 Shift+空格键，即可选定单元格所在的行；按下 Ctrl+空格键，即可选定单元格所在的列。

选定相邻连续的多行或者多列

在 Excel 中用鼠标单击某行(或某列)的标签后，按住鼠标不放，向上或者向下拖动，即可选中该行相邻的连续多行。选中多列的方法与此相似(向左或者向右拖动)。拖动鼠标时，行或列标签旁会出现一个带数字和字母内容的提示框，显示当前选中的区域中有多少列，如下图所示。

	A	B	C	D	E	4C	F	G
1	序号	姓名	职位	电话	邮箱			
2	1	陈纯	经理	138xxxxxx	chencun@sina.com			
3	2	陈小磊		138xxxxxx	chenxiaolei@126.com			
4	3	陈妤		142xxxxxx	chenyu11.com			
5	4	陈子晖	经理	138xxxxxx	chenzihui@sina.com			
6	5	杜琴庆		151xxxxxx	duqing@sina.com			
7	6	冯文博	经理	156xxxxxx	fengwenbo@sina.com			
8	7	高凌敏		138xxxxxx	gaolingmin@sina.com			

选定某行后按下 Ctrl+Shift+向下方向键，如果选定行中活动单元格以下的行都不

存在非空单元格，则将同时选定该行到工作表中的最后可见行。同样，选定某列后按下 Ctrl+Shift+向右方向键，如果选定列中活动单元格右侧的列中不存在非空单元格，则将同时选定该列到工作表中的最后可见列。使用相反的方向键则可以选中相反方向的所有行或列。

另外，单击行列标签交叉处的【全选】按钮，可以同时选中工作表中的所有行和所有列，即选中整个工作表区域。

选定不相邻的多行或者多列

要选定不相邻的多行可以通过如下操作实现：选中单行后，按下 Ctrl 键不放，继续使用鼠标单击多个行标签，直至选择完所有需要选择的行，然后松开 Ctrl 键，即可完成不相邻的多行的选择。如果要选定不相邻的多列，方法与此类似。

2. 设置行高与列宽

在 Excel 中用户可以使用以下几种方法在工作表中设置行高和列宽。

精确设置行高和列宽

【例 5-5】精确设置工作表中的行高和列宽。
视频+素材 (素材文件\第 05 章\例 5-5)

step 1 继续例 5-4 的操作，选中工作表中需要设置行高的行，选择【开始】选项卡，在【单元格】组中单击【格式】下拉按钮，在弹出的菜单中选择【行高】选项。

step 2 打开【行高】对话框，输入所需设定的行高数值，单击【确定】按钮。

step 3 选中 A 列，在【单元格】组中单击【格式】下拉按钮，从弹出的菜单中选择【列宽】

命令，打开【列宽】对话框，输入设定的列宽值，单击【确定】按钮。

除了上面介绍的方法以外，用户还可以在选中行或列后，右击鼠标，在弹出的菜单中选择【行高】(或者【列宽】)命令，设置行高或列宽。

直接改变行高和列宽

用户可以直接在工作表中通过拖动鼠标的方式来设置行高和列宽，方法如下。

【例5-6】通过拖动鼠标改变行高和列宽。
视频+素材 (素材文件\第05章\例5-6)

step① 继续例5-5的操作，选中工作表中的D列，将鼠标指针放置在选中的列与相邻列的列标签之间。

step② 按住鼠标左键不放，向右侧拖动鼠标，此时在列标签上方将显示一个提示框，显示当前的列宽。

step③ 当调整到所需列宽时，释放鼠标左键即可完成列宽的设置(设置行高的方法与以上操作类似)。

设置合适的行高和列宽

如果某个表格中设置了多种行高或列宽，或者该表格中的内容长短不齐，会使表格的显示效果较差，影响数据的可读性。此时，用户可以在 Excel 中执行以下操作，调整表格的行高与列宽至最佳状态。

【例5-7】为"通讯录"表格中的 E 列设置合适的列宽。
视频+素材 (素材文件\第05章\例5-7)

step① 继续例5-6的操作，选中表格中的E列，在【开始】选项卡的【单元格】组中单击【格式】下拉按钮，在弹出的菜单中选择【自动调整列宽】选项。

step② 此时，将自动调整工作表中的列宽。

自动调整行高的方法与自动调整列宽的方法类似。

除了上面介绍的方法以外，还有一种更加快捷的方法可以快速调整表格的行高和列宽：同时选中需要调整列宽(或行高)的多列(多行)，将鼠标指针放置在列(或行)的中线上，此时，鼠标箭头显示为一个黑色双向的图形，双击鼠标即可完成设置"自动调整列宽"的操作。

3. 插入行与列

用户有时需要在表格中增加一些条目的内容，并且这些内容不是添加在现有表格内容的末尾，而是插入现有表格的中间，这时就需要在表格中插入行或者列。

选中表格中的某行，或者选中行中的某个单元格，然后执行以下操作可以在行之前插入新行：

▶ 选择【开始】选项卡，在【单元格】组中单击【插入】按钮，在弹出的菜单中选择【插入工作表行】命令。

▶ 选中并右击某行，在弹出的菜单中选择【插入】命令。

▶ 选中并右击某个单元格，在弹出的菜单中选择【插入】命令，打开【插入】对话框，选中【整行】单选按钮，然后单击【确定】按钮。

▶ 在键盘上按下 Ctrl+Shift+= 键，打开【插入】对话框，选中【整行】单选按钮，并单击【确定】按钮。

插入列的方法与插入行的方法类似，此处不再赘述。

实用技巧

如果用户在执行插入行或列操作之前，选中连续的多行(或多列)，在执行"插入"操作后，会在选定位置之前插入与选定行、列相同数量的多行或多列。

4. 移动行与列

用户有时需要在 Excel 中改变表格行列内容的放置位置与顺序，这时可以使用"移动"行或者列的操作来实现。

通过菜单移动行或列

实现移动行、列的基本操作方法如下。

step 1 选中需要移动的行，在【开始】选项卡的【剪贴板】组中单击【剪切】按钮✄，也可以在右键菜单中选择【剪切】命令，或者按下 Ctrl+X 组合键。此时，当前被选中的行将显示虚线边框。

step 2 选中需要移动到的目标位置行，在【单元格】组中单击【插入】按钮，在弹出的菜单中选择【插入剪切的单元格】命令，也可以在右键菜单中选择【插入剪切的单元格】命令，或者按下 Ctrl+V 组合键即可完成移动行操作。

如果用户在步骤 1 中选定连续的多行，则移动行的操作也可以同时对连续多行执行。非连续的多行无法同时执行剪切操作。移动列的操作方法与移动行的方法类似。

拖动鼠标移动行或列

相比使用菜单方式移动行或列，使用鼠标拖动的方式更加直接方便，具体方法如下。

step 1 选中需要移动的行，将鼠标移动至选定行的黑色边框上，当鼠标指针显示为黑色十字箭头形状时，按住鼠标左键，并在键盘上按下 Shift 键不放。

step 2 拖动鼠标至目标插入位置，然后释放鼠标即可。

使用鼠标拖动实现移动列的操作方法与此类似。如果选定连续的多行或者多列，同样可以拖动鼠标执行同时移动多行或者多列目标到指定的位置。但是无法对选定的非连续的多行或者多列同时执行拖动移动操作。

5. 删除行与列

对于一些不再需要的行列内容，用户可以选择删除整行或者整列进行清除。删除行的具体操作方法如下。

step 1 选定目标整行或者多行，选择【开始】选项卡，在【单元格】组中单击【删除】按钮，在弹出的菜单中选择【删除工作表行】命令，或者右击鼠标，在弹出的菜单中选择【删除】命令。

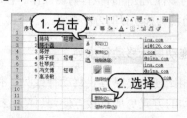

step 2 如果选择的目标不是整行，而是行中的一部分单元格，Excel 将打开如下图所示的【删除】对话框，在对话框中选择【整行】单选按钮，然后单击【确定】按钮即可完整目标行的删除。

删除列的操作与删除行的方法类似。

5.2.8 操作单元格和区域

在了解行列的概念和基本操作之后，用户可以进一步学习 Excel 表格中单元格和单元格区域的操作，这是工作表中最基础的构成元素。

1. 选取与定位单元格

在当前的工作表中，无论用户是否曾经用鼠标单击过工作表区域，都存在一个被激活的活动单元格，例如下图所示的 B3 单元格，该单元格即为当前被激活(被选定)的活动单元格。活动单元格的边框显示为黑色矩形边框，在 Excel 工作窗口的名称框中将显示当前活动单元格的地址，在编辑栏中则会显示活动单元格中的内容。

要选取某个单元格为活动单元格，用户只需要使用鼠标或者键盘按键等方式激活目标单元格即可。使用鼠标直接单击目标单元格，可以将目标单元格切换为当前活动单元格，使用键盘方向键及 Page UP、Page Down 等按键，也可以在工作表中选取

活动单元格。

除了以上方法以外,在工作窗口中的名称框中直接输入目标单元格的地址也可以快速定位到目标单元格所在的位置,同时激活目标单元格为当前活动单元格。与该操作效果相似的是使用【定位】的方法在表格中选中具体的单元格,方法如下。

step 1 在【开始】选项卡的【编辑】组中单击【查找和选择】下拉按钮,在弹出的下拉列表中选择【转到】命令。

step 2 打开【定位】对话框,在【引用位置】文本框中输入目标单元格的地址,然后单击【确定】按钮即可。

实用技巧

对于一些位于隐藏行或列中的单元格,无法通过鼠标或者键盘激活,只能通过名称框直接输入地址选取和上例介绍的定位方法来选中。

2. 选取单元格区域

单元格"区域"的概念是单元格概念的延伸,多个单元格所构成的单元格群组被称为"区域"。构成区域的多个单元格之间可以是相互连续的,它们所构成的区域就是连续区域,连续区域的形状一般为矩形;多个单元格之间可以是相互独立不连续的,它们所构成的区域就称为不连续区域。对于连续区域,可以使用矩形区域左上角和右下角的单元格地址进行标识,形式上为"左上角单元格地址:右下角单元格地址",例如下图所示的 A2:E8 单元格区域。

选取连续区域

要在表格中选中连续的单元格,可以使用以下几种方法:

➤ 选定一个单元格,按住鼠标左键直接在工作表中拖动来选取相邻的连续区域。

➤ 选定一个单元格,按下 Shift 键,然后使用方向键在工作表中选择相邻的连续区域。

➤ 选定一个单元格,按下 F8 键,进入"扩展"模式,此时再用鼠标单击一个单元格时,则会选中该单元格与前面选中单元格之间所构成的连续区域,如下图所示。完成后再次按下 F8 键,则可以取消"扩展"模式。

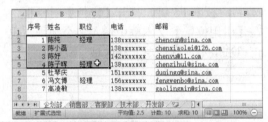

➤ 在工作窗口的名称框中直接输入区域地址,例如 B2:F7,按下回车键确认后,即可选取并定位到目标区域。此方法可适用于选取隐藏行列中所包含的区域。

选取不连续区域

在表格中选择不连续单元格区域的方法与选择连续单元格区域的方法类似,具体如下。

➤ 选定一个单元格,按下 Ctrl 键,然后使用鼠标左键单击或者拖动选择多个单元格或者连续区域,鼠标最后一次单击的单元格,或者最后一次拖动开始之前选定的单元格就是选定区域的活动单元格。

按下 Shift+F8 组合键，可以进入"添加"模式，与上面按 Ctrl 键作用相同。进入添加模式后，再用鼠标选取的单元格或者单元格区域会添加到之前的选取当中。

在工作表窗口的名称框中输入多个单元格或者区域地址，地址之间用半角状态下的逗号隔开，例如"A1,B4,D7,E3"，按下回车键确认后即可选取并定位到目标区域。在这种状态下，最后输入的一个连续区域的左上角单元格或者最后输入的单元格为区域中的活动单元格(该方法适用于选取隐藏行列中所包含的区域)。

按下 F5 键，打开【定位】对话框，在【引用位置】文本框中输入多个地址，也可以选取不连续的单元格区域。

5.2.9 格式化工作表

Excel 2010 的【开始】选项卡中提供了多个命令组用于设置单元格格式，包括【字体】【对齐方式】【数字】【样式】等。

【字体】组：包括字体、字号、加粗、倾斜、下画线、填充色、字体颜色等。

【对齐方式】组：包括顶端对齐、垂直居中、底端对齐、左对齐、居中、右对齐以及方向、调整缩进量、自动换行、合并居中等。

【数字】组：包括增加/减少小数位数、百分比样式、会计数字格式等对数字进行格式化的各种命令。

【样式】组：包括条件格式、套用表格格式、单元格样式等。

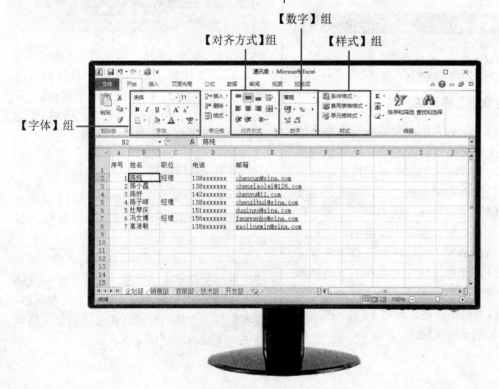

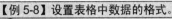

【例5-8】设置表格中数据的格式。

🔵 视频+素材 (素材文件\第05章\例5-8)

step 1 继续例5-7的操作,选中 A1:E1 单元格区域,单击【字体】组中的【加粗】按钮圆,设置加粗区域中的数据,单击【单元格】组中的【垂直居中】按钮≡和【居中】按钮≡,设置区域中的数据居中对齐。

step 2 选中 A2:A8 单元格区域,单击【对齐方式】组中的【居中】按钮,设置区域中的数据居中对齐。

step 3 按住 Ctrl 键,单击 C2、C5 和 C7 单元格将它们同时选中,然后单击【样式】组中的【单元格样式】按钮,从弹出的列表中选择一种样式。

step 4 选中 A1:E8 单元格区域,单击【字体】组中的【边框】下拉按钮田▾,从弹出的列表中选择【所有框线】选项,为选中的区域设置边框。

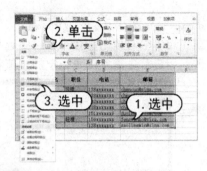

step 5 再次单击【边框】下拉按钮田▾,从弹出的列表中选择【粗匣框线】选项,为表格设置如下图所示的外边框,完成"通讯录"的制作。

5.3 制作员工信息表

在日常工作中,当用户面临海量的数据时,需要对数据按照一定的规律排序、筛选、分类汇总,以从中获取最有价值的信息。本节将通过制作一个"员工信息表",介绍使用 Excel 对数据进行排序、筛选、汇总并使用图表分析数据的方法。

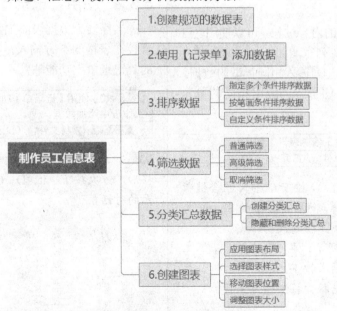

通过制作"员工信息表"掌握排序、筛选、分类汇总数据的方法

5.3.1 创建规范的数据表

在 Excel 中对数据进行排序、筛选和汇总之前，用户首先需要按照一定的规范将自己的数据整理在工作表内，形成规范的数据表。Excel 数据表通常由多行、多列的数据组成，其通常的结构如下图所示。

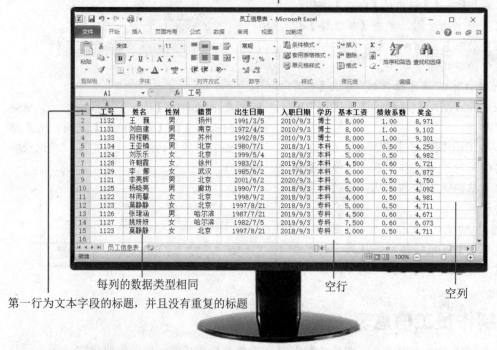

每列的数据类型相同

空行

空列

第一行为文本字段的标题，并且没有重复的标题

规范的数据表

在制作上图所示的数据表时，用户应注意以下几点：

➤ 如果输入的内容过长，可以使用"自动换行"功能避免列宽增加。

➤ 表格的每一列输入相同类型的数据。

➤ 为数据表的每一列应用相同的单元格格式。

【例 5-9】创建"员工信息表"工作表。

视频+素材 (素材文件\第 05 章\例 5-9)

step 1 启动 Excel 后，按下 Ctrl+N 组合键新建一个空白工作簿，然后将其中的 Sheet1 工作表重命名为"员工信息表"。

step 2 参照上图所示，在"员工信息表"工作表中输入数据后，按下 Shift+F12 键，打开【另存为】对话框，将工作簿保存。

5.3.2 使用【记录单】添加数据

当需要为数据表添加数据时，用户可以直接在表格的下方输入，也可以使用 Excel 的"记录单"功能输入。

【例 5-10】使用【记录单】功能在"员工信息表"工作表中添加数据。

视频+素材 (素材文件\第 05 章\例 5-10)

step 1 选中上图所示数据表中的任意单元格后，依次按下 Alt、D、O 键，打开下图所示的对话框。

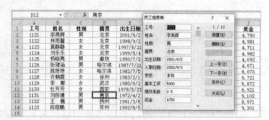

step❷ 在上图所示的对话框中单击【新建】按钮，打开数据列表对话框，在该对话框中根据表格中的数据标题输入相关的数据（可按下 Tab 键在对话框中的各个字段之间快速切换）。

step❸ 单击【新建】或【关闭】按钮，即可在数据表中添加新的数据。

执行【记录单】命令后打开的对话框名称与当前工作表名称一致，上图所示对话框中各按钮的功能说明如下。

▶ 新建：单击【新建】按钮可以在数据表中添加一组新的数据。

▶ 删除：删除对话框中当前显示的一组数据。

▶ 还原：在没有单击【新建】按钮之前，恢复所编辑的数据。

▶ 上一条：显示数据表中的前一组记录。

▶ 下一条：显示数据表中的下一组记录。

▶ 条件：设置搜索记录的条件后，单击【上一条】和【下一条】按钮显示符合条件的记录。

▶ 关闭：关闭当前对话框。

5.3.3 排序数据

数据排序是指按一定规则对数据进行整理、排列，这样可以为数据的进一步处理做好准备。Excel 2010 提供了多种方法对数据清单进行排序，可以按升序、降序的方式排序，也可以由用户自定义排序。

例如，在下图中未经排序的【奖金】列数据顺序杂乱无章，不利于查找与分析数据。

基本工资	绩效系数	奖金
5,000	0.50	4,750
4,000	0.50	4,981
5,000	0.50	4,711
5,000	0.50	4,982
5,000	0.50	4,092
4,500	0.60	4,671
7,500	0.60	6,073
4,500	0.60	6,721
6,000	0.70	6,872
6,000	0.70	6,921
8,000	1.00	9,102
8,000	1.00	8,971
8,000	1.00	9,301
5,000	0.50	4,250

此时，选中【奖金】列中的任意单元格，在【数据】选项卡的【排序和筛选】组中单击【降序】按钮，即可快速以"降序"方式对数据表【奖金】列中的数据进行排序，效果如下图所示。

籍贯	出生日期	入职日期	学历	基本工资	绩效系数	奖金
苏州	1992/8/5	2010/9/3	博士	8,000	1.00	9,301
南京	1972/4/2	2010/9/3	博士	8,000	1.00	9,102
扬州	1991/3/5	2010/9/3	博士	8,000	1.00	8,971
西安	1978/5/23	2017/9/3	本科	6,000	0.70	6,921
武汉	1985/6/2	2017/9/3	本科	6,000	0.70	6,872
徐州	1983/2/1	2019/9/3	本科	4,500	0.60	6,721
哈尔滨	1982/7/5	2019/9/3	专科	7,500	0.60	6,073
北京	1999/5/4	2018/9/3	本科	5,000	0.50	4,982
北京	1998/9/2	2018/9/3	本科	4,000	0.50	4,981
北京	2001/8/2	2020/9/3	本科	5,000	0.50	4,750
北京	1997/8/21	2018/9/3	专科	5,000	0.50	4,711
哈尔滨	1987/7/21	2019/9/3	本科	4,500	0.60	4,671
北京	1980/7/1	2018/3/1	本科	5,000	0.50	4,250
廊坊	1990/7/3	2018/9/3	本科	5,000	0.50	4,092

同样，单击【排序和筛选】组中的【升序】按钮，可以对【奖金】列中的数据以升序方式进行排序。

1. 指定多个条件排序数据

在 Excel 中，按指定的多个条件排序数据可以有效避免排序时出现多个数据相同的情况，从而使排序结果符合工作的需要。

【例 5-11】在"员工信息表"工作表中按多个条件排序表格数据。
🎬 视频+素材 （素材文件\第 05 章\例 5-11）

step❶ 继续例 5-10 的操作，选择【数据】选项卡，然后单击【排序和筛选】组中的【排序】按钮。

step❷ 在打开的【排序】对话框中单击【主要关键字】下拉列表按钮，在弹出的下拉列表中选择【奖金】选项；单击【排序依据】

下拉列表按钮,在弹出的下拉列表中选择【数值】选项;单击【次序】下拉列表按钮,在弹出的下拉列表中选中【降序】选项。

step 3 在【排序】对话框中单击【添加条件】按钮,添加次要关键字,然后单击【次要关键字】下拉列表按钮,在弹出的下拉列表中选择【绩效系数】选项;单击【排序依据】下拉列表按钮,在弹出的下拉列表中选择【数值】选项;单击【次序】下拉列表按钮,在弹出的下拉列表中选择【降序】选项。

step 4 完成以上设置后,在【排序】对话框中单击【确定】按钮,即可按照"奖金"和"绩效系数"数据的"降序"条件对工作表中选定的数据进行排序。

2. 按笔画条件排序数据

在默认设置下,Excel 对汉字的排序方式按照其拼音的"字母"顺序进行。当用户需要按照中文的"笔画"顺序来排列汉字(例如"姓名"列中的人名),可以执行以下操作。

【例 5-12】在"员工信息表"工作表中按笔画条件排序姓名。
(素材文件\第 05 章\例 5-12)

step 1 继续例 5-11 的操作,在【数据】选项卡的【排序和筛选】组中单击【排序】按钮,打开【排序】对话框,设置【主要关键

字】为【姓名】,【次序】为【升序】,单击【选项】按钮。

step 2 打开【排序选项】对话框,选中该对话框【方法】选项区域中的【笔画排序】单选按钮,然后单击【确定】按钮。

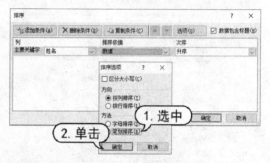

step 3 返回【排序】对话框,单击【确定】按,【姓名】列的排序效果如下图所示。

Excel 按"笔画"排序汉字时,将按汉字的笔画数多少排列,同笔画数内的汉字按"起"笔顺序排列(横、竖、撇、捺、折),笔画数和笔形都相同的字,按字形结构排列,先左右、再上下,最后整体字。如果汉字相同,则依次判断其后的第二个、第三个字,规则同第一个汉字。

3. 自定义条件排序数据

在 Excel 中,用户除了可以按上面介绍的两种条件排序数据以外,还可以根据需要自行设置排序的条件,即自定义条件排序。

【例 5-13】在"员工信息表"工作表中自定义排序【性别】列数据。
(素材文件\第 05 章\例 5-13)

step 1 继续例 5-12 的操作,选中数据表中的任意单元格,在【数据】选项卡的【排序和筛选】组中单击【排序】按钮。

step 2 打开【排序】对话框,单击【主要关

键字】下拉列表按钮，在弹出的下拉列表中选择【性别】选项；单击【次序】下拉列表按钮，在弹出的下拉列表中选择【自定义序列】选项。

step 3 在打开的【自定义序列】对话框的【输入序列】文本框中输入自定义排序条件"男，女"后，单击【添加】按钮，然后单击【确定】按钮。

step 4 返回【排序】对话框后，在该对话框中单击【确定】按钮，即可完成自定义排序操作。

使用类似的方法，还可以对"员工信息表"中的【学历】列进行排序，例如按照博士、本科、专科规则排序数据的方法如下。

step 1 打开【排序】对话框，将【主要关键词】设置为【学历】，然后单击【次序】下拉列表按钮，在弹出的下拉列表中选择【自定义序列】选项。

step 2 打开的【自定义序列】对话框的【输入序列】文本框中输入自定义排序条件"博士,本科,专科"，然后单击【添加】按钮和【确定】按钮。

step 3 返回【排序】对话框，单击【确定】按钮后，【学历】列的排序效果如下图所示。

5.3.4 筛选数据

筛选是一种用于查找数据清单中数据的快速方法。经过筛选后的数据清单只显示包含指定条件的数据行，以供用户浏览、分析之用。

Excel 主要提供了两种筛选方式：

▶ 普通筛选：用于简单的筛选条件。
▶ 高级筛选：用于复杂的筛选条件。

下面将分别介绍这两种筛选的具体操作。

1. 普通筛选

在数据表中，用户可以执行以下操作进入下图所示的筛选状态。

step 1 选中数据表中的任意单元格后，单击【数据】选项卡的【排序和筛选】组中的【筛选】按钮。

step 2 此时，【筛选】按钮将呈现为高亮状态，数据列表中所有字段标题单元格中会显示下图所示的下拉箭头。

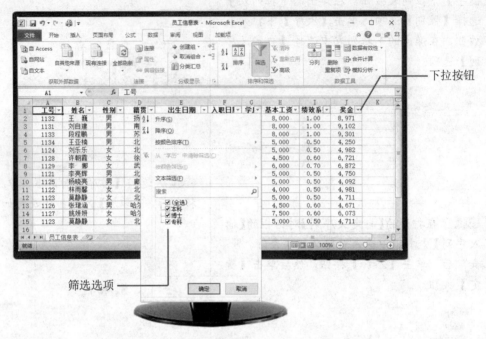

下拉按钮

筛选选项

数据筛选状态

数据表进入筛选状态后，单击其每个字段标题单元格右侧的下拉按钮，都将弹出下拉菜单。不同数据类型的字段所能够使用的筛选选项也不同。

完成筛选后，被筛选字段的下拉按钮形状会发生改变，同时数据列表中的行号颜色也会发生改变。

在执行普通筛选时，用户可以根据数据字段的特征设定筛选的条件，例如从表格中筛选出籍贯不属于"北京"的记录。

step① 在筛选文本型数据字段时，在筛选下拉菜单中选择【文本筛选】命令，在弹出的子菜单中无论选择哪一个选项，都会打开【自定义自动筛选方式】对话框。

step② 在【自定义自动筛选方式】对话框中，用户可以选择逻辑条件和输入具体的条件值，完成自定义筛选。例如，下图所示为筛

选出籍贯不等于"北京"的所有数据,单击【确定】按钮后,即可得到筛选结果。

2. 高级筛选

Excel 高级筛选功能不但包含了普通筛选的所有功能,还可以设置更多更复杂的筛选条件,例如:

➤ 设置复杂的筛选条件,将筛选出的结果输出到指定的位置。

➤ 指定计算的筛选条件。

➤ 筛选出不重复的数据记录。

设置筛选条件区域

高级筛选要求用户在一个工作表区域中指定筛选条件,并与数据表分开,如下图所示。

一个高级筛选条件区域至少要包括两行,第 1 行是列标题,应和数据表中的标题匹配;第 2 行必须由筛选条件值构成。

使用"关系与"条件

以上图所示的数据表为例,设置"关系与"条件筛选数据的方法如下。

【例 5-14】在"员工信息表"工作表中筛选出性别为"女",基本工资为"5000"的数据。

视频+素材(素材文件\第 05 章\例 5-14)

step 1 按照上图所示输入一个单独的数据区域,选中数据表中的任意单元格,单击【数据】选项卡的【排序和筛选】组中的【高级】按钮。

step 2 打开【高级筛选】对话框,单击【条件区域】文本框后的 按钮,选中 A17:B18 区域后,按下回车键返回【高级筛选】对话框,单击【确定】按钮。

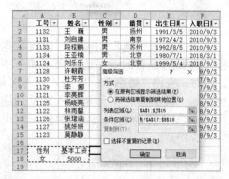

step 3 此时,即可得到筛选结果。

使用"关系或"条件

以下图所示的条件为例。

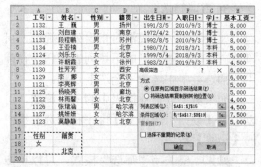

通过"高级筛选"功能将"性别"为"女"或"籍贯"为"北京"的数据筛选出来,只需要参照例 5-14 介绍的方法操作即可,得到的结果如下图所示。

使用多个"关系或"条件

以下图所示的条件为例。

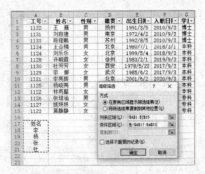

通过"高级筛选"功能，可以将数据表中指定姓氏的姓名记录筛选出来，如下图所示。此时，应将"姓名"标题列入条件区域，并在标题下面的多行中分别输入需要筛选的姓氏(具体操作步骤与例5-14类似，这里不再详细介绍)。

3. 取消筛选

如果用户需要取消对指定列的筛选，可以单击该列标题右侧的下拉列表按钮，在弹出的筛选菜单中选择【全选】选项。

如果需要取消数据表中的所有筛选，可以单击【数据】选项卡【排序和筛选】组中的【清除】按钮。

如果需要关闭"筛选"模式，可以单击【数据】选项卡【排序和筛选】组中的【筛选】按钮，使其不再高亮显示。

5.3.5 分类汇总数据

分类汇总数据，即在按某一条件对数据进行分类的同时，对同一类别中的数据进行统计运算。分类汇总被广泛应用于财务、统计等领域，用户要灵活掌握其使用方法，应掌握创建、隐藏、显示以及删除它的方法。

1. 创建分类汇总

Excel 2010可以在数据清单中自动计算分类汇总及总计值。用户只需指定需要进行

分类汇总的数据项、待汇总的数值和用于计算的函数(例如，求和函数)即可。如果使用自动分类汇总，工作表必须组织成具有列标志的数据清单。在创建分类汇总之前，用户必须先根据需要对分类汇总的数据列进行数据清单排序。

【例5-15】 在"员工信息表"工作表中按"学历"分类，并汇总"奖金"列平均值。
🎬 视频+素材 (素材文件\第05章\例5-15)

step 1 选中【学历】列，选择【数据】选项卡，在【排序和筛选】组中单击【升序】按钮，在打开的【排序提醒】对话框中单击【排序】按钮。

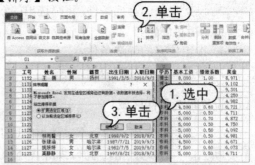

step 2 选中任意一个单元格，在【数据】选项卡的【分级显示】组中单击【分类汇总】按钮。在打开的【分类汇总】对话框中单击【分类字段】下拉按钮，在弹出的下拉列表中选择【学历】选项；单击【汇总方式】下拉按钮，从弹出的下拉列表中选择【平均值】选项；分别选中【奖金】【替换当前分类汇总】和【汇总结果显示在数据下方】复选框。

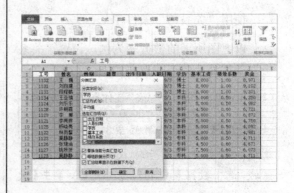

step ③ 单击【确定】按钮，即可查看表格分类汇总后的效果。

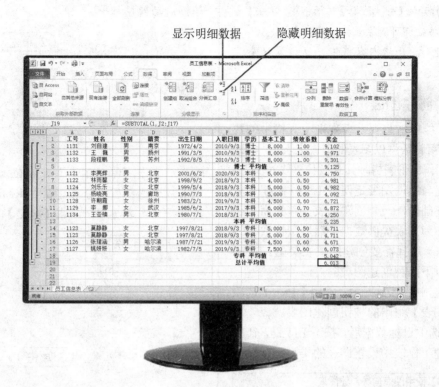

数据分类汇总结果

此时应注意的是：建立分类汇总后，如果修改明细数据，汇总数据将会自动更新。

2. 隐藏和删除分类汇总

用户在创建了分类汇总后，为了方便查阅，可以将其中的数据进行隐藏，并根据需要在适当的时候显示出来。

隐藏分类汇总

为了方便用户查看数据，可将分类汇总后暂时不需要使用的数据隐藏，从而减小界面的占用空间。当需要查看时，再将其显示。

step ① 以上图所示的分类汇总结果为例，在工作表中选中 A13 单元格，然后在【数据】选项卡的【分级显示】组中单击【隐藏明细数据】按钮，隐藏"本科"学历的详细记录。

step ② 重复以上操作，分别选中 A5、A18 单元格，单击【隐藏明细数据】按钮，可

以隐藏"博士""专科"学历的详细记录。

step ③ 选中 A5 单元格，然后单击【数据】选项卡【分级显示】组中的【显示明细数据】按钮，即可重新显示"博士"学历的详细数据。

除了以上介绍的方法以外，单击工作表左边列表树中的 + 、 - 符号按钮，同样可以显示与隐藏详细数据。

删除分类汇总

查看完分类汇总后，若用户需要将其删除，恢复原先的工作状态，可以在 Excel 中删除分类汇总，具体方法如下。

step ① 在【数据】选项卡中单击【分类汇总】按钮，在打开的【分类汇总】对话框中，单击【全部删除】按钮即可删除表格中的分类汇总。

step ② 此时，表格内容将恢复到设置分类汇总前的状态。

5.3.6 创建图表

为了能更加直观地表现电子表格中的数据，用户可将数据以图表的形式来表示，因此图表在制作电子表格时具有极其重要的作用。

创建与编辑图表是使用 Excel 制作专业图表的基础操作。要创建图表，首先需要在工作表中为图表提供数据，然后根据数据的展现需求，选择需要创建的图表类型。Excel 提供了以下两种创建图表的方法。

▶ 选中目标数据后，使用【插入】选项卡的【图表】组中的按钮创建图表。

▶ 选中目标数据后，按下 F11 键，在打开的新建工作表中设置图表的类型。

【例5-16】使用图表向导创建图表。
视频+素材 (素材文件\第05章\例5-16)

step ① 打开"员工信息表"工作表，按住 Ctrl 键选中 B1:B6 和 H1:J6 单元格区域，选择【插入】选项卡，在【图表】组中单击对话框启动器按钮。

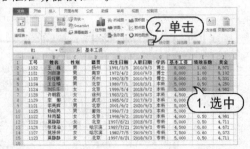

step ② 打开【插入图表】对话框，在左侧的列表框中选择图表分类，在右侧的列表框中选择一种图表类型，单击【确定】按钮。

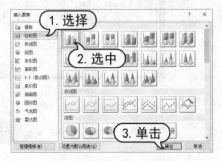

step ③ 此时，在工作表中创建如下图所示的图表，Excel 软件将自动打开【图表工具】的【设计】选项卡，如下图所示。

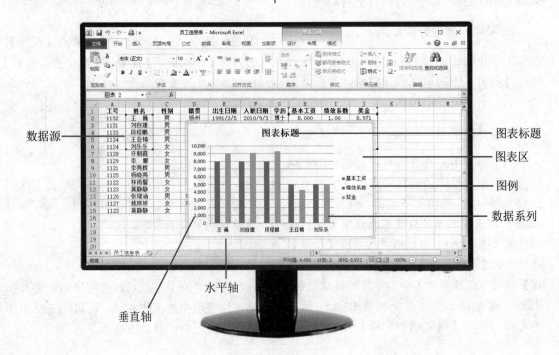

图表的基本结构包括：图表区、图表标题、数据系列、垂直轴/水平轴、图例等，如上图所示。

1. 应用图表布局

选中工作表中的图表后，在【设计】选项卡的【布局】组中单击一种布局样式，即可将该布局样式应用于图表之上。

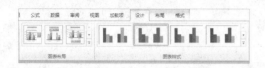

2. 选择图表样式

图表的样式指的是 Excel 内置的图表中各种数据点形状和颜色的固定组合方式。

选中图表后，在【设计】选项卡的【图表样式】组中单击【其他】按钮，从弹出的图表样式库中选择一种图表样式，即可将该样式应用于图表。

3. 移动图表位置

创建图表后，图表以对象方式嵌入在工作表中，如果用户需要移动图表，可以执行以下几种方法之一：

> 选中图表，在【设计】选项卡的【位置】组中单击【移动图表】按钮，打开【移动图表】对话框，选择【新工作表】复选框，然后单击【确定】按钮，新建一个名为 Chart1 的工作表单独放置图表。

> 执行【剪切】或【复制】命令，可以将图表在不同工作簿或工作表之间移动。

> 将鼠标指针放置在图表上，按住鼠标左键不放，当指针变为十字状后拖动鼠标。

4. 调整图表大小

调整图表大小的方法有以下几种：

> 选中图表后，在图表的边框上将显示 8 个控制点，将鼠标光标放置在其中任意一个控制点上，当光标变为双向箭头时，按住鼠标左键拖动。

> 选中图表后，在图表边框上右击鼠标，从弹出的菜单中选择【设置图表区域格式】命令，打开【设置图表区格式】对话框，选择【大小】选项，然后通过输入【高度】和【宽度】值调整表格大小。

> 选中图表后，在【格式】选项卡【大小】组的【高度】和【宽度】微调框中输入参数值，调整表格的高度和宽度。

5.4　案例演练

本章的案例演练部分，将通过实例指导用户使用 Excel 2010 制作项目实施流程图和办公用品领用程序图。

【例 5-17】使用 Excel 2010 制作一个项目实施流程图。

视频+素材 (素材文件\第 05 章\例 5-17)

step 1 按下 Ctrl+N 组合键，新建一个空白工作簿，并将其命名为"项目实施流程图"。

step 2 选择【插入】选项卡，在【插图】组中单击 SmartArt 按钮。

step 3 打开【选择 SmartArt 图形】对话框，

在对话框左侧的列表中选中【循环】选项，在中间的列表中选中【基本循环】选项，然后单击【确定】按钮。

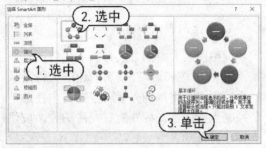

step④ 在工作表中选中插入的 SmartArt 图形，选择【设计】选项卡，在【SmartArt 样式】组中单击【更改颜色】下拉按钮，在弹出的下拉列表中选中【彩色-强调文字颜色】选项，更改 SmartArt 图形的样式。

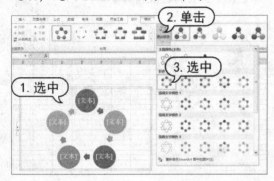

step⑤ 在【SmartArt 样式】组中单击【快速样式】下拉按钮，在弹出的下拉列表中选中【中等效果】选项。

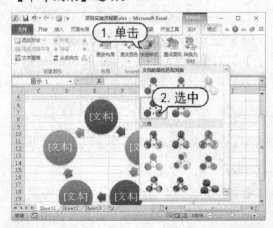

step⑥ 在【创建图形】组中单击3次【添加形状】按钮，在 SmartArt 图形中添加如下图

所示的图形。

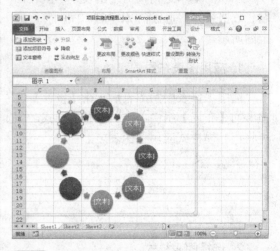

step⑦ 在【创建图形】组中单击【文本窗格】按钮，然后在打开的窗格中输入如下图所示的文本内容。

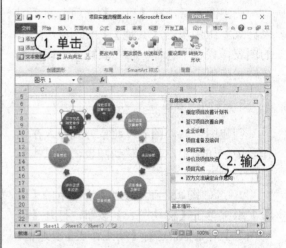

step⑧ 将鼠标指针移动至 SmartArt 图形的四个边角，按住左键拖动，调整图形的大小。

step⑨ 在 SmartArt 图形中，选中如下图所示的箭头图形。

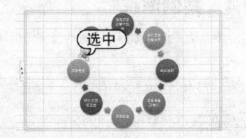

step⑩ 选择【格式】选项卡，在【形状】

组中单击【更改形状】下拉按钮，在弹出的下拉列表中选中【加号】符号，更改形状样式。

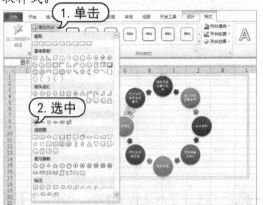

step⑪ 选择【设计】选项卡，在【重置】组中单击【转换为形状】按钮，将 SmartArt 图形转换为形状。

step⑫ 选择【插入】选项卡，然后单击【插图】组中的【形状】下拉按钮，从弹出的列表中选择【椭圆】选项。

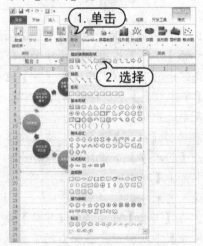

step⑬ 按住 Shift 键，在 SmartArt 图形中绘制一个圆形形状。

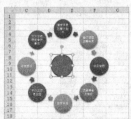

step⑭ 在工作表中调整插入的形状的大小

与位置，使其效果如下图所示。

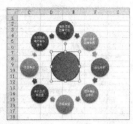

step⑮ 选择【格式】选项卡，单击【形状样式】组中的【其他】下拉按钮，从弹出的列表中选择一种样式，将其应用于圆形图形之上。

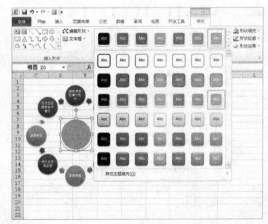

step⑯ 选择【插入】选项卡，在【文本】组中单击【文本框】下拉按钮，在弹出的下拉列表中选中【横排文本框】选项。

step⑰ 按住鼠标左键不放，在工作表中绘制如下图所示的横排文本框。

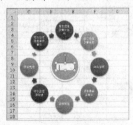

step⑱ 在绘制的文本框中输入 LEAN，然后右击文本框，在弹出的菜单中选中【设置形状格式】命令，打开【设置形状格式】对话框。

step⑲ 在【设置形状格式】对话框左侧的列表框中选中【文本框】选项，在右侧的列表框中单击【垂直对齐方式】下拉按钮，在弹出的下拉列表中选中【中部对齐】选项。

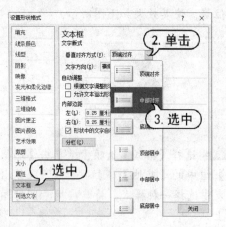

step 20 在【上】【下】【左】和【右】文本框中输入0厘米。

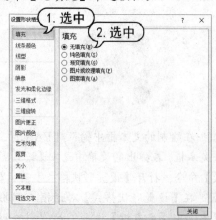

step 21 在【设置形状格式】对话框左侧的列表框中选中【填充】选项，在右侧的列表框中选中【无填充】单选按钮。

step 22 在【设置形状格式】对话框左侧的列表框中选中【线条颜色】选项，在右侧的列

表框中选中【无线条】单选按钮。

step 23 在【设置形状格式】对话框中单击【关闭】按钮，文本框的效果如下图所示。

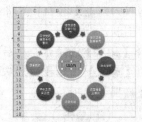

step 24 选中图形中的横排文本框，在【开始】选项卡的【字体】组中单击【字号】下拉按钮，在弹出的下拉列表中选中【20】选项，单击【字体颜色】下拉按钮，在弹出的下拉列表中选中【红色】选项。

step 25 选择【插入】选项卡，在【文本】组中单击【艺术字】下拉按钮，在弹出的下拉列表中选中【渐变填充-黑色】选项，在工作表中插入艺术字。

step 26 在【开始】选项卡的【字体】组中单击【字号】下拉按钮，在弹出的下拉列表中选择【32】选项。

step 27 将工作表中的艺术字复制多份，调整

其位置，并输入不同的文字内容，完成后的效果如下图所示。

step 28 单击【保存】按钮，将"项目实施流程图"工作簿保存。

【例5-18】使用 Excel 2010 制作一个办公用品领用程序表。

视频+素材 (素材文件\第 05 章\例 5-18)

step 1 打开"办公用品领用登记表"工作簿后，选择【插入】选项卡，在【插图】组中单击【形状】下拉按钮，在弹出的下拉列表中选中【流程图：过程】选项。

step 2 在表格中绘制如下图所示的形状。

step 3 右击绘制的形状，在弹出的菜单中选

中【设置形状格式】命令，打开【设置形状格式】对话框，并在左侧的列表框中选中【填充】选项。

step 4 在对话框右侧的列表框中选中【渐变填充】单选按钮，然后拖动【渐变光圈】滑块，调整渐变光圈参数。

step 5 在上图中单击【关闭】按钮，关闭【设置形状格式】对话框。选择【插入】选项卡，在【文本】组中单击【艺术字】下拉按钮，在弹出的下拉列表中选中【填充-红色，强调文字颜色2】选项，插入艺术字。

step 6 在插入的艺术字文本框中输入"办公用品领用程序图"，选择【开始】选项卡，在【字号】下拉列表中设置艺术字的大小为28，并调整其位置，效果如下图所示。

step 7 选择【插入】选项卡，在【插图】组

中单击 SmartArt 按钮。

step 8 打开【选择 SmartArt 图形】对话框，在对话框左侧的列表中选中【流程】选项，在右侧的列表中选中【分段流程】选项，然后单击【确定】按钮。

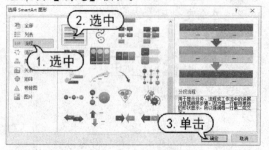

step 9 调整工作表中插入的 SmartArt 图形的大小和位置，使其效果如下图所示。

step 10 将鼠标指针插入 SmartArt 图形中，输入相应的文本。

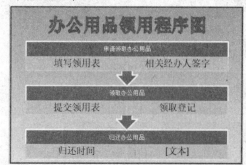

step 11 选中 SmartArt 图形右下角的文本框，按下 Delete 键，将其删除。

step 12 选择【插入】选项卡，在【文本】组中单击【文本框】下拉按钮，在弹出的下拉列表中选中【横排文本框】选项。

step 13 在工作表的图形下方绘制如下图所示的文本框。

step 14 在文本框中输入办公用品领用的相关注意事项文本，如下图所示。

step 15 选中文本框，选择【开始】选项卡，在【字体】组中单击【字号】下拉按钮，在弹出的下拉列表中选中【8】选项。

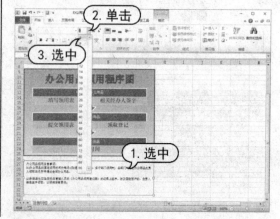

step 16 单击【字体颜色】下拉按钮 Aˇ，在弹出的下拉列表中选中【深蓝】选项。

step 17 右击文本框，在弹出的菜单中选中【设置形状格式】命令，打开【设置形状格式】对话框。

step 18 在【设置形状格式】对话框左侧的列表中选中【线型】选项，在右侧的列表框中单击【短画线类型】下拉按钮，在弹出的下拉列表中选中【短画线】选项。

step 19 在【设置形状格式】对话框左侧的列表中选中【线条颜色】选项，在右侧的列表中单击【颜色】下拉按钮，在弹出的下拉列表中选中【深蓝】选项。

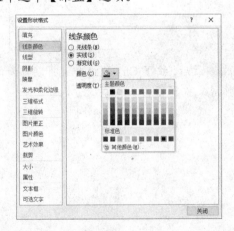

step 20 在【设置形状格式】对话框左侧的列表中选中【填充】选项，在右侧的列表中选中【图案填充】单选按钮。

step 21 单击【前景色】下拉按钮，在弹出的下拉列表中选中【白色】选项。

step 22 单击【背景色】下拉按钮，在弹出的下拉列表中选中【蓝色，强调文字颜色 1，淡色 80%】选项。

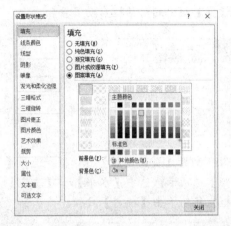

step 23 在【图案填充】列表框中选中【深色上对角线】选项，然后单击【关闭】按钮。

step 24 此时，工作表中的文本框效果如下图所示。

step 25 调整工作表中形状、SmartArt 图形和文本框的大小和位置。

step 26 选择【页面布局】选项卡，单击【页面设置】组中的对话框启动器按钮 。

step 27 打开【页面设置】对话框，选择【页边距】选项卡，选中【水平】和【垂直】复选框，然后单击【确定】按钮。

step 28 按下 Ctrl+P 组合键，进入【打印】界面，在打印参数设置区域中单击 A4 下拉按钮，从弹出的下拉列表中选择 B5(ISO)选项。

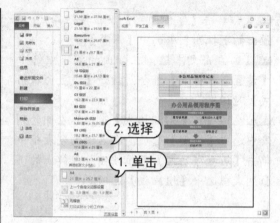

step 29 单击【打印机】按钮，在弹出的列表中选择合适的打印机型号。

step 30 在【份数】文本框中输入 5，设置打印 5 份表格文档，然后单击【打印】按钮执行打印操作，开始打印制作的"办公用品领用程序表"。

step 31 最后，按下 Ctrl+S 组合键将制作好的工作簿文件保存。

第6章

Excel 2010 公式与函数

分析和处理 Excel 工作表中的数据时，离不开公式和函数。公式和函数不仅可以帮助用户快速并准确地计算表格中的数据，还可以解决办公中的各种查询与统计问题。本章将对函数与公式的定义、单元格引用、公式的运算符等方面的知识进行讲解。

 **本章对应视频**

6.1 使用公式

公式是以"="号为引导,通过运算符按照一定的顺序组合进行数据运算和处理的等式,函数则是按特定算法执行计算的产生一个或一组结构的预定义的特殊公式。公式的组成元素为等号"="、运算符和常量、单元格引用、函数、名称等,如下表所示。

Excel 公式的组成元素

公 式	说 明
=18*2+17*3	包含常量运算的公式
=A2*5+A3*3	包含单元格引用的公式
=销售额*奖金系数	包含名称的公式
=SUM(B1*5,C1*3)	包含函数的公式

由于公式的作用是计算结果,在 Excel 中,公式必须要返回一个值。

6.1.1 输入公式

在 Excel 中,当以=号作为开始在单元格中输入数据时,软件将自动切换成输入公式状态,以+、-号作为开始输入时,软件会自动在其前面加上等号并切换成输入公式状态。

在 Excel 的公式输入状态下,使用鼠标选中其他单元格区域时,被选中区域将作为引用自动输入公式中。

6.1.2 编辑公式

按下 Enter 键或者 Ctrl+Shift+Enter 键,可以结束普通公式和数组公式的输入或编辑状态。如果用户需要对单元格中的公式进行修改,可以使用以下 3 种方法:

➤ 选中公式所在的单元格,然后按下 F2 键。

➤ 双击公式所在的单元格。

➤ 选中公式所在的单元格,单击窗口中的编辑栏。

6.1.3 删除公式

选中公式所在的单元格,按下 Delete 键可以清除单元格中的全部内容,或者进入单元格编辑状态后,将光标放置在某个位置并按下 Delete 键或 Backspace 键,删除光标后面或前面的公式部分内容。当用户需要删除多个单元格数组公式时,必须选中其所在的全部单元格再按下 Delete 键。

6.1.4 复制与填充公式

如果用户要在表格中使用相同的计算方法,可以通过【复制】和【粘贴】功能实现操作。此外,还可以根据表格的具体制作要求,使用不同方法在单元格区域中填充公式,以提高工作效率。

【例 6-1】在"员工信息表"中使用公式计算员工工资。

视频+素材 (素材文件\第 06 章\例 6-1)

step 1 打开"员工信息表"工作簿后,在 K1 单元格中输入"实发工资",在 K2 单元格中输入以下公式，并按下 Enter 键：

step 2 采用以下几种方法可以将 K2 单元格中的公式应用到计算方法相同的 K3：K15 单元格区域。

▶ 拖动 K2 单元格右下角的填充柄：将鼠标指针置于单元格右下角，当鼠标指针变为黑色十字形状时，按住鼠标左键向下拖动至 K15 单元格。

▶ 双击 K2 单元格右下角的填充柄：选中 K2 单元格后，双击该单元格右下角的填充柄，公式将向下填充到其相邻列第一个空白单元格的上一行，即 K15 单元格。

▶ 使用快捷键：选择 K2：K15 单元格区域，按下 Ctrl+D 键，或者选择【开始】选项卡，在【编辑】组中单击【填充】下拉按钮，在弹出的下拉列表中选择【向下】命令(当需要将公式向右复制时，可以按下 Ctrl+R 键)。

▶ 使用选择性粘贴：选中 K2 单元格，在【开始】选项卡的【剪贴板】组中单击【复制】按钮，或者按下 Ctrl+C 键，然后选择 K3：K15 单元格区域，在【剪贴板】组中单击【粘贴】按钮，在弹出的菜单中选择【公式】命令。

6.2　认识公式运算符

运算符用于对公式中的元素进行特定的运算，或者用来连接需要运算的数据对象，并说明进行了哪种公式运算。Excel 中包含算术运算符、比较运算符、文本运算符和引用运算符 4 种类型的运算符，其说明如下表所示。

Excel 公式中的运算符简介

符　　号	说　　明
-	负号，算术运算符。例如，=10*-5=-50
%	百分号，算术运算符。例如，=50*8%=4
^	乘幂，算术运算符。例如，5^2=25
*和/	乘和除，算术运算符。例如 6*3/9=2
+和-	加和减，算术运算符。例如 =5+7-12=0
=,<>,>,<,>=,<=	等于、不等于、大于、小于、大于等于和小于等于，比较运算符。例如： =(B1=B2) 判断 B1 与 B2 相等 =(A1<>"K01") 判断 A1 不等于 K01 =(A1>=1) 判断 A1 大于等于 1
&	连接文本，文本运算符。例如 ="Excel"&"应用案例" 返回"Excel 应用案例"

(续表)

符　号	说　明
:	冒号，区域运算符。例如 =SUM(A1:E6) 引用冒号两边所引用的单元格为左上角和右下角之间的单元格组成的矩形区域
(单个空格)	单个空格，交叉运算符。例如 =SUM(A1:E6 C3:F9) 引用 A1:E6 与 C3:F9 的交叉区域 C3:E6
,	逗号，联合运算符。例如 =RANK(A1,(A1:A5,B1:B5)) 第二参数引用 A1:A5 和 B1:B5 两个不连续的区域

在上表中，算术运算符主要包含加、减、乘、除、百分比以及乘幂等各种常规的算术运算；比较运算符主要用于比较数据的大小，包括对文本或数值的比较；文本运算符主要用于将文本字符或字符串进行连接与合并；引用运算符是 Excel 特有的运算符，主要用于在工作表中产生单元格引用。

6.2.1　数据的比较原则

在 Excel 中，数据可以分为文本、数值、逻辑值、错误值等几种类型。其中，文本用一对半角双引号" "所包含的内容来表示，例如"Date"是由 4 个字符组成的文本。日期与时间是数值的特殊表现形式，数值 1 表示 1 天。逻辑值只有 TRUE 和 FALSE 两个，错误值主要有#VALUE!、#DIV/0!、#NAME?、#N/A、#REF!、#NUM!、#NULL!等几种组成形式。

除了错误值以外，文本、数值与逻辑值比较时按照以下顺序排列：

…、-2、-1、0、1、2、…、A~Z、FALSE、TRUE

即数值小于文本，文本小于逻辑值，错误值不参与排序。

6.2.2　运算符的优先级

如果公式中同时用到多个运算符，Excel将会依照运算符的优先级来依次完成运算。如果公式中包含相同优先级的运算符，例如，公式中同时包含乘法和除法运算符，则 Excel 将从左到右进行计算。如下表所示的是 Excel 中的运算符优先级。其中，运算符优先级从上到下依次降低。

运算符的优先级

运算符	含　义
:(冒号) (单个空格) ,(逗号)	引用运算符
-	负号
%	百分比
^	乘幂
* 和 /	乘和除
+ 和 -	加和减
&	连接两个文本字符串
=、<、>、<=、>=、<>	比较运算符

如果要更改求值的顺序，可以将公式中需要先计算的部分用括号括起来。例如，公式=8+2*4 的值是 16，因为 Excel 2010 按先乘除后加减的顺序进行运算，即先将 2 与 4 相乘，然后再加上 8，得到结果 16。若在该公式上添加括号，即公式=(8+2)*4，则 Excel 2010 先用 8 加上 2，再用结果乘以 4，得到结果 40。

6.3　理解公式的常量

在 Excel 公式中，可以输入包含数值的单元格引用或数值本身，其中数值或单元格引用称为常量。

6.3.1　常量参数

公式中可以使用常量进行运算。常量指的是在运算过程中自身不会改变的值，但是公式以及公式产生的结果都不是常量。

➤ 数值常量，如：

=(3+9)* 制作三角函数查询表 5/2

➤ 日期常量，如：

DATEDIF("2019-10-10",NOW(),"m")

➤ 文本常量，如：

"I Love"&"You"

➤ 逻辑值常量，如：

=VLOOKIP("王小燕",A:B,2,FALSE)

➤ 错误值常量，如：

=COUNTIF(A:A,#DIV/0!)

1. 数值与逻辑值转换

在公式运算中逻辑值与数值的关系如下：

➤ 在四则运算及乘幂、开方运算中，TRUE=1，FALSE=0。

➤ 在逻辑判断中，0=FALSE，所有非 0 数值=TRUE。

➤ 在比较运算中，数值<文本<FLASE< TRUE。

2. 文本型数字与数值转换

文本型数字可以作为数值直接参与四则运算，但当此类数据以数组或者单元格引用的形式作为某些统计函数（如 SUM、AVERAGE、COUNT 和 COUNTA 函数等）的参数时，将被视为文本来运算。例如，在

A1 单元格中输入数值 1，在 A2 单元格中输入前置单引号的数字'2，则对数值 1 和文本型数字 2 的运算如下所示。

➤ =A1+A2：文本 2 参与四则运算被转换为数值，返回 3。

➤ =SUM(A1：A2)：文本 2 在单元格中视为文本，未被 SUM 函数统计，返回 1。

➤ =SUM(1, "2")：文本 2 直接作为参数视为数值，返回 3。

➤ =COUNT(1, "2")：文本 2 直接作为参数视为数值，返回 2。

➤ =COUNT({1, "2"})：文本 2 在常量数组中视为文本，可被 COUNTA 函数统计，但不被 COUNT 函数统计，返回 1。

➤ =COUNTA({1, "2"})：文本 2 在常量数组中视为文本，可被 COUNTA 函数统计，返回 2。

6.3.2　常用常量

以公式 1 和公式 2 为例介绍公式中的常用常量，这两个公式分别可以返回表格中 A 列单元格区域中最后一个数值型和文本型的数据，如下图所示。

公式 1：

=LOOKUP(9E+307,A:A)

公式 2：

=LOOKUP("龠",A:A)

在公式 1 中，9E+307 是数值 9 乘以 10 的 307 次方的科学记数法表示形式，也可以写作 9E307。根据 Excel 计算规范限制，在单元格中允许输入的最大值为 9.99999999999999E+ 307，因此采用较为接近限制值且一般不会使用到的一个大数 9E+307 来简化公式输入，

用于在 A 列中查找最后一个数值。

在公式 2 中，使用"龠"(yuè)字的原理与 9E+307 相似，是接近字符集中最大全角字符的单字，此外也常用"座"或者 REPT(" 座",255)来产生一串"很大"的文本，以查找 A 列中的最后一个数值型数据。

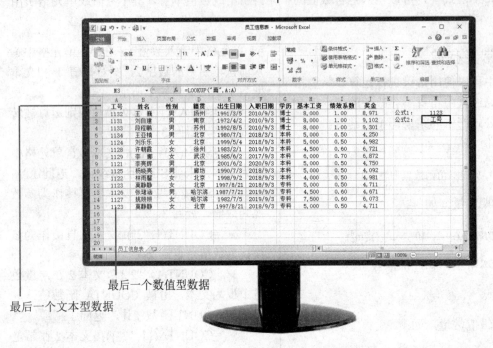

最后一个数值型数据

最后一个文本型数据

公式1和公式2的运行结果

6.3.3 数组常量

在 Excel 中，数组是由一个或者多个元素按照行列排列方式组成的集合，这些元素可以是文本、数值、日期、逻辑值或错误值等。数组常量的所有组成元素为常量数据，其中文本必须使用半角双引号将首尾标识出来。具体表示方法为：用一对大括号{}将构成数组的常量包括起来，并以半角分号";"间隔行元素、以半角逗号","间隔列元素。

数组常量根据尺寸和方向的不同，可以分为一维数组和二维数组。只有 1 个元素的数组称为单元素数组，只有 1 行的一维数组又可称为水平数组，只有 1 列的一维数组又可以称为垂直数组，具有多行多列(包含两行两列)的数组称为二维数组，例如：

➤ 单 元 素 数 组：{1}，可 以 使 用 =ROW(A1)或者=COLUMN(A1)返回。

➤ 一维水平数组：{1,2,3,4,5}，可以使用=COLUMN(A:E)返回。

➤ 一维垂直数组：{1;2;3;4;5}，可以使用=ROW(1:5)返回。

➤ 二维数组：{0, "不及格";60, "及格"; 70,"中";80, "良";90, "优"}。

6.4 单元格的引用

Excel 工作簿可以由多张工作表组成，单元格是工作表中最小的组成元素，以窗口左上角第一个单元格为原点，向下向右分别为行、列坐标的正方向，由此构成单元格在工作表上所处位置的坐标集合。在公式中使用坐标方式表示单元格在工作中的"地址"，实现对存储于单元格中的数据调用，这种方法称为单元格的引用。

6.4.1　相对引用

相对引用通过当前单元格与目标单元格的相对位置来定位引用单元格。

相对引用包含了当前单元格与公式所在单元格的相对位置。默认设置下，Excel 使用的都是相对引用，当改变公式所在单元格的位置时，引用也会随之改变。

【例6-2】通过相对引用将 K2 单元格中的公式复制到 K3:K15 单元格区域中。

🎬 视频+素材 (素材文件\第 06 章\例 6-2)

step 1 在 K2 单元格中输入公式：=H2+J2 后，将鼠标光标移至单元格 K2 右下角的控制点▪，当鼠标指针呈十字形状后，按住左键并拖动选定 K3: K15 单元格区域。

step 2 释放鼠标，即可将 K2 单元格中的公式复制到 K3: K15 单元格区域中。

6.4.2　绝对引用

绝对引用就是公式中单元格的精确地址，与包含公式的单元格的位置无关。绝对引用与相对引用的区别在于：复制公式时使用绝对引用，则单元格引用不会发生变化。绝对引用的操作方法是，在列标和行号前分别加上美元符号$。例如，$B$2 表示单元格 B2 的绝对引用，而$B$2:$E$5 表示单元格区

域 B2:E5 的绝对引用。

step 1 以例 6-2 为例，若在 K2 单元格中输入公式：=$H$2+$J$2，将鼠标光标移至单元格 K2 右下角的控制点▪，当鼠标指针呈十字形状后，按住左键并拖动选定 K3: K15 区域。

step 2 释放鼠标，将会发现在 K3: K15 区域中显示的引用结果与 K2 单元格中的结果相同。

6.4.3　混合引用

混合引用指的是在一个单元格引用中，既有绝对引用，同时也包含相对引用，即混合引用具有绝对列和相对行，或具有绝对行和相对列。绝对引用列采用 $A1、$B1 的形式，绝对引用行采用 A$1、B$1 的形式。如果公式所在单元格的位置改变，则相对引用改变，而绝对引用不变。如果多行或多列地复制公式，相对引用自动调整，而绝对引用不做调整。

step 1 以例 6-2 为例，若在 K2 单元格中输入公式：=$H2+J$2，其中$H2 是绝对列和相对行形式，J$2 是绝对行和相对列形式，按下 Enter 键后即可得到合计数值。

step 2 将鼠标光标移至单元格 K2 右下角的控制点▪，当鼠标指针呈十字形状，按住左键并拖动选定 K3: K15 区域。释放鼠标，混合引用填充公式，此时相对引用地址改变，而绝对引用地址不变。例如，将 K2 单元格中的公式填充到 K3 单元格中，公式将调整为：=$H3+J$2。

C	D	E	F	G	H		J	K
性别	籍贯	出生日期	入职日期	学历	基本工资	绩效系数	奖金	实发工资
男	扬州	1991/3/5	2010/9/3	硕士	8,000	1.00	8,971	16,971
男	南京	1972/4/2	2010/9/3	博士	8,000	1.00	9,102	=$H3+J$2
男	苏州	1992/8/5	2010/9/3	硕士	8,000	1.00	9,301	16,971
男	北京	1980/7/1	2018/3/1	本科	5,000	0.50	4,250	13,971
女	北京	1999/5/4	2018/9/3	本科	5,000	0.50	4,982	13,971
女	徐州	1983/2/1	2019/9/3	本科	4,500	0.60	6,721	13,471
女	武汉	1985/6/2	2017/9/3	本科	4,000	0.70	6,872	14,971
男	北京	2001/6/2	2020/9/3	本科	5,000	0.50	4,750	13,971
男	廊坊	1990/7/3	2018/9/3	本科	5,000	0.50	4,092	13,971
男	北京	1998/9/2	2018/9/3	本科	4,000	0.50	4,981	12,971
女	北京	1997/8/21	2018/9/3	专科	5,000	0.50	4,711	13,971
男	哈尔滨	1987/7/21	2018/9/3	本科	4,000	0.60	4,671	13,471
女	哈尔滨	1982/7/5	2019/9/3	本科	7,500	0.60	6,073	16,471
女	北京	1997/8/21	2018/9/3	本科	5,000		4,711	13,971

综上所述，如果用户需要在复制公式时能够固定引用某个单元格地址，则需要使用绝对引用符号$，加在行号或列号的前面。

在 Excel 中，用户可以使用 F4 键在各种引用类型中循环切换，其顺序如下。

绝对引用→行绝对列相对引用→行相对列绝对引用→相对引用.

以公式=A2 为例，在单元格中输入公式后按 4 下 F4 键，将依次变为：

=$A$2→=A$2→=$A2→=A2

6.4.4 合并区域引用

Excel 除了允许对单个单元格或多个连续的单元格进行引用以外，还支持对同一工作表中不连续的单元格区域进行引用，称为"合并区域"引用，用户可以使用联合运算符"," 将各个区域的引用间隔开，并在两端添加半角括号( )将其包含在内。

【例6-3】在工作表中通过合并区域引用计算员工收入排名。

视频+素材 (素材文件\第 06 章\例6-3)

step① 打开工作表后，在 E2 单元格中输入以下公式，并将公式向下复制到 E8 单元格。

	A	B	C	D	E	F	G	H	I	J
	姓名	基本工资	奖金	实发工资	收入排名	姓名	基本工资	奖金	实发工资	收入排名
1	王 颖	8,000	8,971	16,971	3	李英辉	5,000	4,750	9,750	
2	刘自建	8,000	9,102	17,102	2	杨晓亮	5,000	4,092	9,092	
3	段程鹏	8,000	9,301	17,301	1	林雨馨	4,000	4,981	8,981	
4	王亚楠	5,000	4,250	9,250	11	黄静静	5,000	4,711	9,711	
5	刘乐乐	5,000	4,982	9,982	7	张博端	5,000	4,671	9,171	
6	许朝霞	4,500	6,721	11,221	6	铁珠珠	7,500	6,073	13,573	
7	李 郷	6,000	6,872	12,872		黄静静	5,000	4,711	9,711	

=RANK(D2,($D$2:$D$8,$I$2:$I$8))

step② 选择 E2:E8 单元格区域后，按下 Ctrl+C 键执行【复制】命令，然后选中 J2 单元格按下 Ctrl+V 组合键执行【粘贴】命令。

	A	B	C	D	E	F	G	H	I	J
	姓名	基本工资	奖金	实发工资	收入排名	姓名	基本工资	奖金	实发工资	收入排名
1	王 颖	8,000	8,971	16,971	3	李英辉	5,000	4,750	9,750	9
2	刘自建	8,000	9,102	17,102	2	杨晓亮	5,000	4,092	9,092	13
3	段程鹏	8,000	9,301	17,301	1	林雨馨	4,000	4,981	8,981	14
4	王亚楠	5,000	4,250	9,250	11	黄静静	5,000	4,711	9,711	8
5	刘乐乐	5,000	4,982	9,982	7	张博端	5,000	4,671	9,171	12
6	许朝霞	4,500	6,721	11,221	6	铁珠珠	7,500	6,073	13,573	4
7	李 郷	6,000	6,872	12,872		黄静静	5,000	4,711	9,711	

在本例所用公式中：

($D$2:$D$8,$I$2:$I$8)

为合并区域引用。

6.5 工作簿和工作表的引用

本节将介绍在 Excel 公式中引用当前工作簿中其他工作表和其他工作簿中工作表单元格区域的方法。

6.5.1 引用其他工作表数据

如果用户需要在公式中引用当前工作簿中其他工作表内的单元格区域，可以在公式编辑状态下使用鼠标单击相应的工作表标签，切换到该工作表选取需要的单元格区域。

【例6-4】通过跨表引用其他工作表区域，统计员工工资总额。

视频+素材 (素材文件\第 06 章\例6-4)

step① 打开工作簿后，选择"实发工资"工作表，选中 C2 单元格，并输入公式：

=SUM(

	A	B	C	D	E
1	工号	姓名	实发工资		
2	1132	王 颖	=SUM(		
3	1131	刘自建			
4	1133	段程鹏			
5	1134	王亚楠			
6	1124	刘乐乐			
7	1128	许朝霞			
8	1129	李 郷			

工资+奖金　实发工资

step ② 切换至"工资+奖金"工作表，选择 B2:C2 单元格区域，然后按下 Enter 键即可。

	A	B	C	D	E
AVERAGE			=SUM('工资+奖金'!B2:C2		
1	姓名	基本工资	奖金		
2	王　巍	8,000	8,973		
3	刘自建	8,000	SUM(number1, [number2], ...)		
4	段程鹏	8,000	9,301		
5	王亚楠	5,000	4,250		
6	刘乐乐	5,000	4,982		
7	许朝霞	4,500	6,721		
8	李　娜	6,000	6,872		
9					

step ③ 此时，在编辑栏中将自动在引用前添加工作表名称：

　　=SUM('工资+奖金'!B2:C2)

　　跨表引用的表示方式为"工作表名+半角感叹号+引用区域"。当所引用的工作表名是以数字开头或者包含空格以及$、%、~、!、@、^、&、(、)、+、-、=、|、"、;、{、}等特殊字符时，公式中被引用的工作表名称将被一对半角单引号包含，例如将例 6-4 中的"工资+奖金"工作表修改为"员工工资"，则跨表引用公式将变为：

　　=SUM(员工工资!B2:C2)

　　在使用 INDIRECT 函数进行跨表引用时，如果被引用的工作表名称包含空格或者上述字符，需要在工作表名前后加上半角单引号才能正确返回结果。

6.5.2　引用其他工作簿数据

　　当用户需要在公式中引用其他工作簿中工作表内的单元格区域时，公式的表示方式将为"[工作簿名称]工作表名!单元格引用"，例如新建一个工作簿，并对例 6-4 中"工资+奖金"工作表内 B2：C2 单元格区域求和，公式如下：

　　=SUM('[员工信息表.xlsx]工资+奖金'!$B$2:$C$2)

　　当被引用单元格所在的工作簿关闭时，公式中将在工作簿名称前自动加上引用工作簿文件的路径。当路径或工作簿名称、工作表名称之一包含空格或相关特殊字符时，感叹号之前的部分需要使用一对半角单引号包含。

6.6　表格与结构化引用

　　在 Excel 2010 中，用户可以在【插入】选项卡的【表格】组中单击【表格】按钮，或按下 Ctrl+T 键，创建一个表格，用于组织和分析工作表中的数据。

【例 6-5】在"员工信息表"工作表中使用表格与结构化引用汇总数据。
▶视频+素材 (素材文件\第 06 章\例 6-5)

step ① 打开"员工信息表"工作表后，选中 A1:K15 单元格区域，按下 Ctrl+T 键打开【创建表】对话框，并单击【确定】按钮。

单击

step ② 选择表格中的任意单元格，在【设计】选项卡的【属性】组中，在【表名称】文本框中将默认的【表1】修改为【员工信息】。

	A	B	C	D	E
	工号	姓名	性别	籍贯	出生日期
2	1132	王　巍	男	扬州	1991/3/5
3	1131	刘自建	男	南京	1972/4/2
4	1133	段程鹏	男	苏州	1992/8/5
5	1134	王亚楠	男	北京	1980/7/1
6	1124	刘乐乐	女	北京	1999/5/4
7	1128	许朝霞	女	徐州	1983/2/1
8	1129	李　娜	女	武汉	1985/6/2
9	1121	李亮辉	男	北京	2001/6/2
10	1125	杨晓亮	男	廊坊	1990/7/3

step ③ 在【表格样式选项】组中，选中【汇总行】复选框，在 A16：K16 单元格区域将显示【汇总】行。

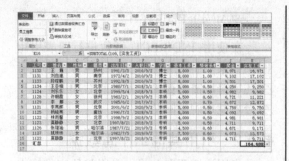

step 4 单击 K16 单元格中的下拉按钮,在弹出的下拉列表中选择【平均值】命令,将自动在该单元格中生成如下图所示的公式。

=SUBTOTAL(101,[实发工资])

在以上公式中使用"[实发工资]"表示 K2:K15 单元格区域,并且可以随着"表格"区域的增加与减少自动改变引用范围。这种以类似字段名方式表示单元格区域的方法称为"结构化引用"。

一般情况下,结构化引用包含以下几个元素。

▶ 表名称:例如例 6-5 中步骤(2)设置的"员工信息",可以单独使用表格名称来引用除标题行和汇总行以外的"表格"区域。

▶ 列标题:例如例 6-5 步骤(4)公式中的"[实发工资]",用方括号包含,引用的是该列除标题和汇总以外的数据区域。

▶ 表字段:共有[#全部]、[#数据]、[#标题]、[#汇总]4 项,其中[#全部]引用"表格"区域中的全部(含标题行、数据区域和汇总行)单元格。

6.7 使用函数

Excel 中的函数与公式一样,都可以快速计算数据。公式是由用户自行设计的对单元格进行计算和处理的表达式,而函数则是在 Excel 中已经被软件定义好的公式。

6.7.1 函数的基础知识

用户在 Excel 中输入和编辑函数之前,首先应掌握函数的基本知识。

1. 函数的结构

在公式中使用函数时,通常由表示公式开始的"="号、函数名称、左括号、以半角逗号相间隔的参数和右括号构成,此外,公式中允许使用多个函数或计算式,通过运算符进行连接。

=函数名称(参数 1,参数 2,参数 3,…)

有的函数可以允许多个参数,如 SUM(A1:A5,C1:C5)使用了两个参数。另外,也有一些函数没有参数或不需要参数,例如,

NOW 函数、RAND 函数等没有参数,ROW 函数、COLUMN 函数等则可以省略参数返回公式所在的单元格行号、列标数。

函数的参数,可以由数值、日期和文本等元素组成,也可以使用常量、数组、单元格引用或其他函数。当使用函数作为另一个函数的参数时,称为函数的嵌套。

2. 函数的参数

Excel 函数的参数可以是常量、逻辑值、数组、错误值、单元格引用或嵌套函数等(其指定的参数都必须为有效参数值),其各自的含义如下。

▶ 常量:指的是不进行计算且不会发生改变的值,如数字 100 与文本"家庭日常支

出情况"都是常量。

> 逻辑值：逻辑值即 TRUE(真值)或 FALSE(假值)。

> 数组：用于建立可生成多个结果或可对在行和列中排列的一组参数进行计算的单个公式。

> 错误值：即#N/A、空值或_等值。

> 单元格引用：用于表示单元格在工作表中所处位置的坐标集。

> 嵌套函数：嵌套函数就是将某个函数或公式作为另一个函数的参数使用。

3. 函数的分类

Excel 函数包括【自动求和】【最近使用的函数】【财务】【逻辑】【文本】【日期和时间】【查找与引用】【数学和三角函数】以及【其他函数】几大类上百个具体函数，每个函数的应用各不相同。例如，常用函数包括 SUM(求和)、AVERAGE(计算算术平均数)、ISPMT、IF、HYPERLINK、COUNT、MAX、SIN、SUMIF、PMT。

在常用函数中，使用频率最高的是 SUM 函数，其作用是返回某一单元格区域中所有数字之和，例如=SUM(A1:G10)，表示对 A1:G10 单元格区域内所有数据求和。SUM 函数的语法是：

SUM(number1,number2, ...)

其中，number1, number2, ...为 1 到 30 个需要求和的参数。说明如下：

> 直接输入参数表中的数字、逻辑值及数字的文本表达式将被计算。

> 如果参数为数组或引用，只有其中的数字将被计算。数组或引用中的空白单元格、逻辑值、文本或错误值将被忽略。

> 如果参数为错误值或为不能转换成数字的文本，将会导致计算错误。

4. 函数的易失性

有时，用户打开一个工作簿不做任何编

辑就关闭，Excel 会提示"是否保存对文档的更改？"。这种情况可能是因为该工作簿中用到了具有 Volatile 特性的函数，即"易失性函数"。这种特性表现在使用易失性函数后，每激活一个单元格或者在一个单元格中输入数据，甚至只是打开工作簿，具有易失性的函数都会自动重新计算。易失性函数在以下条件下不会引发自动重新计算：

> 工作簿的重新计算模式被设置为【手动计算】时。

> 当手动设置列宽、行高而不是双击调整为合适列宽时(但隐藏行或设置行高值为 0 除外)。

> 当设置单元格格式或其他更改显示属性的设置时。

> 激活单元格或编辑单元格内容但按 Esc 键取消。

常见的易失性函数有以下几种。

> 获取随机数的 RAND 和 RANDBE-TWEEN 函数，每次编辑会自动产生新的随机值。

> 获取当前日期、时间的 TODAY、NOW 函数，每次返回当前系统的日期、时间。

> 返回单元格引用的 OFFSET、INDIR-ECT 函数，每次编辑都会重新定位实际的引用区域。

> 获取单元格信息的 CELL 函数和 INFO 函数，每次编辑都会刷新相关信息。

此外，SUMF 函数与 INDEX 函数在实际应用中，当公式的引用区域具有不确定性时，每当其他单元格被重新编辑，也会引发工作簿重新计算。

6.7.2 函数的输入与编辑

用户可以直接在单元格中输入函数，也可以在【公式】选项卡的【函数库】组中使用 Excel 内置的列表实现函数的输入。

【例 6-6】在"本月财务支出统计表"中的 D12 单元格中插入求平均值函数。
🔘 视频+素材 (素材文件\第 06 章\例 6-6)

step 1 打开"本月财务支出统计表"工作表后,选择【公式】选项卡,在【函数库】组中单击【其他函数】下拉按钮,在弹出的菜单中选择【统计】|AVERAGE选项。

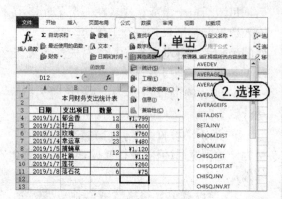

step 2 打开【函数参数】对话框,在AVER-AGE选项区域的Number1文本框中输入计算平均值的范围,这里输入D4:D11。

step 3 在上图中单击【确定】按钮,此时即可在D12单元格中显示计算结果。

用户在运用函数进行计算时,有时需要对函数进行编辑,编辑函数的方法很简单,下面将通过一个实例详细介绍。

【例6-7】在"本月财务支出统计表"编辑表格中已有的函数。

视频+素材 (素材文件\第06章\例6-7)

step 1 继续例6-6的操作,选择需要编辑函数的D12单元格,单击【插入函数】按钮。

step 2 在打开的【函数参数】对话框中将Number1文本框中的单元格地址更改为D4:D8。单击【确定】按钮后,即可在工作表中的D12单元格内看到编辑后的结果。

此外,用户在熟练掌握函数的使用方法后,也可以直接选择需要编辑的单元格,在编辑栏中对函数进行编辑。

6.7.3 函数的应用案例

Excel软件提供了多种函数进行数据的计算和应用,比如统计与求和函数、日期和时间函数、查找和引用函数等。下面将通过实例讲解几个常用函数的具体应用。

1. 基本计数

对工作表中的数据进行计数统计是一般用户经常要用到的操作。Excel提供了一些常用的基本计数函数,例如 COUNT、CIUNTA 和 CUNTBLANK,可以帮助用户实现简单的统计需求。

实现多工作表数据统计

下图所示为三个组的当月业绩考核表。

选中【汇总】工作表后,若需要统计三个组中的业绩总计值,可以使用以下公式:

=SUM(一组:三组!B:B)

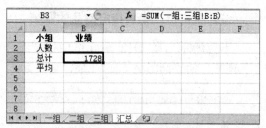

若希望计算业绩平均值，则可以使用以下公式：

=AVERAGE(一组:三组!B:B)

若希望计算三个组的总人数，可以使用以下公式：

=COUNT(一组:三组!B:B)

动态引用区域数据

下图所示为学生考试成绩表，在 G4 单元格中使用公式：

=COUNTA(OFFSET($A$1,1,3,COUNT($D:$D)))

可以验证动态引用区域记录的个数。

2. 条件统计

若用户需要根据特定条件对数据进行统计，例如在成绩表中统计某个班级的人数、在销售分析表中统计品牌数等，可以利用条件统计函数进行处理。

使用单一条件统计数量

下图所示为员工信息表，每位员工只会在该表中出现一次，如果要在 J3 单元格中统计"籍贯"为"北京"的员工人数，可以使用以下公式：

=COUNTIF($D$2:$D$14,I4)

向下复制公式，可以分别统计出不同籍贯员工的人数。

使用多个条件统计数量

下图所示为在考试成绩表中使用公式：

=COUNTIF($C2:$F2,">90")-COUNTIF($C2:$F2,">95")

在 H2:H14 区域统计学生每次单元考试成绩在 90~95 分的次数。

在以上公式中，得分大于 90 的记录必定包含得分大于 95 的记录,因此两者相减得出统计结果。

3. 单条件求和

SUMIF 函数主要用于针对单个条件的统计求和,其使用方法如下。

汇总指定数据

下图所示为员工当日每单的成交量,使用公式返回指定员工的业绩汇总。

F3 单元格中的公式如下:

`=SUMIF(B2:B14,F2,C2:C14)`

	A	B	C	D	E	F
1	学号	姓名	业绩		单科成绩统计	
2	1121	李亮辉	96		学号	杜芳芳
3	1122	林雨馨	92		总分	91
4	1123	莫静静	91			
5	1124	刘乐乐	96		大于90的业绩	
6	1125	杨晓亮	82		统计	
7	1126	张珺涵	96			
8	1127	姚妍妍	83			
9	1128	许朝霞	93			
10	1129	李娜	87			
11	1130	杜芳芳	91			
12	1131	刘自建	82			
13	1132	王巍	96			
14	1133	段程鹏	82			
15						

统计指定数量以上的记录数量

如果要在上图中的 F6 单元格中统计业绩大于 90 的记录的汇总,可以使用公式,如下图所示:

`=SUMIF(C2:C14,">90")`

	A	B	C	D	E	F
1	学号	姓名	业绩		单科成绩统计	
2	1121	李亮辉	96		学号	杜芳芳
3	1122	林雨馨	92		总分	91
4	1123	莫静静	91			
5	1124	刘乐乐	96		大于90的业绩	
6	1125	杨晓亮	82		统计	751
7	1126	张珺涵	96			
8	1127	姚妍妍	83			
9	1128	许朝霞	93			
10	1129	李娜	87			
11	1130	杜芳芳	91			
12	1131	刘自建	82			
13	1132	王巍	96			
14	1133	段程鹏	82			
15						

4. 多条件求和

当用户需要针对多个条件组合的数据求和时,可以利用 SUMIFS 函数实现。

统计指定员工销售指定商品的业绩

下图所示为在 D12 单元格中指定统计"李亮辉"销售商品 A 的总业绩,公式为:

`=SUMIFS($D$2:$H$9,$A$2:$E$9,$G$12,$C$2:$G$9,$H$12)`

	A	B	C	D	E	F	G	H
1	工号	姓名	商品	业绩	工号	姓名	商品	业绩
2	1121	李亮辉	A	99	1121	王巍	C	99
3	1126	张珺涵	A	96	1126	李亮辉	B	96
4	1121	李亮辉	B	93	1121	李亮辉	A	93
5	1132	王巍	A	87	1132	李亮辉	C	87
6	1126	张珺涵	C	91	1126	张珺涵	C	91
7	1121	李亮辉	A	90	1121	李亮辉	C	90
8	1121	李亮辉	B	93	1121	李亮辉	A	93
9	1132	王巍	A	88	1132	李亮辉	C	88
10								
11					业绩统计		工号	商品
12					375		1121	A
13								

与 SUMIF 函数一样,除了直接以"文本字符串"输入统计条件以外,SUMIFS 函数也支持直接引用"统计条件"单元格进行统计,以上公式针对指定的两个条件,分别在"工号"区域和"商品"区域中。

5. 统计指定条件平均值

在统计包含指定条件的平均值时有多种方法,下面将举例介绍。

统计员工平均业绩

下图所示为各销售部门当日的销售业绩,在 H2:H4 区域中使用以下公式:

`=AVERAGEIF($A$2:$A$10,$F2,$D$2:$D$10)`

可以计算各部门销售业绩的平均值。

	A	B	C	D	E	F	G	H
1	部门	姓名	性别	业绩		部门	人数	业绩平均
2	销售A	李亮辉	男	156		销售A	4	126.3
3	销售A	林雨馨	女	98		销售B	3	90.3
4	销售A	莫静静	女	112		销售C	3	157.5
5	销售A	刘乐乐	女	139				
6	销售B	许朝霞	女	93				
7	销售B	段程鹏	男	87				
8	销售B	杜芳芳	女	91				
9	销售C	杨晓亮	男	132				
10	销售C	张珺涵	男	183				
11								

统计成绩大于等于平均分的总平均分

下图所示为在考试成绩表中统计各科成绩中大于等于平均分的总平均分。

其中，在 D18 单元格利用 SUMIF 函数和 COUNTIF 函数统计，公式如下：

=SUMIF(C$2:C$14,">="&AVERAGE(C$2:C$14))
/COUNTIF(C$2:C$14,">="&AVERAGE(C$2:C$14))

在 D19 单元格利用条件平均值 AVERA-GEIF 函数的公式如下：

=AVERAGEIF(C$2:C$14,">="&AVERAGE(C$2:C$14))

6. 查找常规表格数据

VLOOKUP 函数是用户在查找表格数据时，使用频率非常高的一个函数。下面将举例介绍该函数的使用方法。

查询学生班级和姓名信息

下图所示为根据 G2 单元格中的学号查询学生姓名，G3 单元格中的公式为：

=VLOOKUP(G2,$A$1:$D$14,2)

在 G6 单元格中使用以下公式：

=VLOOKUP(G5,$B$1:$D$14,2)

由于 B 列"姓名"未进行排序，使用模糊匹配查找结果将返回错误值"#N/A"。

因此应该使用精确匹配方式进行查找(第 4 个参数为 0)，将公式改为：

=VLOOKUP(G5,$B$1:$D$14,2,0)

返回结果如下图所示。

在 G9 单元格中输入公式：

=VLOOKUP(G8,$A$1:$D$14,2)

可以在 G9 单元格中，根据学号查询学生的姓名，如下图所示。

查询学生的详细信息

下图所示为在工作表中根据学生的学号查找学生的详细信息。

返回信息表中的第 1 至 4 列中的信息，输入以下公式，然后将公式横向复制即可：

=VLOOKUP($G$2,$A$1:$D$14,COLUMN(A1),0)&""

以上公式添加"&"""字符串,主要用于避免查询结果为空时返回0值。

查询学生的成绩信息

下图所示为利用公式对学生的成绩进行查询,G4单元格中的公式为:

=IFERROR(VLOOKUP($F4,$B$1:$D$14,COLUMNS($B:$D),),"查无此人")

若查询学生姓名存在于数据表中,将在G列返回其成绩,否则显示"查无此人"。

以上公式主要使用VLOOKUP函数进行学生姓名查询,公式中使用的IFERROR函数使公式变得简洁,当VLOOKUP函数返回错误值(即没有该学生的信息)时,函数将返回"查无此人",否则直接返回VLOOKUP函数的查询结果。另外,公式中利用COLUMNS函数返回数据表区域的总列数,可以避免人为对区域列数的手工计算,直接返回指定区域中最后一列的序列号,再将其作为参数传递给VLOOKUP函数,返回查询结果。

7. 查找与定位

MATCH函数是Excel中常用的查找定位函数,它主要用于确定查找值在查找范围中的位置,主要用于以下几个方面。

▶ 确定数据表中某个数据的位置。

▶ 对某个查找条件进行检验,确定目标数据是否存在于某个列表中。

▶ 由于MATCH函数的第1个参数支持数组,该函数也常用于数组公式的重复值判断。

下面将举例介绍MATCH函数的用法。

判断表格中的记录是否重复

下图所示为在"辅助列"使用公式:

=IF(MATCH(B2,$B$2:$B$17,0)=ROW(A1),"","重复记录")

判断员工姓名是否存在重复。公式中利用查找当前行的员工姓名在姓名列表中的位置进行判断,如果相等,判断为唯一记录,否则判断为"重复记录"。另外,由于公式从B2:B17进行查找,因此返回的序号需要使用ROW(A1)函数从自然数1开始比较。

8. 根据指定条件提取数据

INDEX函数是Excel中常用的引用类函数,该函数可以根据用户在一个范围内指定的行号和列号来返回值。下面将举例介绍该函数的用法。

隔行提取数据

下图所示为从左侧的数据表中隔行提取数据,F3单元格中的公式如下:

=INDEX($C$3:$C$8,ROW(A1)*2-1)

G3 单元格中的公式如下：

=INDEX($C$3:$C$8,ROW(A1)*2)

以上公式主要利用 ROW 函数生成公差为 2 的自然数序列，再利用 INDEX 函数提取出数据。

9. 合并单元格区域中的文本

在工作中，当需要将多个文本连接生成新的文本字符串时，可以使用以下几种方法：

- ▶ 使用文本合并运算符 "&"。
- ▶ 使用 CONCATENATE 函数。
- ▶ 使用 PHONETIC 函数。

合并员工姓名和籍贯

下图所示为在 D 列合并 A 列和 B 列存放的员工姓名和籍贯数据。在 D2:D6 单元格区域中使用以下几个公式，可以实现相同的效果：

=A2&B2

=CONCATENATE(A2,B2)

=PHONETIC(A2:B2)

10. 计算指定条件的日期

利用 DATE 函数，用户可以根据数据表中的日期，计算指定年后的日期数据。

计算员工退休日期

下图所示为在员工信息表中，计算员工的退休日期 (以男性 60 岁退休，女性 55 岁退休为例)，其中 H2 单元格中的公式为：

=DATE(LEFT(E2,4)+IF(C2="男",
60,55),MID(E2,5,2),RIGHT(E2,2)+1)

以上公式中利用文本提取函数从 E2 单元格的出生日期中分别提取年、月、日，同时根据年龄的要求，公式对员工性别进行了判断，从而确定应该增加的年龄数，最后利用 DATE 函数生成最终的退休日期。

6.8　案例演练

本章的案例演练部分将通过多个实例介绍 Excel 中常用公式与函数的使用方法。

【例 6-8】将日期转换为星期。

视频+素材 (素材文件\第 06 章\例 6-8)

step① 在下图所示工作表的 E2 单元格中输入公式：

=TEXT(D2,"aaaa")

step 2 按下 Ctrl+Enter 键，即可在 E2 单元格中将 D2 单元格内的日期转换为星期，向下复制公式，效果如下图所示。

step 3 在 F2 单元格中输入以下公式，并向下复制公式，效果如下图所示。

=TEXT(D2,"aaa")

【例6-9】隐藏表格中身份证号码和联系电话中指定的字符。

（素材文件\第06章\例6-9）

step 1 在下图所示工作表的 F2 单元格中输入公式：

=REPLACE(D2,7,8,"****")

step 2 按下 Ctrl+Enter 键，即可在 F2 单元格中引用 D2 单元格中的身份证号，并用"*"号替代其中第6位后的4位数字。向下复制公式，效果如下图所示。

step 3 在 G2 单元格中输入以下公式，按下 Ctrl+Enter 键，可以在该单元格中引用 E2 单元格中的联系电话，并用"*"号替代其中第3位后的4个数字。

=REPLACE(E2,4,4,"****")

向下复制公式后，效果如下图所示。

【例6-10】计算员工加班时长。

（素材文件\第06章\例6-10）

step 1 在下图所示工作表的 E3 单元格中输入公式：

=TEXT(D3-C3," h 小时 m 分" ")

step 2 按下 Ctrl+Enter 键，即可在 E3 单元格中根据 C3 和 D3 单元格中记录的时间计算出员工的加班时间。

step 3 向下复制公式，效果如下图所示。

E3 =TEXT(D3-C3,"h 小时 m 分"")

计算员工加班时长				
工号	姓名	加班开始时间	加班结束时间	加班时长
1121	李亮辉	19:00	19:32	0 小时 32 分"
1122	林雨馨	19:00	20:07	1 小时 7 分"
1123	莫静静	19:00	21:12	2 小时 12 分"
1124	刘乐乐	19:00	19:12	0 小时 12 分"
1125	杨晓亮	19:00	22:11	3 小时 11 分"
1126	张珺涵	19:00	19:48	0 小时 48 分"
1127	姚妍妍	19:00	20:45	1 小时 45 分"
1128	许朝霞	19:00	19:13	0 小时 13 分"
1129	王亚茹	19:00	19:29	0 小时 29 分"
1130	杜芳芳	19:00	19:34	0 小时 34 分"
1131	刘自建	19:00	20:54	1 小时 54 分"
1132	王晓伟	19:00	21:12	2 小时 12 分"
1133	段程鹏	19:00	22:09	3 小时 9 分"

【例 6-11】将阿拉伯数字转换为中文。

视频+素材 (素材文件\第 06 章\例 6-11)

step 1 在下图所示工作表的 D2 单元格中输入公式：

=NUMBERSTRING(C2,3)

LOOKUP =NUMBERSTRING(C2, 3)

姓名	性别	编号	大写1	大写2	大写3
刘小辉	男	4750	STRING(C2, 3)		
董建涛	男	8000			
许知远	男	8000			
徐克义	女	4981			
张芳宁	女	4711			
徐凯杰	女	4500			
王志远	女	4500			
王秀婷	女	3000			
马文哲	女	6000			
邹一超	男	5000			
陈明明	男	2500			
王启元	男	8000			
王志远	女	4982			

step 2 按下 Ctrl+Enter 键，即可在 D2 单元格中将 C2 单元格中的阿拉伯数字转换成中文数字。向下复制公式，效果如下图所示。

D2 =NUMBERSTRING(C2, 3)

姓名	性别	编号	大写1	大写2	大写3
刘小辉	男	4750	四七五〇		
董建涛	男	8000	八〇〇〇		
许知远	男	8000	八〇〇〇		
徐克义	女	4981	四九八一		
张芳宁	女	4711	四七一一		
徐凯杰	女	4500	四五〇〇		
王志远	女	4500	四五〇〇		
王秀婷	女	3000	三〇〇〇		
马文哲	女	6000	六〇〇〇		
邹一超	男	5000	五〇〇〇		
陈明明	男	2500	二五〇〇		
王启元	男	8000	八〇〇〇		
王志远	女	4982	四九八二		

step 3 在 E2 单元格中输入公式：

=NUMBERSTRING(C2,2)

按下 Ctrl+Enter 键，并向下复制公式，效果如下图所示。

E2 =NUMBERSTRING(C2, 2)

姓名	性别	编号	大写1	大写2	大写3
刘小辉	男	4750	四七五〇	肆仟柒佰伍拾	
董建涛	男	8000	八〇〇〇	捌仟	
许知远	男	8000	八〇〇〇	捌仟	
徐克义	女	4981	四九八一	肆仟玖佰捌拾壹	
张芳宁	女	4711	四七一一	肆仟柒佰壹拾壹	
徐凯杰	女	4500	四五〇〇	肆仟伍佰	
王志远	女	4500	四五〇〇	肆仟伍佰	
王秀婷	女	3000	三〇〇〇	叁仟	
马文哲	女	6000	六〇〇〇	陆仟	
邹一超	男	5000	五〇〇〇	伍仟	
陈明明	男	2500	二五〇〇	贰仟伍佰	
王启元	男	8000	八〇〇〇	捌仟	
王志远	女	4982	四九八二	肆仟玖佰捌拾贰	

step 4 在 F2 单元格中输入公式：

=NUMBERSTRING(C2,1)

按下 Ctrl+Enter 键，并向下复制公式，效果如下图所示。

F2 =NUMBERSTRING(C2, 1)

姓名	性别	编号	大写1	大写2	大写3
刘小辉	男	4750	四七五〇	肆仟柒佰伍拾	四千七百五十
董建涛	男	8000	八〇〇〇	捌仟	八千
许知远	男	8000	八〇〇〇	捌仟	八千
徐克义	女	4981	四九八一	肆仟玖佰捌拾壹	四千九百八十一
张芳宁	女	4711	四七一一	肆仟柒佰壹拾壹	四千七百一十一
徐凯杰	女	4500	四五〇〇	肆仟伍佰	四千五百
王志远	女	4500	四五〇〇	肆仟伍佰	四千五百
王秀婷	女	3000	三〇〇〇	叁仟	三千
马文哲	女	6000	六〇〇〇	陆仟	六千
邹一超	男	5000	五〇〇〇	伍仟	五千
陈明明	男	2500	二五〇〇	贰仟伍佰	二千五百
王启元	男	8000	八〇〇〇	捌仟	八千
王志远	女	4982	四九八二	肆仟玖佰捌拾贰	四千九百八十二

【例 6-12】使用公式对单元格中的数字进行星级评价。

视频+素材 (素材文件\第 06 章\例 6-12)

step 1 在下图所示工作表的 F2 单元格中输入公式：

=REPT("★",E2)

LOOKUP =REPT("★",E2)

编号	姓名	性别	入职日期	等级	星级评价
1	刘小辉	男	2020/9/3		=REPT("★",E2)
2	董建涛	男	2010/9/3	4	
3	许知远	男	2010/9/3	2	
4	徐克义	女	2018/9/3	5	
5	张芳宁	女	2018/9/3	5	
6	徐凯杰	女	2019/9/3	2	
7	王志远	女	2019/9/3	5	
8	王秀婷	女	2017/9/3	1	
9	马文哲	女	2017/9/3	3	
10	邹一超	男	2018/9/3	3	
11	陈明明	男	2019/9/3	2	
12	王启元	男	2010/9/3	2	
13	王志远	女	2018/9/3	3	

step 2 按下 Ctrl+Enter 键，即可在 F2 单元中用★符号表示 E2 单元格中的数字。向下复制公式，效果如下图所示。

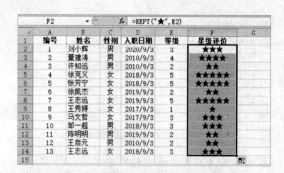

【例6-13】 在表格中对数据快速求和。

視頻+素材 (素材文件\第06章\例6-13)

step ① 打开下图所示的表格，选中 B1:F25 区域后，按下 F5 键，打开【定位】对话框，然后单击【定位条件】按钮。

step ② 打开【定位条件】对话框，选中【空值】单选按钮，单击【确定】按钮。

step ③ 选择【公式】选项卡，单击【函数库】组中的【自动求和】按钮。

step ④ 此时，Excel 将在选中的单元格中对表格数据进行求和计算。

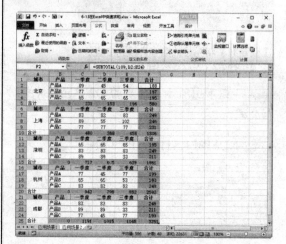

第7章

Excel 2010 数据分析

　　Excel 中的数据透视表是一种交互式的表，可以进行某些计算，如求和与计数等。本章将通过介绍如何创建数据透视表、设置数据透视表的格式、在数据透视表中进行排序和筛选等操作，帮助用户掌握使用数据透视表分析数据的方法。

本章对应视频

7.1 数据透视表简介

数据透视表是用来从 Excel 数据列表、关系数据库文件或 OLAP 多维数据集中的特殊字段中总结信息的分析工具。它是一种交互式报表，可以快速分类汇总、比较大量的数据，并可以随时选择其中页、行和列中的不同元素，以达到快速查看源数据的不同统计结果，用时还可以随意显示和打印出用户所感兴趣区域的明细数据。

1. 数据透视表的优点

数据透视表综合了数据排序、筛选、分类汇总等数据分析功能的优点，可以方便地调整分类汇总的方式，灵活地以多种不同方式展开数据特征。在一张"数据透视表"中，用户仅靠鼠标移动字段位置，即可变换出各种类型的报表。

数据透视表是许多办公人员最常用的 Excel 数据分析工具之一。

2. 数据透视表的用途

在日常办公中，数据透视表是一个能够对大量数据快速汇总并建立交叉列表的交互式动态表格，能够帮助用户分析、组织数据。例如，计算平均数或标准差、建立关联表、计算百分比、建立新的数据子集等。在创建数据透视表后，用户可以对数据透视表重新设置，以便在工作中可以从不同的角度查看数据。数据透视表的名字来源于它具有"透视"表格的能力，从大量看似无关的数据中寻找数据背后的联系，从而将纷繁复杂的数据转换为有价值的信息，以供研究和使用。

以下图所示的数据列表为例，数据列表中显示了一家公司的销售数据清单。清单中包括业务类型、销售地区、品名/规格、数量、销售金额、销售员等。

用于创建数据透视表的数据列表

利用数据透视表只需要几步简单的操作，就可以将这张表的数据变成能够提供价值信息的报表。

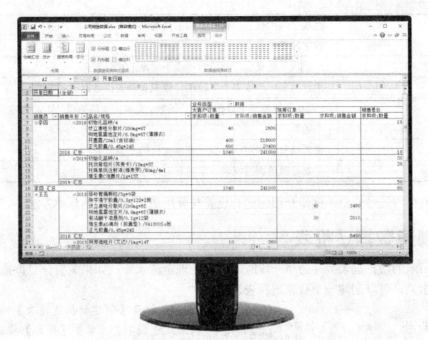

根据数据列表创建的数据透视表

此数据透视表显示了不同销售员在不同年份，不同业务类型中所销售的产品数量和销售金额汇总。

3. 数据透视表的数据组织

在 Excel 中用户可以从 4 种类型的数据源中创建数据透视表。

▶ Excel 数据列表：如果用户以 Excel 数据列表作为数据源，则数据列表的标题行不能有空白单元格或者合并的单元格，否则不能生成数据透视表，Excel 会弹出下图所示的提示对话框。

▶ 外部数据源：如文本文件、Microsoft SQL Server 数据库、Microsoft Access 数据库、dBASE 数据库、多维数据集等。

▶ 多个独立的 Excel 数据列表：数据透视表在创建的过程中可以将各个独立表格中的数据信息汇总到一起。

▶ 其他数据透视表：在 Excel 中创建完成的数据透视表也可以作为数据源来创建另一个数据透视表。

4. 数据透视表中的术语

数据透视表中的术语如下表所示。

数据透视表中的术语

数据源	从中创建数据透视表的数据列表或多维数据集
轴	数据透视表中的一维，如行、列、页
列字段	信息的种类，等价于数据列表中的列
行字段	在数据透视表中具有行方向的字段
页字段	在数据透视表中进行分页的字段
字段标题	描述字段内容的标志。可以通过拖动字段标题对数据透视表进行透视

(续表)

项目	组成字段的成员。例如上面的数据透视表中 2018 和 2019 就是组成销售年份字段的项目
组	一组项目的集合，可以自动或手动地为项目组合
透视	通过改变一个或多个字段的位置来重新安排数据透视表
汇总函数	Excel 计算表格中数据的值的函数。文本和数值的默认汇总函数为计数和求和函数
分类汇总	数据透视表中对一行或一列单元格的分类汇总
刷新	重新计算数据透视表，反映目前数据源的状态

下面我们将通过实例，逐步介绍创建、设置与使用数据透视表的具体方法。

7.2 创建数据透视表

下图所示的数据列表为某公司一段时间以内的现金流水账。如果需要分月份按部门统计费用的发生额，可以创建一个数据透视表来实现。

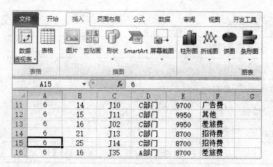

【例 7-1】快速创建数据透视表。

视频+素材 (素材文件\第 07 章\例 7-1)

step 1 选中上图中数据列表内的任意单元格，选择【插入】选项卡，单击【数据透视表】按钮。

step 2 打开【创建数据透视表】对话框，保持默认选项不变，单击【确定】按钮。

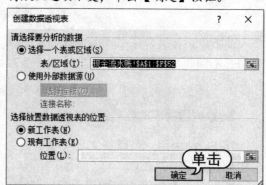

step 3 此时，将创建一张空的数据透视表。

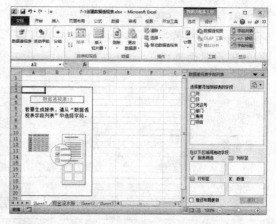

step 4 在打开的【数据透视表字段列表】窗格的【选择要添加到报表的字段】列表框中，

分别将【月】和【费用】这两个字段拖动至【行标签】和【数值】区域，将它们添加到数据透视表中。

step 5 在【选择要添加到报表的字段】列表框中，将【部门】字段拖动至【列标签】区域，使该字段显示在数据透视表中。

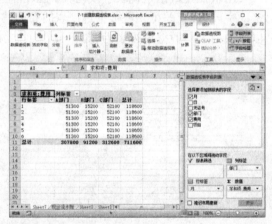

step 6 最终，创建完成的数据透视表的效果如下图所示。

	A	B	C	D	E	F
1						
2						
3	求和项:费用	列标签 ▼				
4	行标签 ▼	A部门	B部门	C部门	总计	
5	1	51300	15200	52100	118600	
6	2	51300	15200	52100	118600	
7	3	51300	15200	52100	118600	
8	4	51300	15200	52100	118600	
9	5	51300	15200	52100	118600	
10	6	51300	15200	52100	118600	
11	总计	307800	91200	312600	711600	
12						

完成数据透视表的创建后，在【数据透视表字段列表】窗格中选中具体的字段，将

其拖动到窗格底部的【报表筛选】【列标签】【行标签】和【数值】区域，可以调整字段在数据透视表中显示的位置。

调整字段的显示位置后，数据透视表也将发生变化。

	A	B	C	D	E
1	日	(全部) ▼			
2					
3	求和项:费用	列标签 ▼			
4	行标签 ▼	A部门	B部门	C部门	总计
5	⊟1	51300	15200	52100	118600
6	差旅费	21200		15050	36250
7	广告费	10100		9700	19800
8	其他	5000	5000	9950	19950
9	招待费	15000	10200	17400	42600
10	⊟2	51300	15200	52100	118600
11	差旅费	21200		15050	36250
12	广告费	10100		9700	19800
13	其他	5000	5000	9950	19950
14	招待费	15000	10200	17400	42600
15	⊟3	51300	15200	52100	118600
16	差旅费	21200		15050	36250
17	广告费	10100		9700	19800
18	其他	5000	5000	9950	19950
19	招待费	15000	10200	17400	42600
20	⊟4	51300	15200	52100	118600
21	差旅费	21200		15050	36250
22	广告费	10100		9700	19800
23	其他	5000	5000	9950	19950
24	招待费	15000	10200	17400	42600
25	⊟5	51300	15200	52100	118600
26	差旅费	21200		15050	36250
27	广告费	10100		9700	19800
28	其他	5000	5000	9950	19950
29	招待费	15000	10200	17400	42600
30	⊟6	51300	15200	52100	118600
31	差旅费	21200		15050	36250
32	广告费	10100		9700	19800
33	其他	5000	5000	9950	19950
34	招待费	15000	10200	17400	42600
35	总计	307800	91200	312600	711600
36					

在【数据透视表字段列表】窗格中，清晰地反映了数据透视表的结构，在该窗格中用户可以向数据透视表中添加、删除、移动字段，并设置字段的格式。

如果用户使用超大表格作为数据源创

建数据透视表，数据透视表在创建后可能
会有一些字段在【数据透视表字段列表】
窗格的【选择要添加到报表的字段】列表
中无法显示。此时，可以采用以下方法解
决问题。

step 1 单击【数据透视表字段列表】窗格右
上角的【工具】按钮，在弹出的菜单中选择【字
段节和区域节并排】选项。

step 2 此时，将展开【选择要添加到报表的
字段】列表框内的所有字段。

7.3 设置数据透视表布局

成功创建数据透视表后，用户可以通过对数据透视表布局的设置，使数据透视表能够满
足不同角度数据分析的需求。

7.3.1 使用经典数据透视表布局

右击数据透视表中的任意单元格，在
弹出的菜单中选择【数据透视表选项】命
令，打开【数据透视表选项】对话框，在
该对话框中选择【显示】选项卡，然后选
中【经典数据透视表布局(启用网格中的字
段拖放)】复选框，并单击【确定】按钮，
可以启用拖动方式创建数据透视表。

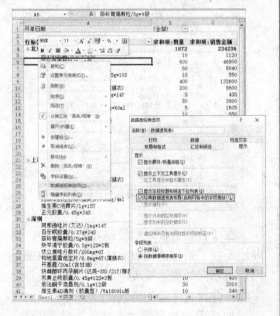

7.3.2 设置数据透视表整体布局

用户在【数据透视表字段列表】窗格中
拖动字段按钮，即可调整数据透视表的布局。
以下图所示的数据透视表为例。

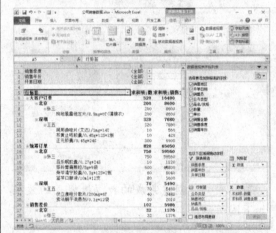

如果需要调整"销售地区"和"业务类
型"的结构次序，可以在【数据透视表字段
列表】窗格的【行标签】中拖动这两个字段
的位置。

此时，数据透视表的结构将发生改变。

7.3.3　设置数据透视表筛选区域

当字段显示在数据透视表的列区域或行区域时，将显示字段中的所有项。但如果字段位于筛选区域中，其所有项都将成为数据透视表的筛选条件。用户可以控制在数据透视表中只显示满足筛选条件的项。

1. 显示筛选字段的多个数据项

若用户需要对报表筛选字段中的多个项进行筛选，可以参考以下方法。

step 1　单击数据透视表筛选字段中【行标签】后的下拉按钮，在弹出的下拉列表中显示了报表筛选字段中的所有项。

step 2　选中报表筛选字段中需要筛选的项前面的复选框，然后单击【确定】按钮。

完成以上操作后，数据透视表的内容也

将发生相应的变化。

2. 显示报表筛选页

通过选择报表筛选字段中的项目，用户可以对数据透视表的内容进行筛选，筛选结果仍然显示在同一张表格内。

【例 7-2】快速生成数据分析报表。

🎬 视频+素材　(素材文件\第 07 章\例 7-2)

step 1　打开如下图所示的"公司销售数据"工作簿，选中 L1 单元格，单击【插入】选项卡中的【数据透视表】按钮。

step 2　打开【创建数据透视表】对话框，单击【表/区域】文本框后的按钮。

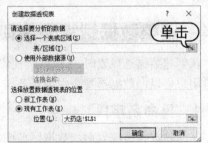

step 3　选中 A1: J48 单元格区域后按下 Enter 键。

step 4 返回【创建数据透视表】对话框,单击【确定】按钮,打开【数据透视表字段列表】窗格,将【行标签】区域中的【业务类型】和【销售员】字段拖动到【报表筛选】区域,将【开单日期】和【品名/规格】字段拖动到【行标签】区域,将【销售金额】和【数量】字段拖动到【数值】区域。

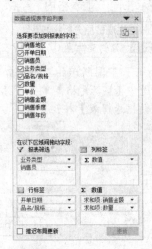

step 5 选中数据透视表中的任意单元格,单击【选项】选项卡中的【选项】下拉按钮,在弹出的列表中选择【显示报表筛选页】选项。

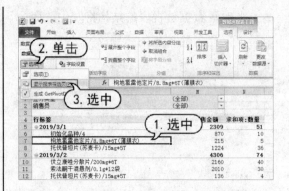

step 6 打开【显示报表筛选页】对话框,选中【销售员】选项,单击【确定】按钮。

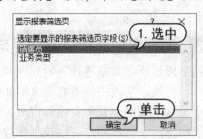

step 7 此时,Excel将根据【销售员】字段中的数据,创建对应的工作表。

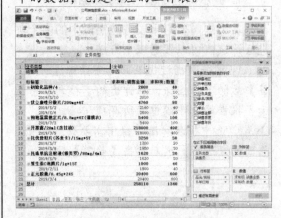

7.4　调整数据透视表字段

在创建数据透视表时,【数据透视表字段列表】窗格中反映了数据透视表的结构,通过该窗格用户可以向数据透视表中编辑各类字段,并设置字段的格式。

7.4.1　重命名字段

在创建数据透视表后,数据区域中添加的字段将被 Excel 自动重命名,例如"销售金额"变成了"求和项:销售金额","数量"变成了"求和项:数量",这样会增加字段所在列的列宽,使整个表格的整体效果较差。

若用户需要重命名字段的名称,可以直接修改数据透视表中的字段名称,方法是:

单击数据透视表中的列标题单元格"求和项：数量"，然后输入新的标题，并按下 Enter 键即可。

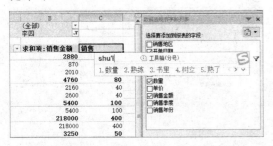

这里需要注意的是：数据透视表中每个字段的名称必须是唯一的，如果出现两个字段具有相同的名称，Excel 将打开提示对话框，提示字段名已存在。

7.4.2　删除字段

用户在使用数据透视表分析数据时，对于无用的字段可以通过【数据透视表字段列表】窗格将其删除。具体操作步骤如下。

step① 在【数据透视表字段列表】窗格中单击字段，在弹出的菜单中选择【删除字段】命令。

step② 此时，数据透视表中相应的字段将被删除。

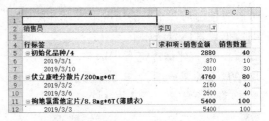

此外，在数据透视表中需要删除的字段上右击鼠标，在弹出的菜单中选择【删除"字段名"】(例如【删除"求和项：销售金额"】)，同样也可以实现删除字段的效果。

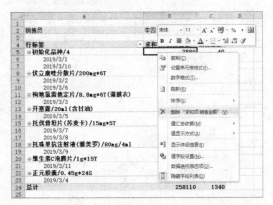

7.4.3　隐藏字段标题

若用户需要在数据透视表中显示行或列字段标题，可以参考以下方法实现。

step① 选中数据透视表中的任意单元格，然后选择【选项】选项卡，并单击下图所示的【字段标题】切换按钮，即可隐藏字段标题。

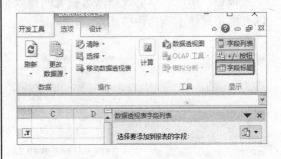

step② 再次单击【字段标题】切换按钮，可以显示被隐藏的字段标题。

7.4.4 折叠与展开活动字段

在数据透视表中折叠与展开活动字段，可以方便用户在不同的情况下显示和隐藏明细数据。具体方法如下。

step 1 选中数据透视表中的某一个字段或该字段下的某一项，在【选项】选项卡中单击【折叠整个字段】按钮 。

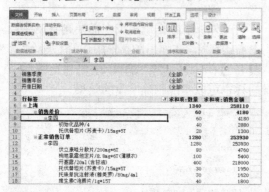

step 2 此时字段将折叠隐藏。

step 3 分别单击数据透视表中被隐藏字段前的【+】按钮，可以将具体的项分别展开，用于显示指定项的明细数据。

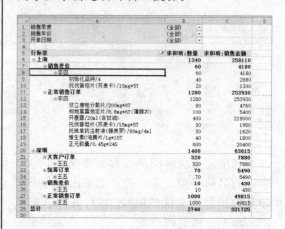

step 4 此外，在数据透视表中各项所在的单元格中双击鼠标也可以显示或隐藏某一项的明细数据。

数据透视表中的字段被折叠后，在【选项】选项卡中单击【活动字段】组中的【展开整个字段】按钮 ，可以展开所有字段。

> **实用技巧**
>
> 如果用户需要去掉数据透视表各字段前的【+】和【-】按钮，可以在选中数据透视表后，单击【选项】选项卡【显示】组中的【+/-切换】按钮。

7.5 更改数据透视表的报表格式

选中数据透视表后，在【设计】选项卡的【布局】组中单击下左图所示的【报表布局】下拉按钮，用户可以更改数据透视表的报表格式，包括以压缩形式显示、以大纲形式显示、以表格形式显示等几种格式。

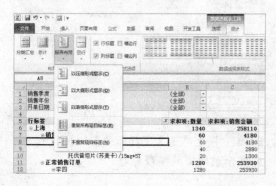

> **实用技巧**
>
> Excel默认以"以压缩形式显示"格式显示数据透视表。

使用不同的报表格式，可以满足不同数据分析的需求，以左图所示的数据透视表为例，如果在【报表布局】下拉列表中选择使用【以大纲形式显示】格式，数据透视表的效果将如下图所示。

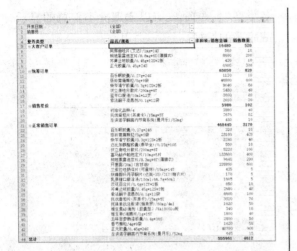

如果在【报表布局】下拉列表中选择使用【以表格形式显示】格式,数据透视表将更加直观、便于阅读。

如果用户需要将数据透视表中的空白字段填充相应的数据,使数据透视表数据完整,可以在【报表布局】下拉列表中选择【重复所有项目标签】选项(选择【不重复项目标签】选项,可以撤销数据透视表中重复项目的标签)。

7.6 显示数据透视表分类汇总

创建数据透视表后,Excel 默认在字段组的顶部显示分类汇总数据,用户可以通过多种方法设置分类汇总的显示方式或删除分类汇总。

1. 通过【设计】选项卡设置

选中数据透视表中的任意单元格后,在【设计】选项卡中单击【分类汇总】下拉按钮,可以从弹出的列表中设置【不显示分类汇总】【在组的底部显示所有分类汇总】或【在组的顶部显示所有分类汇总】。

2. 通过字段设置

通过字段设置可以设置分类汇总的显示形式。在数据透视表中选中【行标签】列中

的任意单元格,然后单击【选项】选项卡中的【字段设置】按钮。

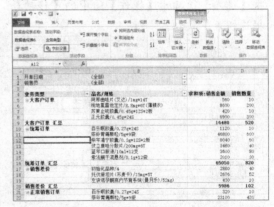

在打开的【字段设置】对话框中,用户可以通过选择【无】单选按钮,删除分类汇总的显示,或者选择【自定义】选项修改分类汇总显示的数据内容。

3. 通过右键菜单设置

右击数据透视表中字段名列中的单元格，在弹出的菜单中选择【分类汇总"字段名"】命令(例如下图所示的【分类汇总"业

务类型"】选项)，可以实现分类汇总的显示或隐藏的切换。

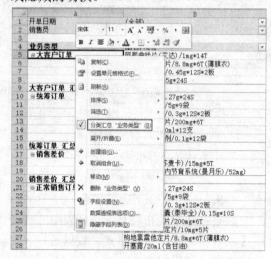

7.7 移动数据透视表

对于已经创建好的数据透视表，不仅可以在当前工作表中移动位置，还可以将其移动到其他工作表中。移动后的数据透视表保留原位置数据透视表的所有属性与设置，不用担心由于移动数据透视表而造成数据出错的故障。

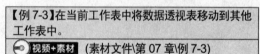

【例7-3】在当前工作表中将数据透视表移动到其他工作表中。

视频+素材 (素材文件\第07章\例7-3)

step 1 选中数据透视表中的任意单元格，单击【选项】选项卡【操作】组中的【移动数据透视表】按钮。

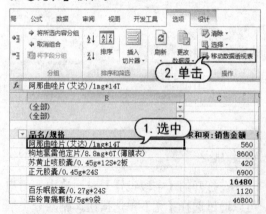

step 2 打开【移动数据透视表】对话框，选中【现有工作表】单选按钮。单击【位置】文本框后的按钮。

step 3 选择目标工作表的A1单元格，按下回车键，返回【移动数据透视表】对话框，单击【确定】按钮即可。

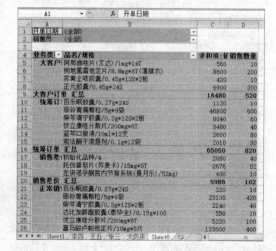

7.8 刷新数据透视表

当数据透视表的数据源发生改变时，用户就需要对数据透视表执行刷新操作，使其中的数据能够及时更新。

7.8.1 刷新当前数据透视表

在当前工作表中刷新数据透视表的方法有以下几种。

1. 手动刷新数据透视表

右击数据透视表中的任意单元格，在弹出的菜单中选择【刷新】命令。

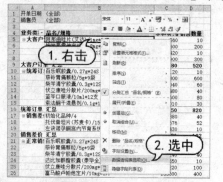

此外，单击【选项】选项卡【数据】组中的【刷新】按钮也可以实现对数据透视表的手动刷新。

2. 设置打开工作簿时刷新

用户可以通过设置数据透视表自动更新，设置包含数据透视表的工作簿在打开时自动刷新数据透视表。具体方法如下。

step ❶ 右击数据透视表中的任意单元格，在弹出的菜单中选择【数据透视表选项】命令。

step ❷ 打开【数据透视表选项】对话框，选

择【数据】选项卡，选中【打开文件时刷新数据】复选框，然后单击【确定】按钮。

3. 刷新链接在一起的数据表

当数据透视表用作其他数据透视表的数据源时，对其中任何一个数据透视表进行刷新，都会对与其链接的其他数据透视表刷新。

7.8.2 全部刷新数据透视表

如果要刷新的工作簿中包含多个数据透视表，选中某一个数据透视表中的任意单元格，在【选项】选项卡中单击【刷新】下拉按钮，从弹出的列表中选择【全部刷新】选项，即可全部刷新数据透视表。

7.9 排序数据透视表

数据透视表与普通数据表有着相似的排序功能和完全相同的排序规则。在普通数据表中可以实现的排序操作，在数据透视表中也可以实现。

7.9.1 排列字段项

以下图所示的数据表为例，如果要将【开单日期】列表中的字段项按【降序】排列，可以单击【行标签】右侧的□按钮，在弹出的列表中选择【降序】选项即可。

7.9.2 设置按值排序

以下图所示的数据透视表为例，要对数据透视表中的某项按从左到右升序排列，可以右击该项中的任意值，在弹出的菜单中选择【排序】|【其他排序选项】命令。

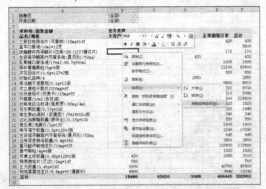

打开【按值排序】对话框，选中【升序】和【从左到右】单选按钮，然后单击【确定】按钮即可。

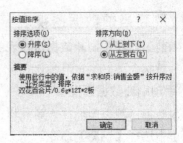

7.9.3 自动排序字段

设置数据透视表自动排序字段的方法如下。

step 1 右击数据透视表的行字段，在弹出的菜单中选择【排序】|【其他排序选项】命令。打开【排序】对话框，单击【其他选项】按钮。

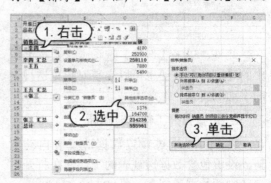

step 2 打开【其他排序选项】对话框，选中【每次更新报表时自动排序】复选框，单击【确定】按钮。

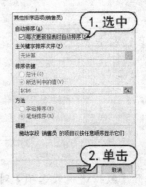

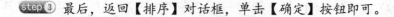

step ③ 最后，返回【排序】对话框，单击【确定】按钮即可。

7.10 使用数据透视表的切片器

切片器是 Excel 中自带的一个简便的筛选组件，它包含一组按钮。使用切片器可以方便地筛选出数据表中的数据。

7.10.1 插入切片器

要在数据透视表中筛选数据，首先需要插入切片器，选中数据透视表中的任意单元格，打开【选项】选项卡，在【排序和筛选】组中单击【插入切片器】按钮，在打开的【插入切片器】对话框中选中所需字段前面的复选框，然后单击【确定】按钮，即可显示插入的切片器。

插入的切片器像卡片一样显示在工作表内，在切片器中单击需要筛选的字段，如在下图所示的【业务类型】切片器里单击【正常销售订单】选项，在其他切片器里则会自动选中与之相关的项目名称，而且在数据透视表中也会显示相应的数据。

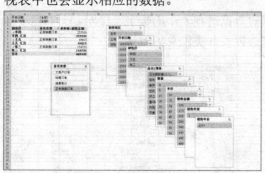

若单击筛选器右上角的【清除筛选器】按钮，即可清除对字段的筛选。另外，选中切片器后，将光标移动到切片器边框上，当光标变成形状时，按住鼠标左键进行拖动，可以调整切片器的位置。打开【切片器工具】的【选项】选项卡，在【大小】组中还可以设置切片器的大小。

7.10.2 筛选多个字段项

在切片器筛选框中，按住 Ctrl 键的同时可以选中多个字段项进行筛选。

7.10.3 共享切片器

当用户使用同一个数据源创建了多个数据透视表后，通过在切片器内设置数据表连接，可以使切片器实现共享，从而使多个数据透视表进行联动，每当筛选切片器内的一个字段项时，多个数据表会同时更新。

step ① 在下图所示的工作表内的任意一个数据透视表中插入【业务类型】字段的切片器。

step 2 单击切片器的空白区域,选择【选项】选项卡,单击【数据透视表连接】按钮。

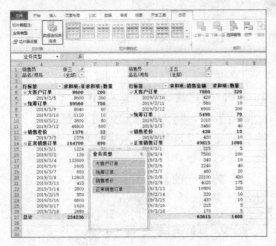

step 3 打开【数据透视表连接】对话框,选中其中的数据透视表4和5前的复选框,然后单击【确定】按钮。

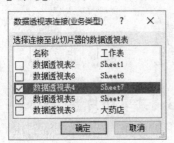

step 4 此时,在【业务类型】切片器中选择某一个字段项,工作表中的两个数据透视表将同时更新,显示与之相对应的数据。

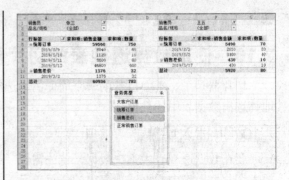

7.10.4 清除与删除切片器

要清除切片器的筛选器可以直接单击切片器右上方的【清除筛选器】按钮 ,或者右击切片器,在弹出的快捷菜单中选择【从"(切片器名称)"中清除筛选器】命令,即可清除筛选器。

要彻底删除切片器,只需在切片器内右击鼠标,在弹出的快捷菜单中选择【删除"(切片器名称)"】命令,即可删除该切片器。

7.11 组合数据透视表中的项目

使用数据透视表的项目组合功能,用户可以对数据透视表中的数字、日期、文本等不同类型的数据项采用多种组合方式,从而增强数据透视表分类汇总的效果。

7.11.1 组合指定项

以下图所示的数据透视表为例,若用户需要将【张三】【王五】和【李四】3个销售员的数据组合在一起,合并成为【销售小组】,可以执行以下操作。

销售员	业务类型	求和项:销售金额
⊟李四	销售差价	4180
	正常销售订单	253930
李四 汇总		258110
⊟王五	大客户订单	7880
	统筹订单	5490
	销售差价	430
	正常销售订单	49815
王五 汇总		63615
⊟张三	大客户订单	8600
	统筹订单	59560
	销售差价	1376
	正常销售订单	164700
张三 汇总		234236
总计		555961

step 1 在数据透视表中按住 Ctrl 键选中【张三】【王五】和【李四】字段项。

step 2 选择【选项】选项卡，单击【分组】组中的【将所选内容分组】按钮。

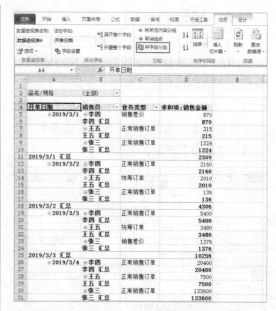

step 3 此时，Excel 将创建新的字段标题，并自动命名为"数据组 1"。

step 4 单击【数据组 1】单元格，输入新的名称"销售小组"即可。

7.11.2　组合日期项

对于数据透视表中的日期型数据，用户可以按秒、分、小时、日、月、季度、年等多种时间单位进行组合。具体方法如下。

step 1 选中下图所示数据透视表中【开单日期】列字段中的任意项，单击【选项】选项卡【分组】组中的【将字段分组】按钮。

step 2 打开【分组】对话框，在【步长】列表选择【日】选项，在【天数】文本框中输入 3，然后单击【确定】按钮。

step 3 此时，数据透视表效果如下图所示。

7.11.3 组合数字项

使用 Excel 提供的自动组合功能,可以方便地对数据透视表中的数值型字段执行组合操作。具体操作方法如下。

step 1 选中下图所示数据透视表中【数量】列字段中的任意项,单击【选项】选项卡中的【将字段分组】按钮。

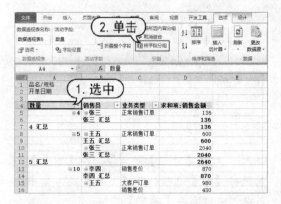

step 2 打开【组合】对话框,在【起始于】文本框中输入 0,在【终止于】文本框中输入 600,在【步长】文本框中输入 50,然后单击【确定】按钮。

step 3 此时,数据透视表效果如下图所示。

7.11.4 取消组合项

要取消数据透视表中组合的项目,可以右击该组合,在弹出的菜单中选择【取消组合】命令。

7.12 在数据透视表中计算数据

Excel 数据透视表默认对数据区域中的数值字段使用求和方式汇总,对非数值字段使用计数方式汇总。如果用户需要使用其他汇总方式(例如平均值、最大值、最小值等),可以在数据透视表数据区域中相应字段的单元格中右击鼠标,在弹出的菜单中选择【值字段设置】命令,打开【值字段设置】对话框进行设置。

7.12.1 对字段使用多种汇总方式

若用户需要对数据透视表中的某个字段同时使用多种汇总方式,可以在【数据透视表字段列表】窗格中将该字段多次添加进数据透视表的数值区域中。

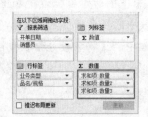

然后利用【值字段设置】对话框为数据透视表中的每列字段设置不同的汇总方式即可，如下图所示。

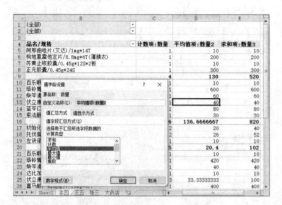

7.12.2　自定义数据值显示方式

若【值字段设置】对话框中 Excel 预设的汇总方式不能满足用户的需要，可以选择该对话框中的【值显示方式】选项卡，使用更多的计算方式汇总数据，例如全部汇总百分比、列汇总的百分比、行汇总的百分比、百分比、父行汇总的百分比等。

7.12.3　使用计算字段和计算项

在数据透视表中，Excel 不允许用户手动更改或者移动任何区域，也不能在数据透视表中插入单元格或添加公式进行计算。如果用户需要在数据透视表中执行自定义计算，就需要使用【插入计算字段】或【计算项】功能。

1. 使用计算字段

以下图所示的数据透视表为例，如果用户需要对其中的【销售金额】进行 3%的销售人员提成计算，可以执行以下操作。

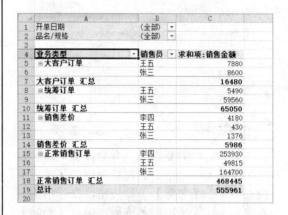

step 1 选中【销售金额】列字段中的任意项，选择【开始】选项卡，单击【单元格】组中的【插入】下拉按钮，在弹出的下拉列表中选择【插入计算字段】选项。

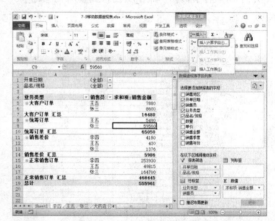

step 2 打开【插入计算字段】对话框，在【名称】文本框中输入"提成"，在【公式】文本框中输入：

=销售金额*0.03

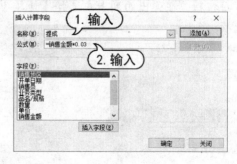

step 3 单击上图中的【确定】按钮，数据透视表中将新增一个名为"提成"的字段。

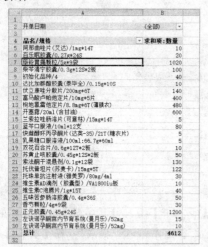

如果用户需要删除已有的计算字段，可以在【插入计算字段】对话框中的【字段】列表中单击【名称】下拉按钮，在弹出的列表中选中计算字段的名称后，单击【删除】按钮。

2. 使用计算项

以下图所示的数据透视表为例，如果需要得到其中两种产品的销售总量，可以执行以下操作。

step 1 选中数据透视表中任意列字段项，单击【选项】选项卡中的【域、项目和集】下拉按钮，在弹出的列表中选择【计算项】选项。

step 2 打开【在"品名/规格"中插入计算字段】对话框，在【名称】文本框中输入"特殊品种"，删除【公式】文本框中的"=0"，选中【字段】列表框中的【品名/规格】选项和【项】列表框中的【初始化品种/4】选项，单击【插入项】按钮。

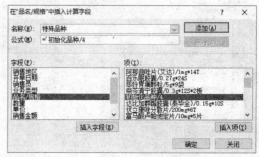

step 3 输入【+】号，选择【项】列表框中的其他选项，如下图所示，单击【插入项】按钮。

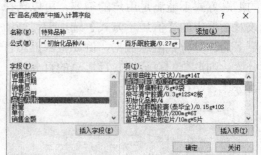

step 4 单击【确定】按钮，即可在数据透视表底部得到指定的两个品种商品的销售数量汇总值。

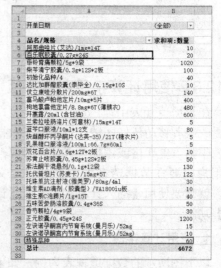

7.13 创建动态数据透视表

创建数据透视表后，如果在源数据区域以外的空白行或空白列增加了新的数据记录或者新的字段，即使刷新数据透视表，新增的数据也无法显示在数据透视表中。此时，可以通过创建动态数据透视表来解决这个问题。

1. 通过定义名称创建动态数据透视表

以下图所示的表格为例。

单击【公式】选项卡中的【定义名称】按钮，打开【新建名称】对话框，在【名称】文本框中输入 Data，在【引用位置】文本框中输入公式：

=OFFSET(数据源!$A$1,0,0,COUNTA(数据源!$A:$A),COUNTA(数据源!$1:$1))

以上公式中的"数据源"是工作表名称，COUNTA(数据源!$A:$A)用来获取数据区域有多少行，COUNTA(数据源!$1:$1)用来获取数据区域有多少列，当增加、删除行或列的时候，这两个函数返回更改后的数据区域的行数和列数，这样就可以生成动态的区域了。

选中 J1 单元格后，单击【插入】选项卡中的【数据透视表】按钮，打开【创建数据透视表】对话框，在【表/区域】文本框中输入 Data，然后单击【确定】按钮，创建数据透视表。

在打开的【数据透视表字段列表】窗格中完成数据透视表结构的设置后，生成如下图所示的数据透视表。

此时，在数据源表中增加一条记录。右击数据透视表，在弹出的菜单中选择【刷新】命令，即可见到新增的数据。

2. 使用"表格"功能创建动态数据透视表

以下图所示的数据源为例,在创建数据透视表之前,选中数据源中的任意单元格,单击【插入】选项卡中的【表格】按钮,打开【创建表】对话框,单击【确定】按钮,此时 Excel 将会自动识别最大的连续的数据区域。

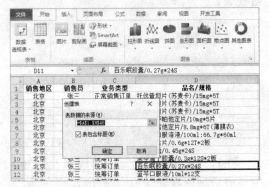

创建效果如下图所示的表格样式。

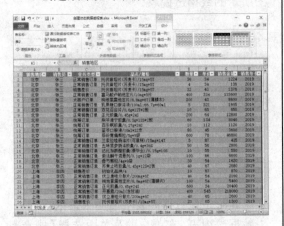

选中上图所示表格中的任意单元格,单击【插入】选项卡中的【数据透视表】按钮,

打开【创建数据透视表】对话框,在【表/区域】文本框中将自动显示表格的名称(此处为"表2"),单击【确定】按钮即可创建一个动态数据透视表。

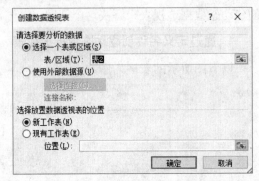

在打开的【数据透视表字段列表】窗格中完成数据透视表结构的设置后,如果用户对数据源表格中的数据进行增删操作,在数据透视表中右击鼠标,从弹出的菜单中选择【刷新】命令即可看到数据的变化。

3. 通过选取整列创建动态数据透视表

在创建数据透视表时,用户可以直接选取整列数据作为数据源,这样当在数据源中增加行的时候,刷新数据透视表,也可以直接将数据包含进来,实现动态更新数据透视表的效果。

但是要注意以下几个问题:

➤ 不能自动扩展列,因为数据透视表要求每列必须有字段名称,不能是空的。

➤ 日期时间类型的字段不能按照年、季度、月、日、小时、分、秒等进行自动组合。

➤ 数据透视表中会显示一个空行。

7.14 创建复合范围数据透视表

用户可以使用不同工作表中结构相同的数据创建复合范围的数据透视表。例如,使用下图所示同一工作簿中 3 个不同工作表中的数据,创建销售分析数据透视表。

用于进行合并计算的同一工作簿中的多个结构相同的工作表

step 1 依次按下 Alt、D、P 键，打开【数据透视表和数据透视图向导--步骤 1(共 3 步)】对话框，选中【多重合并计算数据区域】单选按钮，单击【下一步】按钮。

step 2 在打开的【数据透视表和数据透视图向导--步骤 2a(共 3 步)】对话框中，选中【创建单页字段】单选按钮后，单击【下一步】按钮。

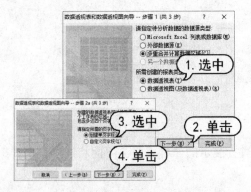

step 3 打开【数据透视表和数据透视图向导--步骤 2b(共 3 步)】对话框，单击【选定区域】文本框后的 按钮。

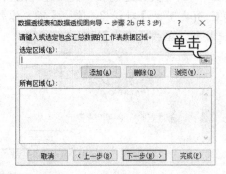

step 4 选中【王五】工作表的 A1:H19 单元格区域，按下 Enter 键。

step 5 返回【数据透视表和数据透视图向导--步骤 2b(共 3 步)】对话框，单击【添加】按钮，将捕捉的区域地址添加至【所有区域】列表框中，添加第一个待合并的数据区域。

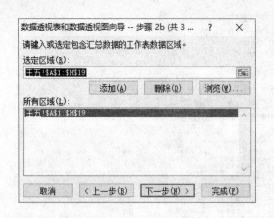

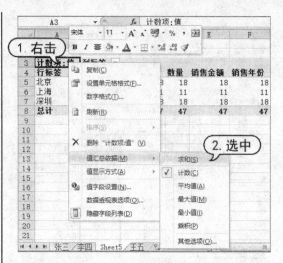

step ⑥ 重复以上操作,将【张三】和【李四】工作表中的数据区域也添加至【数据透视表和数据透视图向导--步骤2b(共3步)】对话框的【所有区域】列表框中,然后单击【下一步】按钮。

step ⑦ 打开【数据透视表和数据透视图向导--步骤3(共3步)】对话框,选中【新工作表】单选按钮,单击【完成】按钮。

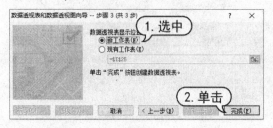

step ⑧ 在创建的数据透视表中右击【计数项:值】字段,在弹出的菜单中选择【值汇总依据】|【求和】命令。

step ⑨ 单击【列标签】B3单元格右侧的下拉按钮,在弹出的列表中取消【业务类型】和【品名/规格】复选框的选中状态,单击【确定】按钮。

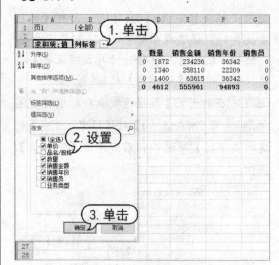

7.15 创建数据透视图

数据透视图是针对数据透视表统计出的数据进行展示的一种手段。下面将通过实例详细介绍创建数据透视图的方法。

【例7-4】使用例7-3创建的数据透视表,创建数据透视图。

视频+素材 (素材文件\第07章\例7-4)

step ① 选中数据透视表中的任意单元格,然后选择【选项】选项卡,单击【工具】组中的【数据透视图】按钮。

step 2 在打开的【插入图表】对话框中选中一种数据透视图样式后，单击【确定】按钮。

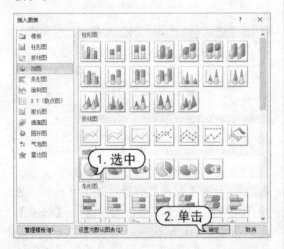

step 3 返回工作表后，即可看到创建的数据透视图效果。

完成数据透视图的创建后，用户可以参考下面介绍的方法修改其显示的项目。

step 1 选中并右击工作表中插入的数据透视图，然后在弹出的菜单中选择【显示字段列表】命令。

step 2 在显示的【数据透视表字段列表】窗格中的【选择要添加到报表的字段】列表框中，可根据需要选择在图表中显示的图例。

step 3 单击某个字段选项后的下拉按钮，在弹出的菜单中，用户可以设置图表中显示的项目。

7.16　案例演练

本章的案例演练部分将介绍在 Excel 中操作数据透视表的常用技巧，用户可以通过实例操作巩固所学的知识。

【例 7-5】更改数据透视表的数据源。
🎬视频+素材 (素材文件\第 07 章\例 7-5)

step 1 打开下图所示的工作表后，选中其中的数据透视表，单击【选项】选项卡中的【更改数据源】按钮。

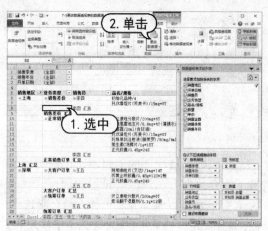

step ② 打开【更改数据透视表数据源】对话框，单击【表/区域】文本框后的 ☐ 按钮。

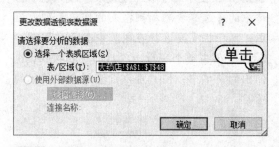

step ③ 在数据表中拖动鼠标，选中新的数据源区域后，按下 Enter 键。

step ④ 返回【更改数据透视表数据源】对话框，单击【确定】按钮即可。

【例 7-6】将数据透视表转换为普通表格。

● 视频+素材 (素材文件\第 07 章\例 7-6)

step ① 打开工作表后，选中其中数据透视表所在的单元格区域，按下 Ctrl+C 键执行【复制】命令。

step ② 选择【开始】选项卡，单击【剪贴板】组中的【粘贴】下拉按钮，从弹出的下拉列表中选择【值】选项即可。

【例 7-7】用数据透视表统计各部门人员的学历情况。

● 视频+素材 (素材文件\第 07 章\例 7-7)

step ① 打开下图所示的工作表后，选中数据表中的任意单元格，单击【插入】选项卡中的【数据透视表】按钮。

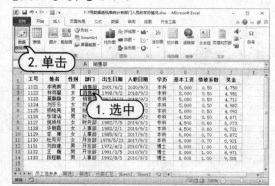

step ② 打开【创建数据透视表】对话框，选中【现有工作表】单选按钮，单击【位置】文本框右侧的 ☐ 按钮。

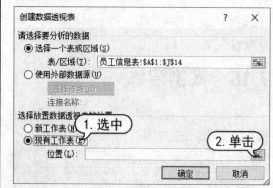

step ③ 选中 A16 单元格，按下 Enter 键，返回【创建数据透视表】对话框，单击【确定】按钮。

step ④ 打开【数据透视表字段列表】窗格，

将【部门】字段拖动至【行标签】区域和【数值】区域，将【学历】字段拖动至【列标签】区域。

step⑤ 此时，将在工作表中创建下图所示的数据透视表，统计各部门人员的学历情况。

计数项:部门	列标签			
行标签	博士	本科	专科	总计
财务部		2	2	4
开发部	2	1		3
人事部	1	2		3
销售部		2	1	3
总计	3	7	3	13

【例 7-8】合并数据透视表中的单元格。

🔑 视频+素材 (素材文件\第 07 章\例 7-8)

step① 打开下图所示的数据透视表，选择【设计】选项卡，单击【布局】组中的【报表布局】下拉按钮，在弹出的列表中选择【以表格形式显示】选项。

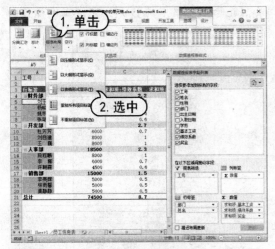

step② 选中 A5 单元格，选择【选项】选项卡，

单击【数据透视表】组中的【选项】按钮。

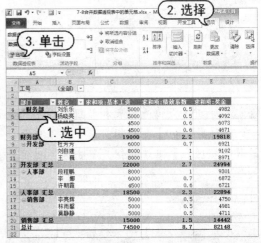

step③ 打开【数据透视表选项】对话框，选择【布局和格式】选项卡，选中【合并且居中排列带标签的单元格】复选框，然后单击【确定】按钮。

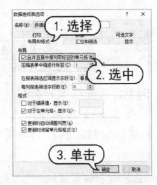

step④ 此时，A 列中带标签的单元格将被合并，效果如下图所示。

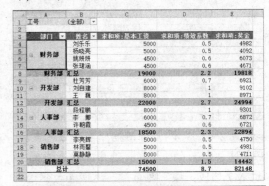

【例 7-9】利用数据透视表转换表格行列。

🔑 视频+素材 (素材文件\第 07 章\例 7-9)

step① 打开如下图所示的工作表，依次按下

Alt、D、P 键。

step 2 打开【数据透视表和数据透视图向导--步骤1(共3步)】对话框，选中【多重合并计算数据区域】单选按钮，单击【下一步】按钮。

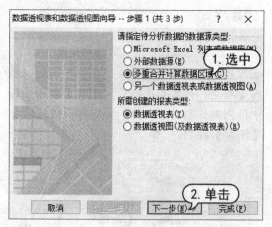

step 3 打开【数据透视表和数据透视图向导--步骤2a(共3步)】对话框，选中【创建单页字段】单选按钮，然后单击【下一步】按钮。

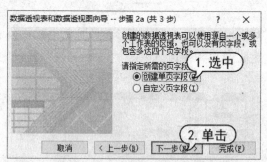

step 4 打开【数据透视表和数据透视图向导--步骤2b(共3步)】对话框，单击【选定区域】文本框后的▣按钮，选中工作表中的A1:M7区域，按下回车键，返回【数据透视表和数据透视图向导--步骤2b(共3步)】对话框，单击【添加】按钮。

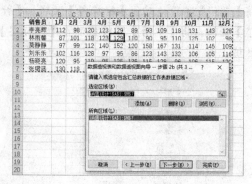

step 5 单击上图中的【下一步】按钮，打开【数据透视表和数据透视图向导--步骤3(共3步)】对话框，选中【新工作表】单选按钮，然后单击【完成】按钮。

step 6 在新建的工作表中，双击 Excel 生成的数据透视表右下角的总计单元格。

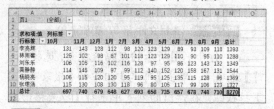

step 7 此时，将在新建的工作表中生成竖表，删除该表格中的 D 列，完成本例操作。

【例7-10】利用数据透视表计算销量排名。

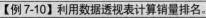（素材文件\第 07 章\例 7-10）

step 1 打开下图所示的工作表后，选中数据表中的任意单元格，单击【插入】选项卡中的【数据透视表】按钮。

step 2 打开【创建数据透视表】对话框，单击【确定】按钮，在新建的工作表中生成数据透视表。

step 3 打开【数据透视表字段列表】窗格，将【地区】和【品名】字段拖至【行标签】区域，将两个【销售金额】字段拖动至【数值】区域。

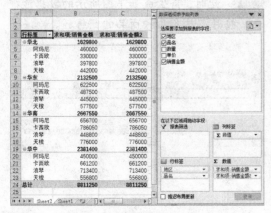

step 4 单击【数值】区域中的【求和项：销售金额2】选项，在弹出的菜单中选择【值字段设置】命令。

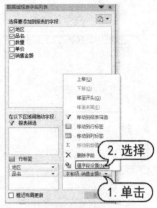

step 5 打开【值字段设置】对话框，选择【值显示方式】选项卡，单击【值显示方式】下拉按钮，在弹出的列表中选择【降序排列】选项，在【基本字段】列表中选中【品名】选项。

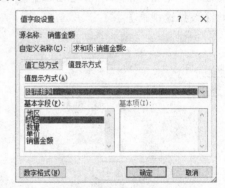

step 6 单击上图中的【确定】按钮，然后选中【求和项：销售金额2】列中的任意单元格，单击【开始】选项卡中的【排序和筛选】下拉按钮，在弹出的列表中选择【降序】选项。

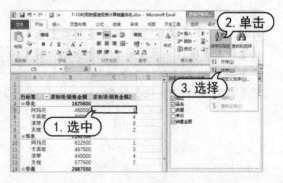

step 7 依次单击数据透视表第一行的各个单元格，修改标题文本。

【例7-11】利用数据透视表按月汇总销售数据。

🔑 **视频+素材** (素材文件\第07章\例7-11)

step 1 打开下图所示的工作表,选中数据表中的任意单元格,然后单击【插入】选项卡中的【数据透视表】按钮。

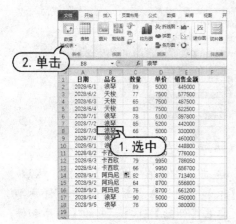

step 2 打开【创建数据透视表】对话框,单击【确定】按钮,在新建的工作表中生成数据透视表。

step 3 打开【数据透视表字段列表】窗格,将【日期】字段拖至【行标签】区域,将【品名】字段拖至【列标签】区域,将【销售金额】字段拖至【数值】区域。

step 4 单击生成的数据透视表中行标签内的任意单元格,选择【选项】选项卡,单击【分组】组中的【将所选内容分组】按钮。

step 5 打开【分组】对话框,在【步长】列表框中选中【月】,单击【确定】按钮。

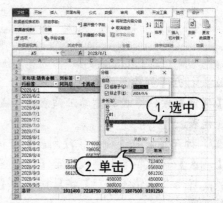

step 6 此时,将生成如下图所示的数据透视表,按月汇总各品种商品的销售额。

第 8 章

PowerPoint 2010 幻灯片制作

PowerPoint 2010 是 Office 软件系列中制作 PPT(演示文稿)的软件，使用 PowerPoint 可以制作出集文字、图形、图像、声音以及视频等多媒体元素为一体的演示文稿，使办公信息以更轻松、更高效的方式表达出来。本章将介绍使用 PowerPoint 2010 制作 PPT 的基本方法。

本章对应视频

例 8-1 创建并保存 PPT
例 8-2 插入与删除幻灯片
例 8-3 为幻灯片设置统一背景
例 8-4 设置自定义内容页

例 8-5 应用 PPT 母版样式
例 8-6 设置 PPT 母版尺寸
例 8-7 在幻灯片中插入图片
本章其他视频参见视频二维码列表

8.1 PowerPoint 2010 概述

　　PowerPoint 2010 是制作演示文稿的办公软件，使用 PowerPoint 制作出来的整个文件叫作演示文稿，而演示文稿中的每一页叫作幻灯片。

使用 PowerPoint 2010 制作演示文稿

8.1.1　PowerPoint 2010 主要功能

　　PowerPoint 2010 制作的演示文稿可以通过不同的方式播放：既可以打印成幻灯片，使用投影仪播放；也可以在演示文稿中加入各种引人入胜的视听效果，直接在电脑或互联网上播放。

　　PowerPoint 2010 在办公中主要有以下几种功能。

　　▶ 多媒体商业演示：PowerPoint 2010可以为各种商业活动提供一个内容丰富的多媒体产品或服务演示的平台，帮助销售人员向最终用户演示产品或服务的优越性。

　　▶ 多媒体交流演示：PowerPoint 演示文稿是宣讲者的演讲辅助手段，以交流为用途，被广泛用于培训、研讨会、产品发布等领域。

　　▶ 多媒体娱乐演示：由于 PowerPoint支持文本、图像、动画、音频和视频等多种媒体内容的集成，因此，很多用户都使用

PowerPoint 来制作各种娱乐性质的演示文稿，例如手工剪纸集、相册等，通过PowerPoint 的丰富表现功能来展示多媒体娱乐内容。

8.1.2　PowerPoint 2010 工作界面

　　PowerPoint 2010 的工作界面主要由【文件】按钮、快速访问工具栏、标题栏、功能区、预览窗口、编辑窗口、备注栏和状态栏等部分组成，如下图所示。

　　PowerPoint 2010 的工作界面和 Word2010 相似，其中相似的元素在此不再重复介绍了，仅介绍一下 PowerPoint 常用的预览窗格、编辑窗口、备注栏以及快捷按钮和显示比例滑竿。

　　▶ 预览窗格：包含两个选项卡，在【幻灯片】选项卡中显示了幻灯片的缩略图，单击某个缩略图可在主编辑窗口查看和编辑该幻灯片；在【大纲】选项卡中可对幻灯片的

标题文本进行编辑。

➤ 编辑窗口：它是 PowerPoint 2010 的主要工作区域，用户对文本、图像等多媒体元素进行操作的结果都将显示在该区域。

➤ 备注栏：在该栏中可分别为每张幻灯片添加备注文本。

➤ 快捷按钮和显示比例滑杆：该区域包

括 6 个快捷按钮和 1 个【显示比例滑杆】。其中：4 个视图按钮，可快速切换视图模式；1 个比例按钮，可快速设置幻灯片的显示比例；最右边的 1 个按钮，可使幻灯片以合适比例显示在主编辑窗口；另外，通过拖动【显示比例滑杆】中的滑块，可以直观地改变编辑区的大小。

PowerPoint 2010 的工作界面

8.1.3　PowerPoint 2010 视图模式

PowerPoint 2010 提供了普通视图、幻灯片浏览视图、备注页视图、幻灯片放映视图和阅读视图 5 种视图模式。打开【视图】选项卡，在【演示文稿视图】组中单击相应的视图按钮，或者单击主界面右下角的快捷按钮，即可将当前操作界面切换至对应的视图模式。

1．普通视图

普通视图又可以分为两种形式，主要区别在于 PowerPoint 工作界面最左边的预览

窗格，它分为幻灯片和大纲两种形式来显示，用户可以通过单击该预览窗格上方的切换按钮进行切换。

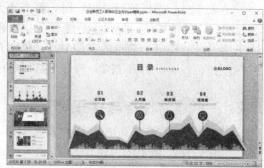

2. 备注页视图

在备注页视图模式下，用户可以方便地添加和更改备注信息，也可以添加图形等信息。

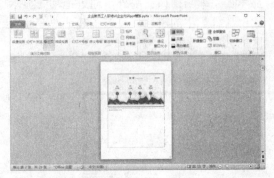

3. 幻灯片浏览视图

使用幻灯片浏览视图，可以在屏幕上同时看到演示文稿中的所有幻灯片，这些幻灯片以缩略图形式显示在同一窗口中。

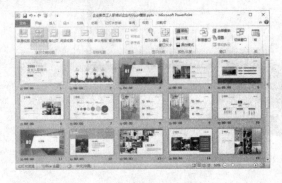

4. 幻灯片放映视图

幻灯片放映视图是演示文稿的最终效果。在幻灯片放映视图下，用户可以看到幻灯片的最终效果。

5. 阅读视图

如果用户希望在一个设有简单控件的窗口中查看演示文稿，而不想使用全屏的幻灯片放映视图，则可以在自己的电脑中使用阅读视图。

8.2 制作宣传文稿 PPT

企业在进行招商或产品推广时，都离不开宣传。企业宣传的目的在于塑造良好的企业形象，突出产品的价值，因此它是提高企业知名度，是企业与社会、客户之间的一条沟通桥梁。本节将通过制作一个简单的宣传 PPT，详细介绍使用 PowerPoint 2010 制作 PPT 的基本操作，包括创建、保存、打开 PPT，操作 PPT 中的幻灯片以及编辑 PPT 内容等。

8.2.1 创建、保存与打开 PPT

要制作 PPT(演示文稿)，用户首先需要掌握创建与保存 PPT 的方法。

1. 创建 PPT

在 PowerPoint 2010 中创建一个空白演示文稿的方法有以下两种：

➤ 单击【文件】按钮，在弹出的菜单中选择【新建】命令，打开 Microsoft Office Backstage 视图，在中间的【可用的模板和主题】列表框中选择【空白演示文稿】选项，单击【创建】按钮即可。

▶ 按下 Ctrl+N 组合键。

2. 保存 PPT

在 PowerPoint 中保存演示文稿的方法主要有以下几种：

▶ 单击快速访问工具栏上的【保存】按钮 🔲。

▶ 单击【文件】按钮，在弹出的菜单中选择【保存】命令(或按下 Ctrl+S 组合键)。

▶ 单击【文件】按钮，在弹出的菜单中选择【另存为】命令(或按下 F12 键)，打开【另存为】对话框，设置演示文稿的保存路径后，单击【保存】按钮。

当演示文稿被保存在电脑中后，双击演示文稿文件，即可使用 PowerPoint 将其打开。

入职培训.pptx

【例 8-1】在 PowerPoint 2010 中创建一个空白 PPT，并将其以名称"宣传文稿"保存。🔘视频

step 1 启动 PowerPoint 2010 应用程序，按下 Ctrl+N 组合键新建一个空白 PPT 文档。

step 2 按下 F12 键，打开【另存为】对话框，指定文件的保存路径后，在【文件名】文本框中输入"宣传文稿"，单击【保存】按钮。

8.2.2　操作幻灯片

在 PowerPoint 中，幻灯片是演示文稿播放时显示的页面，它是整个演示文稿的重要组成部分。在 PowerPoint 2010 中按下 Ctrl+N 组合键创建一个新的演示文稿后，软件将默认生成一张空白幻灯片。一张幻灯片无法制作出一个完整的演示文稿，因此，用户需要掌握添加、选择、移动、复制与删除幻灯片等基本操作。

1. 添加幻灯片

在 PowerPoint 中要为演示文稿添加新的幻灯片，用户可采用以下几种方法：

▶ 打开【开始】选项卡，在【幻灯片】组中单击【新建幻灯片】按钮，即可添加一张默认版式的幻灯片。

▶ 当需要应用其他版式新建幻灯片时，单击【新建幻灯片】按钮右下方的下拉箭头，在弹出的下拉菜单中选择需要的版式，即可使用选择的版式新建幻灯片。

▶ 在幻灯片预览窗格中，选择一张幻灯片，按下 Enter 键，将在该幻灯片的下方添加一张新的幻灯片(该幻灯片的版式与选择的幻灯片一致)。

2. 选择幻灯片

在 PowerPoint 的默认普通视图中，用户

可以使用以下几种方法使演示文稿中的一张或多张幻灯片处于选中状态。

▶ 选择单张幻灯片：在 PowerPoint 左侧的预览窗格中单击需要的幻灯片即可。

▶ 选择编号相连的多张幻灯片：在预览窗格中首先单击起始编号的幻灯片，然后按住 Shift 键，单击结束编号的幻灯片。

▶ 选择编号不相连的多张幻灯片：在预览窗格中按住 Ctrl 键的同时，依次单击需要选择的每张幻灯片，即可同时选中单击的多张幻灯片。在按住 Ctrl 键的同时再次单击已选中的幻灯片，则取消选择该幻灯片。

▶ 选择全部幻灯片：无论是在普通视图还是在幻灯片浏览视图下，按 Ctrl+A 组合键，即可选中当前演示文稿中的所有幻灯片。

3. 移动幻灯片

当用户对当前幻灯片的排序位置不满意时，可以随时对其进行调整。具体的操作方式非常简单：在幻灯片预览窗格中选中要调整的幻灯片，按住鼠标左键直接将其拖放到适当的位置即可。幻灯片被移动后，PowerPoint 2010 会自动对所有幻灯片重新编号。

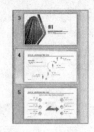

4. 复制幻灯片

在制作演示文稿时，为了使新建的幻灯片与已经建立的幻灯片保持相同的版式和设计风格，可以利用幻灯片的复制功能，复制出一张相同的幻灯片，然后再对其进行适当的修改。复制幻灯片的方法是：右击需要复制的幻灯片，在弹出的菜单中选择【复制幻灯片】命令，再在目标位置进行粘贴。

此外，用户还可以通过鼠标左键拖动的方法复制幻灯片，方法很简单：选择要复制的幻灯片，按住 Ctrl 键，然后按住鼠标左键拖动选定的幻灯片，在拖动的过程中，出现一条竖线表示选定幻灯片的新位置，此时释放鼠标左键，再松开 Ctrl 键，选择的幻灯片将被复制到目标位置。

5. 删除幻灯片

在演示文稿中删除多余幻灯片是清除大量冗余信息的有效方法。删除幻灯片的方法主要有以下两种：

▶ 在 PowerPoint 幻灯片预览窗格中选择并右击要删除的幻灯片，从弹出的快捷菜单中选择【删除幻灯片】命令。

▶ 在幻灯片预览窗格中选中要删除的幻灯片后，按下 Delete 键即可。

【例 8-2】在"宣传文稿"PPT 中插入与删除幻灯片。 视频

step 1　继续例 8-1 的操作，选择【开始】选项卡，在【幻灯片】组中单击【新建幻灯片】按钮，在弹出的下拉列表中选择【空白】选项，在 PPT 中插入一张空白幻灯片。

step 2　按下 F4 键 6 次重复执行步骤 1 的操作，在 PPT 中重复执行插入空白幻灯片操作 6 次。

step 3　在预览窗格中选中 PPT 的第一张幻灯片，右击鼠标，从弹出的菜单中选择【删除幻灯片】命令，删除该幻灯片。

step 4　最后，按下 Ctrl+S 组合键，保存 PPT。

8.2.3　设置幻灯片母版

幻灯片母版是存储有关应用的设计模板信息的幻灯片，包括字形、占位符大小或位置、背景设计和配色方案。

在 PowerPoint 中要打开幻灯片母版，通常可以使用以下两种方法：

➤ 选择【视图】选项卡，在【母版视图】组中单击【幻灯片母版】按钮。

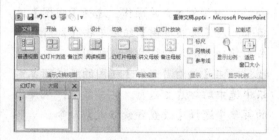

➤ 按住 Shift 键后，单击 PowerPoint 窗口右下角视图栏中的【普通视图】按钮 。

打开幻灯片母版后，PowerPoint 将显示如下图所示的【幻灯片母版】选项卡、版式预览窗格和版式编辑窗口。在幻灯片母版中，对母版的设置主要包括对母版中的版式、主题、背景和尺寸的设置，下面将分别介绍。

【幻灯片母版】视图

设置主题页

主题页是幻灯片母版的母版,其用于设置演示文稿所有页面的标题、文本、背景等元素的样式,当用户为主题页设置格式后,该格式将被应用在演示文稿所有的幻灯片中。

【例 8-3】为"宣传文稿" PPT 中所有的幻灯片设置统一背景。 视频

step 1 继续例 8-2 的操作,选择【视图】选项卡,在【母版视图】组中单击【幻灯片母版】按钮,进入幻灯片母版视图。

step 2 在【幻灯片母版】视图的版式预览窗格中选中幻灯片主题页,右击鼠标,从弹出的菜单中选择【设置背景格式】命令。

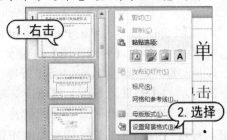

step 3 打开【设置背景格式】对话框,在【颜色】下拉列表中选择任意一种颜色作为主题页的背景,单击【全部应用】按钮。幻灯片中所有的版式页都将应用相同的背景。

设置版式页

版式页包括标题页和内容页,其中标题页一般用于演示文稿的封面或封底;内容页可根据演示文稿的内容自行设置(移动、复制、删除或者自定义)。

【例 8-4】在幻灯片母版中调整并删除多余的标题页,然后插入一个自定义内容页。 视频

step 1 继续例 8-3 的操作,选中多余的标题页(版式)后,右击鼠标,在弹出的菜单中选择【删除版式】命令,即可将其删除。

step 2 选中母版中的版式页后,按住鼠标拖动调整(移动)版式页在母版中的位置。

step 3 选中某个版式后,右击鼠标,在弹出的菜单中选择【插入版式】命令,可以在母版中插入一个如下图所示的自定义版式。

step 4 选中某一个版式页,为其设置自定义的内容和背景后,该版式效果将独立存在母版中,不会影响其他版式。

1. 应用母版版式

在幻灯片母版中完成版式的设置后,单击 PowerPoint 视图栏中的【普通视图】按钮 即可退出幻灯片母版。此时,右击幻灯片预览窗格中的幻灯片,在弹出的菜单中选择【版式】命令,可以将母版中设置的所有版式应用在演示文稿中。

【例8-5】通过应用版式，在多个幻灯片中同时插入相同的图标。 视频

step 1 选中例 8-4 创建的自定义版式，删除版式中多余的占位符，然后单击【插入】选项卡中的【图片】按钮，将准备好的图标插入在版式中合适的位置上。

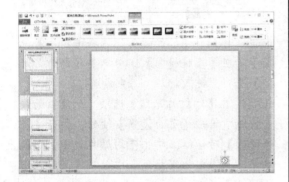

step 2 单击【幻灯片母版】选项卡中的【关闭母版视图】按钮，退出幻灯片母版。在幻灯片预览窗格中按住 Ctrl 键选中多张幻灯片，然后右击鼠标，在弹出的菜单中选择【版式】|【自定义版式】选项。

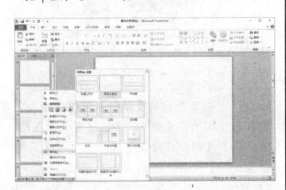

完成以上操作后，被选中的多张幻灯片将同时应用"自定义版式"，添加相同的图标。

2. 设置母版主题

在【幻灯片母版】选项卡的【编辑主题】组中单击【主题】下拉按钮，在弹出的下拉列表中，用户可以为母版中所有的版式设置统一的主题样式。

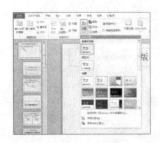

主题由颜色、字体、效果三部分组成。

颜色

在为母版设置主题后，在【背景】组中单击【颜色】下拉按钮，可以为主题更换不同的颜色组合，如下图所示。使用不同的主题颜色组合将会改变色板中的配色方案，同时使用主题颜色所定义的一组色彩。

字体

在【背景】组中单击【字体】下拉按钮，可以更改主题中默认的文本字体(包括标题、正文的默认中英文字体样式)。

效果

在【背景】组中单击【效果】下拉按钮，可以使用 PowerPoint 预设的效果组合，改变当

前主题中阴影、发光等不同特殊效果的样式。

3. 设置母版尺寸比例

在幻灯片母版中，用户可以为演示文稿页面设置尺寸比例。目前常见的演示文稿页面尺寸比例有16：9和4：3两种。

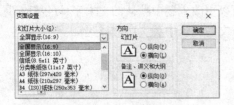

16：9   4：3

在【幻灯片母版】选项卡的【页面设置】组中单击【页面设置】按钮，打开【页面设置】对话框后，单击【幻灯片大小】下拉按钮，从弹出的下拉列表中可以设置幻灯片母版的尺寸比例。

16：9 和 4：3 这两种尺寸比例各有特点。16：9 的尺寸比例用于演示文稿的封面图片，4：3 的演示文稿尺寸比例更贴近于图片的原始比例，看上去更自然。

而当使用同样的图片在 16：9 的尺寸比例下时，如果保持宽度不变，用户就不得不对图片进行上下裁剪。在 4：3 的比例下，演示文稿的图形化排版上可能会显得自由一些。

同样的内容展示在 16：9 的页面中则会显得更加紧凑。

但在实际工作中，对演示文稿页面尺寸比例的选择，用户需要根据演示文稿最终的用途和呈现的终端来确定。

【例 8-6】将"宣传文稿"PPT 的母版尺寸设置为16：9。🔑 视频

step 1 继续例 8-5 的操作，选择【视图】选项卡，在【母版视图】组中单击【幻灯片母版】选项，进入幻灯片母版视图。

step 2 在【幻灯片母版】选项卡的【页面设置】组中单击【页面设置】按钮，打开【页面设置】对话框，单击【幻灯片大小】下拉按钮，从弹出的下拉列表中选择【全屏显示(16：9)】选项。

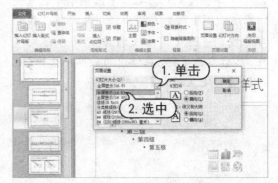

step 3 单击上图中的【确定】按钮，将PPT母版尺寸比例设置为 16：9，效果如下图所示。单击【幻灯片母版】选项卡中的【关闭母版视图】按钮，退出幻灯片母版。

8.2.4　使用图片

图片是 PPT 中不可或缺的重要元素，合理地处理演示文稿中插入的图片不仅能够形象地向观众传达信息，起到辅助文字说明的作用，同时还能够美化页面的效果，从而更好地吸引观众的注意力。

1. 插入图片

在 PowerPoint 2010 中选择【插入】选项卡，在【图像】组中用户可以在幻灯片中插入图片、剪贴画或屏幕截图，如下图所示(具体操作方法与 Word 相似)。

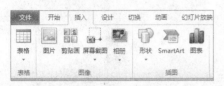

【例 8-7】在 "宣传文稿" PPT 的第一张幻灯片中插入图片。
视频+素材 (素材文件\第 08 章\例 8-7)

step 1 打开 "宣传文稿" PPT 后，在导航窗格中选中第一张幻灯片，单击【插入】选项卡中的【图片】按钮，打开【插入图片】对话框。

step 2 在【插入图片】对话框中选中一个图片文件后单击【确定】按钮，即可在幻灯片中插入图片，如下图所示。将鼠标指针放置在幻灯片中的图片上，按住左键拖动，可以调整图片在幻灯片中的位置。

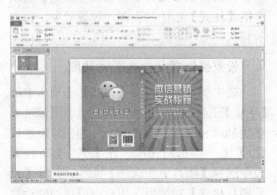

2. 编辑图片

在制作演示文稿的过程中，用户可以利用 PowerPoint 提供的功能对图片执行裁剪、缩放、删除背景、调整图层等编辑操作，使图片最大可能地满足幻灯片页面设计与排版的需求。下面将通过实例，详细介绍编辑图片的具体方法。

裁剪图片

在大部分情况下，我们在演示文稿中插入的图片会显得过大或者过小。此时，就需要通过【裁剪】命令来对图片进行合适的处理。

【例 8-8】修剪幻灯片中插入的图片。
视频+素材 (素材文件\第 08 章\例 8-8)

step 1 继续例 8-7 的操作，选中演示文稿第一张幻灯片中的图片，选择【格式】选项卡，在【大小】组中单击【裁剪】按钮，显示图片裁剪框。

step 2 拖动图片四周的裁剪框，确定图片的裁剪范围。

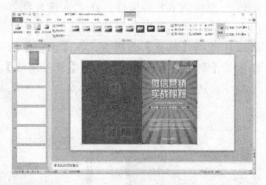

step 3 在编辑窗口中单击图片以外的任意位置，完成对图片的裁剪。

缩放图片

选中演示文稿中的图片后，将鼠标指针放置在图片四周的控制柄上，按住鼠标左键拖动即可对图片执行缩放操作。

删除背景

使用 PowerPoint 软件提供的"删除背景"功能，用户可以将幻灯片页面中的图片背景删除，从而实现抠图效果。

【例 8-9】 删除"宣传文稿"PPT 中插入的图片的背景。

视频+素材 (素材文件\第 08 章\例 8-9)

step 1 继续例 8-8 的操作，在"宣传文稿"PPT 中插入一张图片。

step 2 选择【格式】选项卡，在【调整】组中单击【删除背景】按钮，显示【背景消除】选项卡，进入图片背景删除模式。

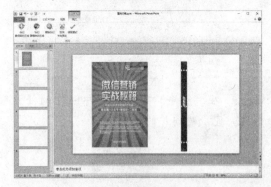

step 3 调整背景删除框，确定图片中需要保留的区域，单击【背景消除】选项卡中的【标记要保留的区域】按钮，然后单击图片中需要保留的区域。

step 4 单击【背景消除】选项卡中的【保留更改】按钮，即可完成图片背景的删除操作。

3. 美化图片

在 PowerPoint 中选中一张图片后，用户可以通过【格式】选项卡【调整】组中的【更正】【颜色】和【艺术效果】等下拉按钮，调整图片的显示效果。也可以在【格式】选项卡的【样式】组中，为图片设置效果、边框等样式。

设置锐化/柔化、亮度/对比度

选中图片后，单击【格式】选项卡中的【更正】下拉按钮，在弹出的列表中用户可以使用 PowerPoint 预设的样式，为图片设置锐化/柔化、亮度/对比度。在【更正】下拉列表中选择【图片更正选项】命令，打开【设置图片格式】对话框，用户可以详细地设置图片的亮度、对比度等参数。

设置颜色饱和度、色调、重新着色

单击【格式】选项卡中的【颜色】下拉按钮，在弹出的列表中用户可以为图片设置颜色饱和度、色调并重新着色。

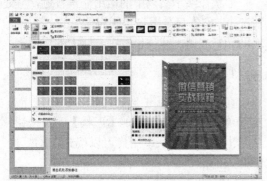

在【颜色】下拉列表中选择【其他变体】选项，用户可以使用弹出的颜色选择器将图片设置为各种不同的颜色。例如，选择"黑色"，可以将图片变为下图所示的黑白图片。

设置艺术效果

单击【格式】选项卡中的【艺术效果】

下拉按钮，在弹出的列表中用户可以在图片上使用 PowerPoint 预设的艺术效果。例如，下图所示为设置"玻璃"艺术效果后的图片。

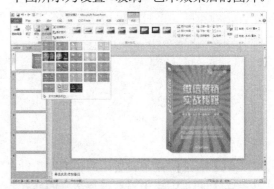

在【艺术效果】下拉列表中选择【艺术效果选项】选项，用户可在打开的【设置图片格式】对话框中为艺术效果设置透明度、缩放比例等参数，如下图所示。

在制作演示文稿的过程中，巧妙地运用 PowerPoint 软件的图片调整功能，可帮助我们制作出各种效果非凡的图片。

设置边框

选中图片后，单击【格式】选项卡【图片样式】组中的【边框】下拉按钮，将弹出下图所示的下拉列表。在该下拉列表中，用户可以设置图片的边框颜色、边框粗细和边框样式。

▶　【主题颜色】和【标准色】：用于设置图片边框的颜色。

▶ 【无轮廓】：设置图片没有轮廓。

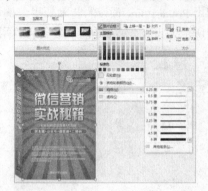

▶ 【粗细】：用于设置图片边框的粗细。

▶ 【虚线】：用于设置图片边框的样式，包括圆点、方点、画线-点等。

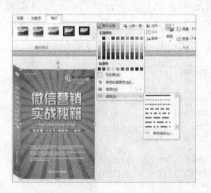

▶ 【其他轮廓颜色】：选择该选项后，将打开【颜色】对话框，在该对话框中用户可以自定义图片边框的颜色。

设置效果

单击【格式】选项卡【图片样式】组中的【效果】下拉按钮，在弹出的下拉列表中，用户可以为图片设置各种特殊效果。

使用图片样式

在【格式】选项卡的【图片样式】组中单击【其他】按钮，用户可以将 PowerPoint 内置的图片样式(28 种)应用于图片之上。

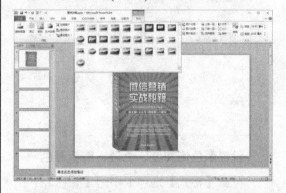

8.2.5 使用形状

形状在演示文稿中的运用非常普遍，一般情况下，它本身是不包含任何信息的，常作为辅助元素应用，往往也发挥着巨大的作用。

1. 插入形状

在 PowerPoint 中选择【插入】选项卡，然后单击【插图】组中的【形状】下拉按钮，从弹出的下拉列表中用户可以选择在幻灯片中插入的形状。

【例 8-10】在幻灯片页面中绘制直线形状。

视频+素材 (素材文件\第 08 章\例 8-10)

step 1 继续例 8-9 的操作，选择【插入】选项卡，单击【插图】组中的【形状】下拉按钮，从弹出的列表中选择【直线】选项。

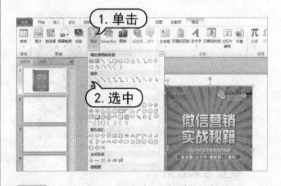

step 2 按住鼠标左键在编辑窗口中拖动，按住 Shift 键绘制一个直线形状。

step 3 重复步骤 1 的操作，单击【形状】下拉按钮，从弹出的列表中选择【直线】选项，绘制直线。

2. 设置形状格式

右击幻灯片中的形状，在弹出的菜单中选择【设置形状格式】命令，将打开【设置形状格式】对话框，在该对话框的【填充】【线条颜色】等选项卡中，可以设置形状的填充和线条等基本格式。

【例 8-11】继续例 8-10 的操作，设置幻灯片中插入形状的线型与线条颜色。

视频+素材（素材文件\第 08 章\例 8-11）

step 1 按住 Ctrl 键同时选中幻灯片中绘制的两条直线形状，右击鼠标，在弹出的菜单中选择【设置形状格式】命令，打开【设置形状格式】对话框。

step 2 在【设置形状格式】对话框中选择【线型】选项卡，设置【宽度】为【1.5 磅】。

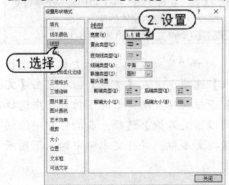

step 3 在【设置形状格式】对话框中选择【线条颜色】选项卡，选择【实线】单选按钮后单击【颜色】下拉按钮，从弹出的下拉列表中选择【绿色】选项，如下图所示，然后单击【关闭】按钮。

3. 调整形状

调整形状指的是对规则的图形形态的一些改变，主要包括调整控制点、编辑顶点等。

调整控制点

控制点主要针对一些可改变角度的图形，例如三角形，用户可以调整它的角度，又如圆角矩形，我们可以设置它四个角的弧度。在幻灯片中选中形状后，将鼠标指针放置在形状四周的控制点上，然后按住鼠标左键拖动，即可通过调整形状的控制点使形状发生变化。

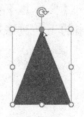 

编辑顶点

在 PowerPoint 中，右击形状，在弹出的菜单中选择【编辑顶点】命令，进入顶点编辑模式，用户可以改变形状的外观。在顶点编辑模式中，形状显示为路径、顶点和手柄三部分。

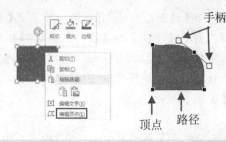

手柄

顶点　路径

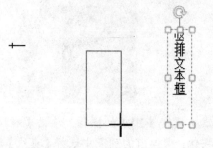

8.2.6 使用文本框

文本框是一种特殊的形状，也是一种可移动、可调整大小的文字容器。使用文本框可以在幻灯片中放置多个文字块，使文字按照不同的方向排列，也可以突破幻灯片版式的制约，实现在幻灯片中任意位置添加文字信息的目的。

1. 添加文本框

PowerPoint 提供了两种形式的文本框：横排文本框和竖排文本框，分别用来放置水平方向的文字和垂直方向的文字。

打开【插入】选项卡，在【文本】组中单击【文本框】按钮下方的下拉箭头，在弹出的下拉列表中选择【绘制横排文本框】命令，移动鼠标指针到幻灯片的编辑窗口，当指针形状变为↓形状时，在幻灯片页面中按住鼠标左键并拖动，鼠标指针变成十字形状，当拖动到合适大小的矩形框后，释放鼠标可以完成横排文本框的添加；如果在【文本】组中单击【文本框】按钮下方的下拉箭头，在弹出的下拉列表中选择【竖排文本框】命令。

此时，按住鼠标左键移动指针可以在幻灯片中绘制竖排文本框。绘制竖排文本框后，光标将自动定位在文本框内，用户可以在其中输入文本。

2. 设置文本框属性

文本框中新输入的文字只有默认格式，需要用户根据演示文稿的实际需要进行设置。文本框上方有一个圆形的旋转控制点，拖动该控制点可以方便地将文本框旋转至任意角度。

另外，在 PowerPoint 中用户还可以通过各种对话框设置文本框及文本框中文本字体的属性，下面将举例介绍。

设置文本框中文本的字符间距

字符间距是指幻灯片中字与字之间的距离。在通常情况下，文本是以标准间距显示的，这样的字符间距适用于绝大多数文本，但有时候为了创建一些特殊的文本效果，需要扩大或缩小字符间距。

在 PowerPoint 中，用户选中文本框后，单击【开始】选项卡【字体】组中的对话框启动器按钮 ，打开【字体】对话框，选择【字符间距】选项卡，可以调整文本框中的字符间距。

【例8-12】在"宣传文稿"PPT 中插入一个横排文本框，并设置文本框中文本的字符间距。
🎬 视频+素材 (素材文件\第 08 章\例 8-12)

step 1 打开"宣传文稿"演示文稿后，选择【插入】选项卡，在【文本】组中单击【文本框】下拉按钮，从弹出的下拉列表中选择【绘制横排文本框】选项，在幻灯片中绘制一个横排文本框，并在文本框中输入下图所示的文本。

step 2 选中文本框，在【开始】选项卡中将文本框中的文本字体设置为【方正粗宋简体】，将【字号】设置为28，然后单击【开始】选项卡【字体】组右下角的对话框启动器按钮，打开【字体】对话框，选择【字符间距】选项卡，在【度量值】数值框中输入2.8，然后单击【确定】按钮。

step 3 此时，文本框中字符的间距将如下图所示。

设置文本框中文本的字体格式

在 PowerPoint 中，为文本框中的文字设置合适的字体、字号、字形和字体颜色等，可以使幻灯片的内容清晰明了。通常情况下，设置字体、字号、字形和字体颜色的方法有两种：通过【字体】组设置和通过【字体】对话框设置。

▷ 通过【字体】组设置：在 PowerPoint 中，选择相应的文本，打开【开始】选项卡，在【字体】组中可以设置字体、字号、字形和颜色。

▷ 通过【字体】对话框设置：选择相应的文本，打开【开始】选项卡，在【字体】组中单击对话框启动器按钮，打开【字体】对话框的【字体】选项卡，在其中设置字体、字号、字形和字体颜色。

设置文本框中文本的对齐方式

选中演示文稿中的文本框后，用户可以通过【开始】选项卡【段落】组中的选项设置文本框中文本的对齐方式(具体操作与 Word 软件相似，这里不再详细阐述)。

设置文本框中文本的行距

选中文本框后，单击【开始】选项卡【段落】组中的对话框启动器按钮，在打开的【段落】对话框中可以设置文本框中文本的行距、段落缩进以及行间距。

【例8-13】在"宣传文稿"PPT 中插入一个横排文本框，并设置其中文本的行距。
视频·素材 (素材文件\第 08 章\例8-13)

step 1 继续例8-12的操作，在幻灯片中插入一个横排文本框，并在其中输入文本。

step 2 选中需要设置行间距的文本框，单击【段落】组中的对话框启动器按钮，打开【段落】对话框，将【行距】设置为【固定值】，在其后的微调框中输入28磅，单击【确定】按钮。

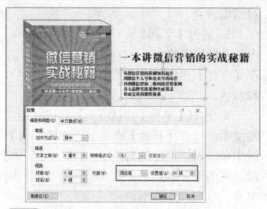

step ③ 此时，文本框中文本的行距效果如下图所示。

设置文本框中文本四周的间距

选中文本框后，右击鼠标，从弹出的菜单中选择【设置形状格式】命令，打开【设置形状格式】对话框，在【文本框】选项卡的【内部边距】选项组中调整【上】【下】【左】和【右】文本框的数值可以设置文本框四周的间距。

8.2.7 对齐页面元素

在制作 PPT 的过程中，当遇到很多素材需要对齐的时候，许多用户会用鼠标一个一个拖动，然后结合键盘上的方向键，去对齐其他的参考对象。这样做不仅效率低，而且素材歪歪扭扭不那么整齐。下面将介绍在 PowerPoint 2010 中使用各种对齐方法，使页面的元素在不同情况下也能按照排版需求保持对齐。

1. 使用智能网格线

在 PowerPoint 2010 中，用户拖动需要对齐的图片、形状或文本框等对象至一个另一个对象的附近时，软件将显示智能网格线。利用智能网格线，用户可以对齐页面中大部分的对象和元素。

【例8-14】在"宣传文稿"PPT 中利用智能网格线对齐页面中的元素。

视频+素材 (素材文件\第 08 章\例 8-14)

step ① 继续例 8-13 的操作，在"宣传文稿"PPT 的第二张幻灯片中插入下图所示的两张图片，选择【视图】选项卡，单击【显示】组中的对话框启动器按钮。

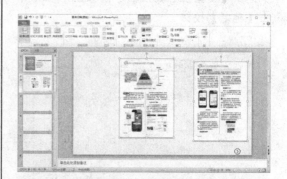

step ② 打开【网格线和参考线】对话框，选中【形状对齐时显示智能向导】复选框，然后单击【确定】按钮。

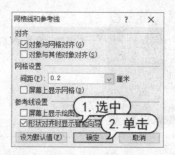

step ③ 选中一张图片，按住鼠标左键拖动使其与另一张图片对齐，当拖动的图片与目标图片的对齐点接近时，将显示智能网格线，此时释放鼠标即可使两张图片对齐。

step④ 在幻灯片中插入多个文本框，并在每个文本框中分别输入不同的文本，并在【开始】选项卡中设置文本框中文本的字体、字号和颜色。

step⑤ 拖动幻灯片中的文本框，使用智能网格线将它们对齐。

2. 使用参考线

在 PowerPoint 中按下 Alt+F9 键可以显示如下图所示的参考线。此时，用户可以根据 PPT 页面版式的设计需要，调整参考线在页面中的位置(按住 Ctrl 键拖动页面中的参考线，可以复制参考线)，并使用参考线对齐页面中的元素。

【例 8-15】在"宣传文稿"PPT 中利用参考线对齐页面中的元素。

视频+素材 (素材文件\第 08 章\例 8-15)

step① 继续例 8-14 的操作，选中"宣传文稿"PPT 中的第二张幻灯片，然后按下 Alt+F9 键显示如上图所示的参考线。

step② 将鼠标指针放置在页面中的参考线上，然后按住鼠标左键拖动，调整参考线在页面中的位置。

step③ 按住 Ctrl 键的同时拖动页面中的参考线，复制参考线。

step④ 调整复制后的参考线的位置，使用参考线规划出页面中各元素的位置，然后选中 PPT 中的第 4 张幻灯片。

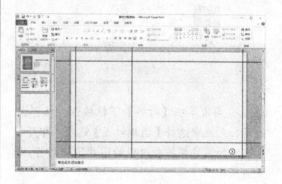

step 5 此时，即可利用参考线对齐幻灯片中的图片、文本框等元素。

3. 对齐所选对象

当用户需要将PPT页面中的一个元素对齐某个特定的元素时，可以参考以下方法。

【例8-16】在PPT中使用【对齐】命令对齐页面中的各种元素。
视频+素材 (素材文件\第08章\例8-16)

step 1 选中"宣传文稿"PPT中的第3张幻灯片，先选中PPT页面中作为对齐参考目标的对象，再按住Ctrl键选中需要对齐的元素，在【格式】选项卡单击【排列】组中的【对齐】下拉按钮，从弹出的下拉列表中选择【对齐所选对象】选项。

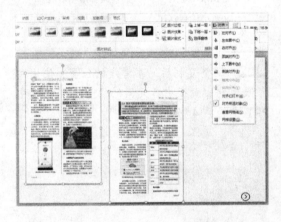

step 2 再次单击【对齐】下拉按钮，从弹出的下拉列表中选择【顶端对齐】选项，即可将后选中的图片根据先选中的图片顶端对齐，如下图所示。

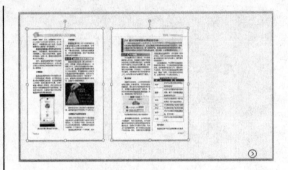

4. 分布对齐对象

在制作PPT时，我们经常需要对页面元素进行对齐排列，虽然智能网格线和参考线能在一定程度上解决这个问题，但却非最快的方法。下面将介绍一种通过【分布】命令快速、等距对齐页面元素的技巧。

纵向分布对齐

当用户需要将页面中的元素纵向均匀分布对齐时，可以参考以下方法。

【例8-17】在"宣传文稿"PPT中设置文本框纵向分布靠右对齐。
视频+素材 (素材文件\第08章\例8-17)

step 1 在"宣传文稿"PPT的第2张幻灯片中创建4个文本框，并别在其中输入不同的文本。

step 2 按住Ctrl键依次选中幻灯片中所有的文本框，选择【格式】选项卡，单击【排列】组中的【对齐】下拉按钮，从弹出的下拉列表中选择【纵向分布】和【右对齐】选项，即可将页面中的文本框纵向分布靠右对齐。

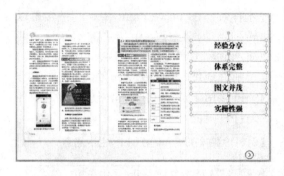

横向分布对齐

当用户需要将页面中的元素横向均匀分布对齐时，可以参考以下方法。

【例 8-18】在"宣传文稿"PPT 的第 3 张幻灯片中横向分布对齐插入的图片。

视频+素材 (素材文件\第 08 章\例 8-18)

step 1 在"宣传文稿"PPT 中选中第 3 张幻灯片，然后按住 Ctrl 键依次选中插入的图片。

step 2 选择【格式】选项卡，在【排列】组中单击【对齐】下拉按钮，从弹出的下拉列表中选择【对齐幻灯片】选项和【上下居中】选项。

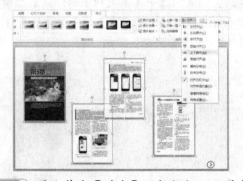

step 3 再次单击【对齐】下拉按钮，从弹出的下拉列表中选择【横向分布】选项，即可得到效果如下图所示的横向分布对齐效果。

8.2.8　组合页面元素

在 PPT 中，用户可以通过组合页面元素，将多种不同的元素组合在一起，从而得到一个新的组合对象。

1. 组合对象

在 PPT 中选中两个以上的对象后，右击鼠标，在弹出的菜单中选择【组合】|【组合】命令，即可将选中的对象组合成一个新的图形对象。

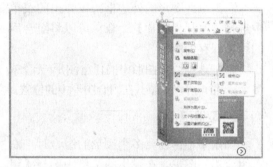

拖动组合后的图形的外边框，用户可以将该图形作为一个整体移动。

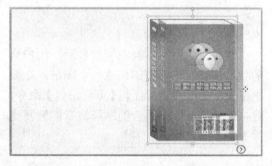

拖动组合后的图形的外边框四周的控制柄，用户可以将组合图形作为一个整体放大或缩小。

将鼠标指针放置在组合图形顶部的圆形控制柄上，然后按住鼠标左键上下拖动，可以将组合图形作为一个整体旋转。

右击组合图形的外边框，在弹出的菜单中选择【另存为图片】命令，可以将组合后的图形保存为图片。

单独选中组合图形中的任意图形(一个或多个)，用户可以调整其在组合图形中的位置。

2. 取消组合

当用户不再需要多个图形的组合时，右击组合后的图形，在弹出的菜单中选择【组合】|【取消组合】命令，即可取消图形的组合状态。

3. 重新组合

当某个组合图形被取消组合后，用户只需要选中并右击其中的任意一个图形，在弹出的菜单中选择【组合】|【重新组合】命令。这样，所有被取消组合的图形将立即恢复到原先的组合状态。

8.2.9　添加 PPT 内部链接

超链接实际上是指向特定位置或文件的一种连接方式，用户可以利用它指定程序的跳转位置。超链接只有在幻灯片放映

时才有效。在 PowerPoint 中，超链接可以跳转到当前演示文稿中特定的幻灯片、其他演示文稿中特定的幻灯片、自定义放映、电子邮件地址、文件或 Web 页上，其中 PPT 内部链接用于放映 PPT 时，切换 PPT 的各个幻灯片页面。

【例 8-19】在幻灯片母版视图中为图片设置 PPT 内部链接。

🔘 视频+素材 (素材文件\第 08 章\例 8-19)

step 1 选择【视图】选项卡，在【母版视图】组中单击【幻灯片母版】按钮，进入幻灯片母版视图，选中自定义版式中的图标。

step 2 右击图标，从弹出的菜单中选择【超链接】命令。

step 3 打开【插入超链接】对话框，在【链接到】列表中选中【本文档中的位置】选项，在【请选择文档中的位置】列表中选择【幻灯片 1】，单击【确定】按钮。

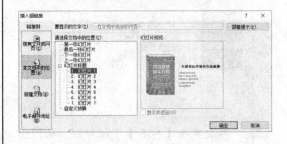

8.2.10　添加电子邮件链接

电子邮件链接常用于"阅读型"PPT，观众可以通过单击设置了链接的形状、图片、文本或文本框等元素，向指定的邮箱发送电子邮件。

【例 8-20】在"宣传文稿"PPT 中为图片设置电子邮件链接。

🔘 视频+素材 (素材文件\第 08 章\例 8-20)

step① 继续例 8-19 的操作，单击【幻灯片母版】选项卡中的【关闭母版视图】按钮，关闭幻灯片母版，然后在预览窗格中选中 PPT 中的第 7 张幻灯片。

step② 选择【插入】选项卡，单击【图像】组中的【图片】按钮，在幻灯片中插入一张图片。

step③ 右击幻灯片中插入的图片，在弹出的菜单中选择【超链接】命令，打开【插入超链接】对话框，在【链接到】列表中选中【电子邮件地址】选项，在【电子邮件地址】文本框中输入收件人的邮箱地址，在【主题】文本框中输入邮件主题，单击【确定】按钮。

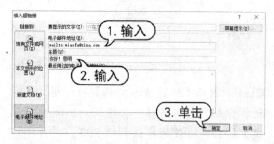

step④ 按下 F5 键播放 PPT，单击页面中设置了超链接的图片将打开邮件编写软件，自动填入邮件的收件人地址和主题，用户撰写邮件内容后，单击【发送】按钮即可向 PPT 中设置的收件人邮箱发送电子邮件。

8.3　制作工作总结 PPT

　　工作总结 PPT 是日常办公中最常用的 PPT 类型。本节将结合实例，详细介绍利用模板制作一个工作总结 PPT 的方法，帮助用户正确、高效地改造 PPT 模板。

8.3.1　使用模板创建 PPT

　　所谓 PPT 模板就是具有优秀版式设计的 PPT 载体，通常由封面页、目录页、内容页和结束页等部分组成，使用者可以方便地对其进行修改，从而生成属于自己的 PPT 文档。

　　在 PowerPoint 中，用户可以将自己制作好的 PPT 或通过模板素材网站下载的 PPT 模板文件创建为自定义模板，保存在软件中随时调用。

【例 8-21】将下载的 PPT 模板创建为 PowerPoint 自定义模板，并使用其创建 PPT。

视频+素材 (素材文件\第 08 章\例 8-21)

step① 双击 PPT 文件将其用 PowerPoint 打开后，按下 F12 键，打开【另存为】对话框。

step② 单击【另存为】对话框中的【保存类型】下拉按钮，从弹出的下拉列表中选择【PowerPoint 模板】选项，单击【保存】按钮，即可将 PPT 文档保存为模板。

step③ 选择【文件】选项卡，在弹出的菜单中选择【新建】选项，在显示的选项区域中选择【我的模板】选项。

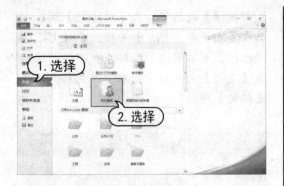

step④ 打开【新建演示文稿】对话框，在对话框中的列表中选择一个模板后，单击【确定】按钮即可使用模板创建PPT。

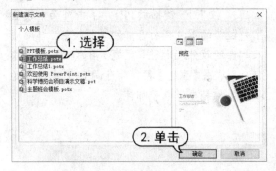

8.3.2 使用占位符

占位符是设计PPT页面时最常用的一种对象，几乎在所有创建不同版式的幻灯片中都要使用占位符。占位符在PPT中的作用主要有以下两点：

➤ 提高效率：利用占位符可以节省排版的时间，大大地提升了PPT制作的速度。

➤ 统一风格：风格是否统一是评判一份PPT质量高低的一个重要指标。占位符的运用能够让整份PPT的风格看起来更为一致。

在PowerPoint【开始】选项卡的【幻灯片】组中单击【新建幻灯片】按钮，在弹出的列表中用户可以新建幻灯片，在每张幻灯片的缩略图上可以看到其所包含的占位符的数量、类型与位置。例如选择名为【标题和内容】的幻灯片，将在演示文稿中看到如下图所示的幻灯片，其中包含两个占位符：标题占位符用于输入文字，内容占位符不仅可以输入文字，还可以添加其他类型的内容。

内容占位符中包含6个按钮，通过单击这些按钮可以在占位符中插入表格、图表、图片、SmartArt图形、视频文件等内容。

掌握了占位符的操作，就可以掌握制作一个完整PPT内容的基本方法。下面将通过几个简单的实例，介绍在PPT中插入并应用占位符，制作风格统一的PPT文档的方法。

1. 插入占位符

除了PowerPoint自带的占位符外，用户还可以在PPT中插入一些自定义的占位符，从而增强幻灯片的页面效果。

【例8-22】利用占位符在PPT的不同幻灯片页面中插入相同尺寸的图片。
🎬视频+素材 (素材文件\第08章\例8-22)

step① 继续例8-21的操作，按下F12键打开【另存为】对话框，将创建的PPT以"工作总结"为名保存。

step② 选择【视图】选项卡，在【母版视图】组中单击【幻灯片母版】按钮，进入幻灯片母版视图，在窗口左侧的幻灯片列表中选中【空白】版式。

step③ 选择【幻灯片母版】选项卡，在【母版版式】组中单击【插入占位符】按钮，在弹出的列表中选择【图片】选项。

step④ 按住鼠标左键,在幻灯片中绘制一个图片占位符,在【关闭】组中单击【关闭母版视图】按钮。

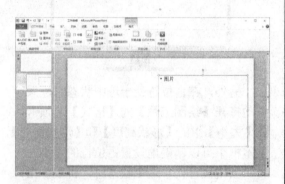

step⑤ 在 PowerPoint 预览窗格中选中第 3 张幻灯片,选择【插入】选项卡,在【幻灯片】组中单击【版式】按钮,在弹出的列表中选择设置了图片占位符的标题幻灯片,在幻灯片中插入如下图所示的图片占位符。

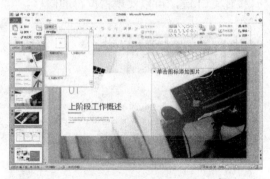

step⑥ 单击图片占位符中的【图片】按钮,在打开的【插入图片】对话框中选择一个图片文件,然后单击【插入】按钮,即可在第 3 张幻灯片中的占位符中插入一张图片。

step⑦ 重复以上的操作,即可在 PPT 其他幻灯片中插入多张大小统一的图片。

2. 运用占位符

在 PowerPoint 中占位符的运用可归纳为以下几种类型:

▶ 普通运用:直接插入文字、图片占位符,目的是提升 PPT 制作的效率,同时也能够保证风格统一。

▶ 重复运用:在幻灯片中通过插入多个占位符,实现灵活排版。

▶ 样机演示:即在 PPT 中实现电脑样机效果。

【例 8-23】 在"工作总结" PPT 中使用占位符,制作出样机演示效果。

🎬 视频+素材 (素材文件\第 08 章\例 8-23)

step① 选择【视图】选项卡,在【母版视图】组中单击【幻灯片母版】按钮,进入幻灯片母版视图。

step② 在窗口左侧的幻灯片列表中选中【空白】版式,在幻灯片中插入一个如下图所示的样机图片。

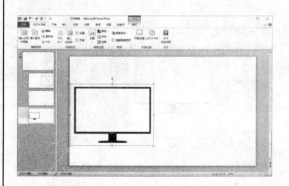

step 3 选择【幻灯片母版】选项卡，在【母版版式】组中单击【插入占位符】按钮，在弹出的列表中选择【媒体】选项，在幻灯片中的样机图片的屏幕位置绘制一个媒体占位符。

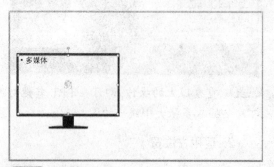

step 4 在【幻灯片母版】选项卡中单击【关闭母版视图】按钮，关闭母版视图。在导航窗格中选中第4张幻灯片，删除其中多余的内容。

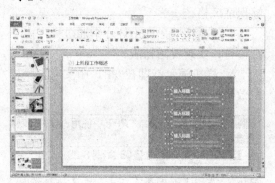

step 5 选择【开始】选项卡，在【幻灯片】组中单击【版式】下拉按钮，从弹出的列表中选择步骤3设置的幻灯片，将其应用于第4张幻灯片中。

step 6 单击幻灯片中占位符内的【插入视频文件】按钮，在打开的对话框中选择一个

视频文件，然后单击【插入】按钮，即可在幻灯片中创建样机演示效果。

3. 调整占位符

调整占位符主要是指调整其大小。当占位符处于选中状态时，将鼠标指针移动到占位符右下角的控制点上，此时鼠标指针变为形状。按住鼠标左键并向内拖动，调整到合适大小时释放鼠标即可缩小占位符。

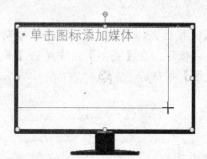

另外，在占位符处于选中状态时，系统自动打开【绘图工具】的【格式】选项卡，在【大小】组的【形状高度】和【形状宽度】文本框中可以精确地设置占位符的大小。

当占位符处于选中状态时，将鼠标指针移动到占位符的边框时将显示形状，此时按住鼠标左键并拖动占位符到目标位置，释放鼠标即可移动占位符。当占位符处于选中状态时，可以通过键盘方向键来移动占位符的位置，如下图所示。使用方向键移动的同时按住Ctrl键，可以实现占位符的微移。

8.3.3 使用音频

用户可以通过多种途径在PPT中应用声音，并根据演示需求设置声音的播放。

1. 插入声音

使用 PowerPoint 2010 在 PPT 中插入声音效果的方法有以下 4 种。

▶ 直接插入音频文件：选择【插入】选项卡，在【媒体】组中单击【音频】按钮，在弹出的列表中选择【文件中的音频】选项，在打开的【插入音频】对话框中用户可以将电脑中保存的音频文件直接插入 PPT 中。

▶ 为对象动画设置声音：在【动画】选项卡的【高级动画】组中单击【动画窗格】按钮，打开【动画窗格】窗格，双击需要设置声音的动画，在打开的对话框中选择【效果】选项卡，单击【声音】下拉按钮，在弹出的下拉列表中选择一种声音效果，即可为 PPT 中的对象动画设置声音效果。

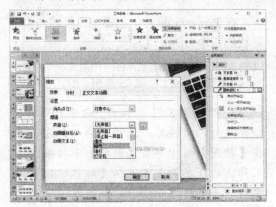

▶ 为幻灯片切换动画设置声音：选择【切换】选项卡，在【切换到此幻灯片】组中为当前幻灯片设置一种切换动画后，在【计时】组中单击【声音】按钮，在弹出的列表中选择【其他声音】选项，可以将电脑中保存的音频文件设置为幻灯片切换时的动画声音。

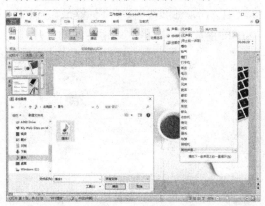

▶ 录制幻灯片演示时插入旁白：选择【幻灯片放映】选项卡，在【设置】组中单击【录制幻灯片演示】按钮，在打开的【录制幻灯片演示】对话框中选中【旁白和激光笔】复选框后，单击【开始录制】按钮。此时，幻灯片进入全屏放映状态，用户可以通过话筒录制幻灯片演示旁白语音，按下 Esc 键结束录制，PowerPoint 将在每张幻灯片的右下角添加语音。

2. 设置 PPT 声音循环播放

在 PPT 中插入音频文件后，将在幻灯片中显示声音图标，用户选中该图标后，在【播放】选项卡的【音频选项】组中选中【循环播放，直到停止】复选框即可设置 PPT 中的音乐循环播放。

3. 设置音乐在多页面连续播放

在 PPT 中插入音频文件后，在【动画】选项卡的【高级动画】组中单击【动画窗格】按钮，打开【动画窗格】窗格，双击幻灯片中的音频，打开【播放音频】对话框，在【停止播放】选项区域中选中【在】单选按钮,并在该按钮后的编辑框中输入音频文件在第几张幻灯片后停止播放,单击【确定】按钮,如下图所示。此时,按下 F5 键放映 PPT,其中的声音将一直播放到指定的幻灯片。

8.3.4 使用视频

PowerPoint 中的影片包括视频和动画。用户可以在幻灯片中插入的视频格式有十几种,而插入的动画则主要是 GIF 动画。

选择【插入】选项卡,在【媒体】组中单击【视频】按钮下方的箭头,在弹出的下拉列表中选择【文件中的视频】选项,打开【插入视频文件】对话框,选中一个视频文件后,单击【插入】按钮。

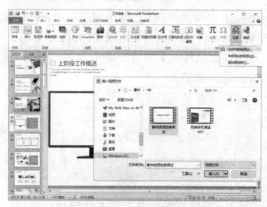

此时,将在 PPT 中插入一个视频。拖动

视频四周的控制点,调整视频大小;将鼠标指针放置在视频上按住左键拖动,调整视频的位置,使其和 PPT 中其他元素的位置相互协调。

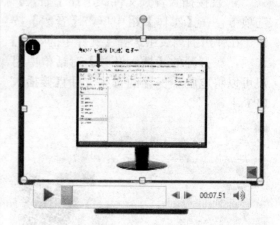

选中 PPT 中的视频,在【视频工具】|【播放】选项卡中,可以设置视频的淡入、淡出效果,播放音量,是否全屏播放,是否循环播放以及开始播放的触发机制。

8.3.5 使用动作按钮

在 PPT 中添加动作按钮,用户可以很方便地对幻灯片的播放进行控制。在一些有特殊要求的演示场景中,使用动作按钮能够使演示过程更加便捷。

1. 创建动作按钮

在 PowerPoint 中,创建动作按钮与创建形状的命令是同一个。

【例8-24】在"工作总结"PPT 中插入动作按钮。
视频+素材 (素材文件\第 08 章\例 8-24)

step 1 继续例 8-23 的操作,选中 PPT 中一个合适的幻灯片后,选择【插入】选项卡,在【插图】组中单击【形状】下拉按钮,从弹出的下拉列表中选择【动作按钮】栏中的一个动作按钮(例如"前进或下一项")。

step 2 按住鼠标指针,在 PPT 页面中绘制一个大小合适的动作按钮。

step 3 打开【动作设置】对话框,单击【超链接到】下拉按钮,从弹出的下拉列表中选择一个动作(本例选择"下一张幻灯片"动作),然后单击【确定】按钮。

step 4 此时,将在页面中添加一个执行"前进或下一项"动作的按钮。

step 5 保持动作按钮的选中状态,选择【格式】选项卡,在【大小】组中记录该动作按钮的高度和宽度值。

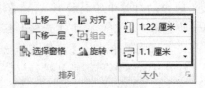

step 6 重复步骤 1~3 的操作,再在页面中添加一个执行"后退或前一项"动作的按钮,

并通过【格式】选项卡的【大小】组设置该动作按钮的高度和宽度,使其与上图所示的值保持一致。

step 7 按下 F5 键预览网页,单击页面中的【前进】按钮 将跳过页面动画直接放映下一张幻灯片,单击【后退】按钮 则会返回上一张幻灯片。

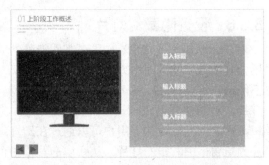

step 8 按住 Ctrl 键,同时选中【前进】和【后退】按钮,选择【格式】选项卡,单击【形状样式】组右侧的【其他】按钮 ,从弹出的列表中可以选择一种样式,将其应用于动作按钮之上。

2. 修改动作按钮

在 PPT 中应用动作按钮后,如果用户需要对动作按钮所执行的动作进行修改,可以右击该按钮,在弹出的菜单中选择【编辑超链接】命令。

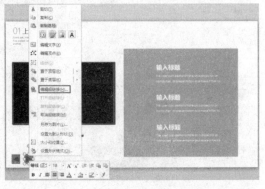

此时,将重新打开【动作设置】对话框,在该对话框中用户可以对动作按钮的功能重新设定。

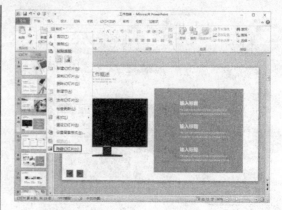

8.3.6 设置隐藏幻灯片

在 PPT 制作完成后，如果在某些特殊的场合其中的一些页面不方便向观众展示，又不能擅自将其删除，就可以通过设置隐藏幻灯片，对 PPT 进行处理。

在 PowerPoint 中，用户可以通过在幻灯片预览窗格中右击幻灯片，从弹出的菜单中选择【隐藏幻灯片】命令，将选中的幻灯片隐藏。

被隐藏的幻灯片不会在放映时显示，但会出现在 PowerPoint 的编辑界面中。在幻灯片预览窗格中，隐藏状态下的幻灯片的预览编号上将显示"\"符号。

如果要取消幻灯片的隐藏状态，只需要在幻灯片预览窗格中右击该幻灯片，从弹出的菜单中再次选择【隐藏幻灯片】命令即可。

8.4 案例演练

本章的案例演练部分将通过操作实例向用户介绍使用 PowerPoint 制作 PPT 时的一些常用技巧。

【例 8-25】利用矩形图形分割 PPT 的背景图。
视频+素材 (素材文件\第 08 章\例 8-25)

step 1 选择【插入】选项卡，在【图像】组中单击【图片】按钮，在幻灯片中插入一个图片，然后拖动图片四周的控制柄，使其占满幻灯片。

step 2 在【插图】组中单击【形状】按钮，在弹出的列表中选择【矩形】选项，在幻灯片中绘制如下图所示的矩形。

step 3 选中幻灯片中绘制的形状，在【格式】选项卡的【排列】组中单击【旋转】按钮，在弹出的下拉列表中选择【其他旋转选项】选项，打开【设置形状格式】对话框。

step 4 在【设置形状格式】对话框的【大小】选项区域中设置形状的【高度】【旋转】等参数，然后单击【关闭】按钮。

step 5 按下 Ctrl+D 组合键,将幻灯片中的形状复制多份,并在【设置形状格式】对话框中分别设置其旋转角度。

step 6 按住 Ctrl 键,先选中幻灯片中铺满整个背景的图片,再选中其他三个矩形图形。

step 7 单击【文件】按钮,从弹出的菜单中选择【选项】选项,打开【PowerPoint 选项】对话框,选择【快速访问工具栏】选项,然后单击【从下列位置选择命令】下拉按钮,从弹出的列表中选择【不在功能区中的命令】选项。

step 8 在【不在功能区中的命令】列表框中选中【组合形状】选项,然后单击【添加】按钮,将其添加至【自定义快速访问工具栏】列表框中,单击【确定】按钮。

step 9 单击快速访问工具栏中的【组合形状】按钮,从弹出的下拉列表中选择【形状剪除】选项。

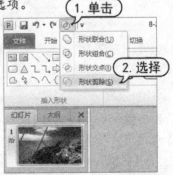

step 10 此时幻灯片页面中图形的效果如下图所示。

step ⑪ 使用文本框在幻灯片中插入文本,完成后的页面效果如下图所示。

【例 8-26】使用 PowerPoint 的"图片压缩"功能压缩 PPT 中的图片。

🔘 视频+素材 (素材文件\第 08 章\例 8-26)

step ① 选择【文件】选项卡,在显示的菜单中选择【选项】选项。

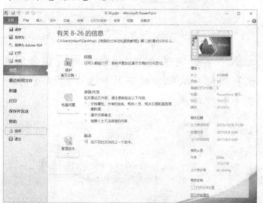

step ② 打开【PowerPoint 选项】对话框,选择【高级】选项卡,在【图像大小和质量】选项区域中单击【将默认目标输出设置为】下拉按钮,在弹出的下拉列表中设置当前 PPT 中默认的图像分辨率,然后单击【确定】按钮。

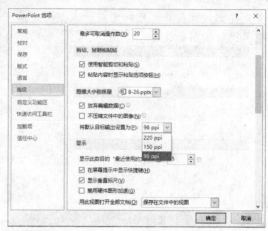

step ③ 在 PPT 中选中需要压缩的图片后,选择【格式】选项卡,单击【调整】组中的【压缩图片】按钮。

step ④ 打开【压缩图片】对话框,选中【电子邮件(96ppi):尽可能缩小文档以便共享】单选按钮。

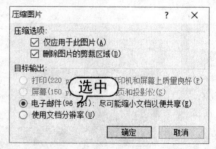

step ⑤ 单击上图中的【确定】按钮,即可将 PPT 中的图片压缩处理。

【例 8-27】快速分离 PPT 中的文本框。🔘 视频

step ① 当我们拿到一份全是大段文案的 PPT 时,想要设计美观的页面排版,一般情况下,

首先要做的就是将大段的文案分成多个文本框再进行排版美化。

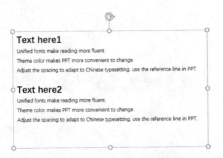

step 2　如果要将文本框中的段落从文本框中单独分离，可以在将其选中后，按住鼠标左键拖出文本框外。

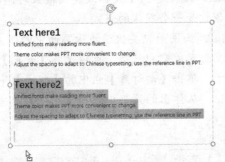

step 3　此时，被拖出文本框的文本将自动套用文本框形成一个独立的段落。

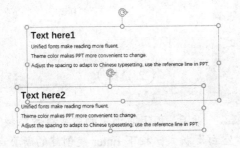

【例 8-28】在 PowerPoint 中设置默认文本框。●视频

step 1　在 PPT 中，当我们需要大量使用一种文本框格式时，可以在创建一个文本框后，右击其边框，在弹出的菜单中选择【设置为默认文本框】命令，将文本框设置为 PPT 中的默认文本框(文本框也是图形的一种)。

step 2　此后，在 PPT 的所有页面中插入的文本框将自动套用该文本框的格式。

【例 8-29】快速替换 PPT 中的所有字体。●视频

step 1　当 PPT 制作完成后，如果客户或领导对其中的字体不满意，要求更换。用户可以选择【开始】选项卡，在【编辑】组中单击【替换】下拉按钮，从弹出的下拉列表中选择【替换字体】选项。

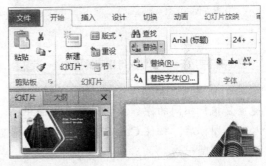

step 2　打开【替换字体】对话框，设置【替换】和【替换为】选项中的字体后，单击【替换】按钮即可。

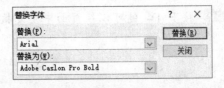

【例 8-30】快速放大或缩小页面。●视频

step 1　在 PowerPoint 中，按住 Ctrl 键的同时，

拨动鼠标滚轮向上滚动，可以放大当前页面。

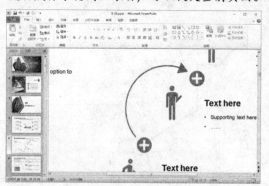

step ② 反之，按住 Ctrl 键的同时向下拨动鼠标滚轮，则可以缩小页面。

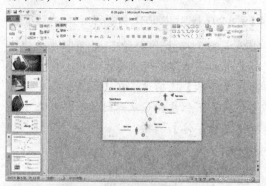

【例8-31】使用F4键重复执行相同的操作。● 视频

step ① 在 PowerPoint 中，我们可以利用 F4 键重复执行相同的操作。例如，在页面中插入一个图标后，按住 Ctrl+Shift+拖动鼠标将该图标复制一份。

step ② 按下 F4 键可以在页面中重复执行

Ctrl+Shift+拖动鼠标操作，在页面中创建出等距复制的图标。

【例8-32】快速清空当前页面中的版式。● 视频

step ① 在新建 PPT 文档或套用模板时，软件总会打开一个默认的版式。

step ② 如果用户要快速清除页面中的版式，使页面变成空白状态，可以选择【开始】选项卡，单击【幻灯片】组中的【版式】下拉按钮，从弹出的菜单中选择【空白】选项。

step ③ 此后，PPT 页面中的版式将被替换为"空白"版式，按下 Enter 键创建的新页面也将使用"空白"版式。

第9章

PowerPoint 2010 幻灯片设计

在使用 PowerPoint 2010 创建 PPT 时，除了要对 PPT 的内容做出规划以外，还需要设计幻灯片的页面版式和动画效果、设置幻灯片的放映方式等。本章将介绍设计幻灯片、设置幻灯片动画效果、放映和打包演示文稿等内容。

 **本章对应视频**

例 9-1 制作拉幕动画　　　　　例 9-4 将 PPT 输出为图片
例 9-2 制作浮入动画　　　　　例 9-5 将 PPT 打包为 CD
例 9-3 将 PPT 输出为视频　　　例 9-6 制作分屏式幻灯片页面

9.1 设计幻灯片内容

在工作中，一个出色的 PPT 不在于提供了多少信息，而在于观众能从中理解多少内容。因此，在着手开始制作 PPT 时，构思 PPT 中每张幻灯片的内容与版式至关重要。

9.1.1 构思内容

做任何工作都需要有目标，构思 PPT 内容的第一件事，就是要确定 PPT 的制作目标。这个问题不仅决定了 PPT 的类型是给别人看的"阅读型"PPT，还是用来演说的"演讲型"PPT，还决定了 PPT 的观点与主题的设定。

1. 阅读型和演讲型 PPT 的区别

阅读型 PPT 是对于一个项目、一些策划等内容的呈现。这类PPT的制作是根据文案、策划书等进行的。阅读型 PPT 的特点就是不需要他人的解释读者便能自己看懂，所以其一个页面上往往会呈现出大量的信息。

演讲型PPT就是我们平时演讲时所用到的 PPT。在投影仪上使用演讲型 PPT 时，整个舞台上的核心是演讲人，而非PPT，因此不能把演讲稿的文字放在 PPT 上让听众去读，这样会导致观众偏于阅读，而不重视演讲人的存在。

阅读型PPT和演讲型PPT两者之间最明显的区别就是：一个字少，一个字多。

2. 确定 PPT 目标时需要思考的问题

由于 PPT 的主题、结构、题材、排版、配色以及视频和音频都与目标息息相关，因此在制作 PPT 时，需要认真思考以下几个问题：

- ▶ 观众能通过 PPT 了解什么？
- ▶ 我们需要通过 PPT 展现什么观点？
- ▶ 观众会通过 PPT 记住什么？
- ▶ 观众看完 PPT 后会做什么？

只有得到这些问题的答案后，才能帮助我们找到 PPT 的目标。

3. 将目标分层次(阶段)并提炼出观点

PPT 的制作目标可以是分层次的，也可以是分阶段的。例如：

- ▶ 本月业绩良好：制作 PPT 的目标是为争取奖励。
- ▶ 本月业绩良好：制作 PPT 的目标是请大家来提出建议，从而进一步改进工作。
- ▶ 本月业绩良好：制作 PPT 的目标是获得更多的支持。

在确定了目标的层次或阶段之后，可以制作一份草图或思维导图，将目标中的主要观点提炼出来，以便后期使用。

4. 参考 SMART 原则分析目标

目标管理中的 SMART 原则，分别由 Specific、Measurable、Attainable、Relevant、Time-based 五个词组成。这是制定目标时，必须谨记的五项要点。在为 PPT 确定目标时也可以作为参考。

S(Specific，明确性)

所谓"明确性"就是要用具体的语言，清楚地说明要达成的行为标准。明确目标，几乎是所有成功的 PPT 的一致特点。

很多 PPT 不成功的重要原因之一，就因为其内容目标设定得模棱两可，或没有将目标有效地传达给观众。例如，PPT 设定的目标是"增强客户意识"。这种对目标的描述就很不明确，因为增强客户意识有许多具体做法，比如：

> 减少客户投诉。

> 过去客户投诉率是 3%，把它降低到 1.5%或者 1%。

> 提升服务的速度，使用规范礼貌的用语，采用规范的服务流程等。

有这么多增强客户意识的做法，PPT 所要表达的"增强客户意识"到底指哪一个方面？目标不明确就无法评判、衡量。

M(Measurable，可量化)

可量化指的是目标应该有一组明确的数据，作为衡量是否达成目标的依据。如果制定的目标无法衡量，就无法判断这个目标是否能实现。例如。在 PPT 中设置目标是为所有的老会员安排进一步的培训管理，其中的"进一步"是一个既不明确，也不容易衡量的概念。到底指什么？是不是只要安排了某个培训，不管是什么样的培训，也不管效果好坏都叫"进一步"？

因此，对于目标的可量化设置，我们应该避免用"进一步"等模糊的概念，而从详细的数量、质量、成本、时间、上级或客户的满意度等多个方面来进行。

A(Attainable，可实现)

目标的可实现性是指目标要通过努力可以实现，也就是目标不能确定得过低或过高，过低了无意义，过高了实现不了。

R(Relevant，相关联)

目标的相关联指的是实现此目标与其他目标的关联情况。如果为 PPT 设置了某个目标，但与我们要展现的其他目标完全不相关，或者相关度很低，那么这个目标即使达到了，意义也不是很大。

T(Time-based，时效性)

时效性就是指目标是有时间限制的。例如，我们将在 PPT 中展现 2028 年 5 月 31 日之前完成某个项目，2028 年 5 月 31 日就是一个确定的时间限制。

没有时间限制的目标没有办法考核。同时，在 PPT 中确定目标时间限制，也是 PPT 制作者通过 PPT 使所有观看 PPT 的观众对目标轻重缓急的认知进行统一的过程。

9.1.2　分析观众

在确定了 PPT 的制作目标后，我们需要根据目标分析观众，确定他们的身份是上司、同事、下属还是客户。从观众的认知水平构思 PPT 的内容，才能做到用 PPT 吸引他们的眼、打动他们的心、勾起他们的魂。

1. 确定观众

分析观众之前首先要确定观众的类型。在实际工作中，不同身份的观众所处的角度和思维方式都具有很明显的差异，所关心的内容也会有所不同。例如：

> 对象为上司或者客户，可能更偏向关心结果、收益或者特色亮点等。

> 对象为同事，可能更关心该 PPT 与其自身有什么关系(如果有关系最好在内容中单独列出来)。

> 对象是下属，可能更关心需要做什么，以及有什么样的要求和标准。

一次成功的 PPT 演示一定是呈现观众想看的内容，而不是一味站在演讲者的角度呈现想讲的内容。所以，我们在构思 PPT 时需要多从观众的角度出发。这样观众才会觉得 PPT 所讲述的目标与自己有关系而不至于在观看 PPT 演示时打瞌睡。

2. 预判观众立场

确定观众的类型后，我们需要对观众的立场做一个预判，判断其对PPT所要展现的目标是支持、中立还是反对。例如：

▶ 如果观众支持PPT所表述的立场，可以在内容中多鼓励他们，并感谢其对立场的支持，请求给予更多的支持。

▶ 如果观众对PPT所表述的内容持中立态度，可以在内容中多使用数据、逻辑和事实来打动他们，使其偏向支持PPT所制定的目标。

▶ 如果观众反对PPT所表述的立场，则可以在内容中通过对他们的观点的理解争取其好感，然后阐述并说明为什么要在PPT中坚持自己的立场，引导观众的态度发生改变。

3. 寻找观众注意力的"痛点"

面对不同的观众，引发其关注的"痛点"是完全不同的。例如：

▶ 有些观众容易被感性的图片或逻辑严密的图表所吸引。

▶ 有些观众容易被代表权威的专家发言或特定人群的亲身体验影响。

▶ 还有些观众关注数据和容易被忽略的细节和常识。

只有把握住观众所注意的"痛点"，才能通过分析了解能够吸引他们的素材和主题，从而使PPT能够真正吸引观众。

4. 分析观众的喜好

不同认知水平的观众，其知识背景、人生经历和经验都不相同。在分析观众时，我们还应考虑其喜欢的PPT风格。例如，如果观众喜欢看数据，我们就可以在内容中安排图表或表格，用直观的数据去影响他们。

5. 考虑PPT的播放场合

PPT播放的场合多种多样，不同的场合对PPT的制作要求也各不相同。例如：

▶ 用于阅读的"阅读型"PPT可能会要求PPT文字更多，字号较小。

▶ 用于演讲的"演讲型"PPT由于需要在公开场合,通过投影仪播放给较多的观众,因此需要PPT中的字号较大，并且尽量使用图片来说明观点和内容。

PPT的播放场合不同，其设置的风格、结构和主题就完全不同。所以，分析观众时了解其观看PPT的场合也很重要。

9.1.3　设计主题

PPT的主题决定了PPT内容制作的大致方向。以制作一份推广策划方案，或者一份产品的介绍为例，为PPT设计不同的主题就好比确定产品的卖点：如果制作市场的推广方案，那么制作这份PPT的主题方向就是向领导清晰地传达我们的推广计划和思路；而如果要制作的是某个产品的介绍，那么我们的主题方向就是要向消费者清晰地传达这件产品的特点以及消费者使用它能得到什么好处。

1. 什么是好的主题

一个好的主题不是回答"通过演示得到什么"，而是通过PPT回答"观众想在演示中听到什么"，或者说要达到沟通目标，需要在PPT中表达什么样的观点,才能吸引观众。例如：

▶ 在销售策划PPT中，应该让观众意识到"我们的产品是水果，别人的产品是蔬菜"，其主题可能是"如何帮助你的产品扩大销售"。

▶ 在项目提案PPT中，主题应该让听众认识到风险和机遇，其主题可能是"为公司业绩寻找下一个增长点"。

为了寻找适合演讲内容的PPT主题，我们可以多思考以下几个问题：

▶ 观众的真正需求是什么？

▶ 为什么我们能满足观众的需求？

▶ 为什么是我们而不是其他人？

▶ 什么才是真正有价值的建议？

这样的问题问的越多，找到目标的沟通切入点就越明确。

2. 将主题突出在 PPT 封面页上

好的 PPT 主题应该体现在封面页上。

在实际演示中，如果没有封面页的引导，观众的思路在演讲一开始就容易发散，无法理解演讲者所要谈的是什么话题和观点，例如下图所示的封面。

因此，对主题的改进最能立竿见影的就是使用一个好的封面标题，而好的标题应该具备以下几个特点：

> 能够点出演示的主题。
> 能够抓住观众的眼球。
> 能够在 PPT 中制造出兴奋点。

下面举几个例子。

突出关键数字的标题

在标题中使用数字，让观众清晰地看到利益点。

未知揭秘的标题

在标题中加入秘密、揭秘、怎么等词语，

引起观众的好奇心。

直指利益型的标题

使用简单、直接的文字表达出演示内容能给观众带来什么利益。

故事型标题

故事型标题适合成功者传授经验时使用，一般写法是从 A 到 B，如下图所示。

如何型标题

使用如何型标题能够很好地向观众传递有价值的利益点，从而吸引观众的注意力，如下图所示。

疑问型标题

使用疑问式的表达能够勾起观众的好奇心，如果能再有一些打破常理的内容，标题就会更加吸引人，如下图所示。

3. 为主题设置副标题

将主题内容作为标题放置在 PPT 的封面页上之后，如果只有一个标题，有时可能会让观众无法完全了解演讲者需要表达的意图，需要用副标题对 PPT 的内容加以解释。

副标题在页面中能够为标题提供细节描述，使整个页面不缺乏信息量，如下图所示。

4. 设计主题包含的各种元素

为一份演示文稿设计主题，除了要确定前面介绍的标题、副标题以外，用户还需要系统地规划围绕主题内容需要包含的元素，包括：

- ▶ 基本的背景设计和色彩搭配。
- ▶ 封面、目录、正文页、结束页等不同版式的样式。
- ▶ 形状、图表、图片、文本等图文内容的外观效果。
- ▶ PPT 的内容的结构。
- ▶ 单页幻灯片上的信息量。
- ▶ PPT 的切换效果及转场方式。

9.1.4 构思框架

在明确了 PPT 的目标、观众和主题三大问题后，接下来我们要做的就是为整个内容构建起一个逻辑框架，以便在框架的基础之上填充需要表达的内容。

1. 什么是 PPT 中的逻辑

在许多用户对 PPT 的认知中，以为 PPT 做好看就可以了，于是他们热衷收藏各种漂亮的模板，在需要做 PPT 时，直接套用模板，忽视了 PPT 的本质——"更精准的表达"。而实现精准表达的关键就是"逻辑"。

没有逻辑的 PPT，只是文字与图片堆砌，类似于"相册"，只会让观众不知所云。

在 PPT 的制作过程中，逻辑可以简单理解成一种顺序，一种观众可以理解的顺序。

2. PPT 中有哪些逻辑

PPT 主要由三部分组成，分别是素材、逻辑和排版。其中，逻辑包括主线逻辑和单页幻灯片的页面逻辑，是整个 PPT 的灵魂，是 PPT 不可或缺的一部分。

主线逻辑

PPT 的主线逻辑在 PPT 的目录页上可以看到，如下图所示，它是整个 PPT 的框架。

不同内容和功能的 PPT，其主线逻辑都是不一样的，需要用户根据 PPT 的主题通过整理线索、设计结构来逐步构思。

页面逻辑

单页幻灯片的页面逻辑，就是 PPT 正文页中的内容，在单页 PPT 里，主要有以下 6 种常见的逻辑关系。

▶ 并列关系：并列关系指的是页面中两个要素之间是平等的，处于同一逻辑层级，没有先后和主次之分。它是 PPT 中最常见的一种逻辑关系。在并列关系中使用最多的就是：色块+项目符号、数字、图标等来表达逻辑关系。

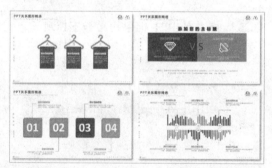

▶ 递进关系：递进关系指的是各项目之间在时间或者逻辑上有先后的关系，它也是 PPT 中最常见的一种逻辑关系。在递进关系中一般用数字、时间、线条、箭头等元素来展示内容。在设计页面时，通常会使用向右指向的箭头或阶梯式的结构来表示逐层递增的效果，如下图所示。除此之外，递进关系中也可以用"时间轴"来表示事件的先后顺序。

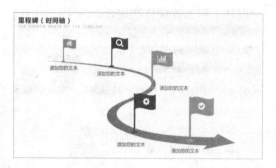

▶ 循环关系：循环关系指的是页面中每个元素之间互相影响，最后形成闭环的一个状态，如下图所示。循环关系在 PPT 中最常见的应用是：通过使用环状结构来表达逻辑关系。

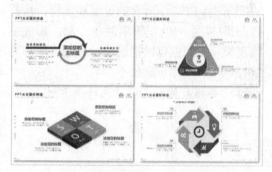

▶ 包含关系：包含关系也被称为总分关系，其指的是不同级别项目之间的一种"一对多"的归属关系，也就是类似下图所示页面中大标题下有好几个小标题的结构。

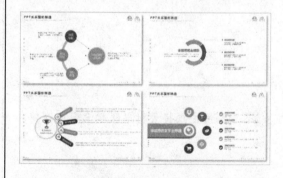

▶ 等级关系：在等级关系中各个项目处于同一逻辑结构，相互并列，但由于它们在某些其他方面有高低之别，所以在位置上有上下之分。等级关系最常见的形式是 PPT 模板中的金字塔和组织架构图，此类逻辑关系

一般从上往下等级依次递减。

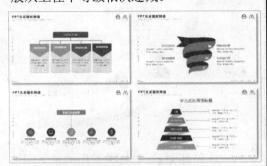

3. 整理框架线索

在构思 PPT 框架时，我们首先要做的就是整理出一条属于 PPT 的线索，用一条丝线(主线)，将 PPT 中所有的页面和素材，按符合演讲(或演示)的逻辑串联在一起，形成主线逻辑。我们也可以把这个过程通俗地称为"讲故事"，具体步骤如下。

step 1 根据目标和主题收集许多素材。

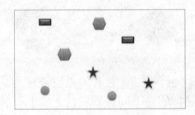

step 2 分析目标和主题，找到一条主线。

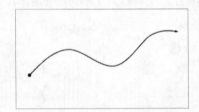

step 3 利用主线将素材串联起来形成逻辑。

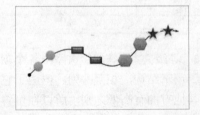

step 4 有时，根据主线逻辑构思框架时会发现素材不足。

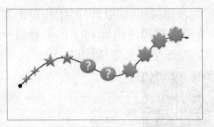

step 5 此时，也可以尝试改变其他的主线串联方式。

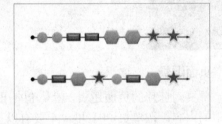

step 6 或者，在主线之外构思暗线。

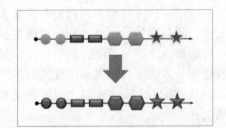

step 7 完整的 PPT 框架构思如下图所示。

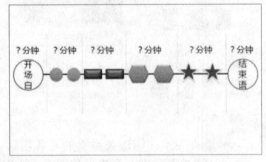

step 8 好的构思也可以反复借鉴。

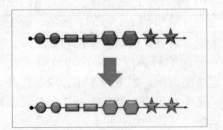

此外，如果一次演讲，还需要与观众进

行互动，则需要安排好 PPT 的演示时间和与观众交流的时间。

在整理线索的过程中，时间线、空间线或结构线都可以成为线索。

9.1.5　加工信息

在完成 PPT 框架的构思之后，需要在具体的页面中完成对素材信息的加工。就像大堆的蔬菜不会自己变成美味佳肴一样，把各种素材堆砌在一起也做不出效果非凡的 PPT。想要完成 PPT 内容构思的最后一步，用户需要学会如何组织材料。

PPT 内容材料提炼及加工处理的过程可以分为以下三个环节。

1. 将数据图表化

数据是客观评价一件事情的重要依据，图表是视觉化呈现数据变化趋势或占比的重要工具。当一份 PPT 文件有较多数据支撑时，可以通过图片、图形、图表的使用尽可能地实现数据图表化。

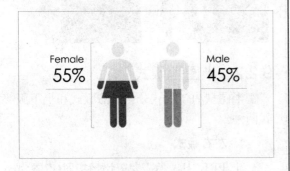

"能用图，不用表；能用表，不用字"，以此能够在 PPT 中增强表达的说服力。

2. 将信息可视化

信息可视化指的是将 PPT 的文字信息内容用图片、图标的形式展现出来，使 PPT 内容的呈现更加清晰客观、形象生动，更能吸引观众的眼球，使观众的注意力更加集中。

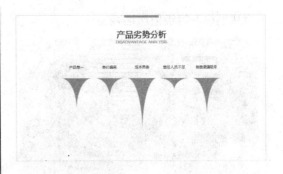

3. 将重点突出化

重点突出化指的是将 PPT 中想要重点传递的内容在排版上表现出来，再通过适当的配色增强视觉冲击，让观众能在第一时间接收到重点信息，强化重点信息在脑海中的印象。例如：

▶　使用大小对比的方式。

▶　使用区域对比的方式。

▶　使用色彩对比的方式。

▶ 使用字体对比的方式。

▶ 使用虚实对比的方式。

9.2 排版幻灯片版式

排版一直是我们设计幻灯片时最重要，也是最能体现设计制作水平的地方。在制作 PPT 时，任何元素都不能在页面中随意摆放，每个元素都应当与页面上的另一个元素建立某种视觉联系，其核心目的都是提升幻灯片页面的可读性，在这个过程中，如果能利用一些技巧，则可以让信息更准确地传达给观众。下面将介绍几种常见的排版布局类型，以供参考。

9.2.1 全图型版式

全图型 PPT 版式有一个显著的特点，即它的背景都是由一张或多张图片构成的，而在图片之上通常都会放几个字，以作说明。

由于全图型 PPT 有一个很明显的特点，就是图大文字少。就决定了这种类型的 PPT 并不是所有的场合都适用。全图型 PPT 页面适用于以下环境：

▶ 个人旅游、学习心得的分享。

▶ 新产品发布会。

▶ 企业团队建设说明。

除此之外，全图型 PPT 除了上图所示的满屏使用一张图片的版式以外，还可以有其他多种应用，例如在一个屏幕中并排放置多张图片的并排型版式，将多张图片拼接在一起的拼图型版式(如下图所示)，以及通过分

割图片制作出的倾斜型和不规则型版式等。

9.2.2 半图型版式

半图型 PPT 版式分为左右版式和上下版式两种。

1. 左右版式

在 PPT 中，当需要突出情境时(内容量少，逻辑关系简单)，可以采用左右版式。

在左右版式中，大部分图片能以矩形的

方式"完整呈现"，图片越完整，意境体现效果越好。

2. 上下版式

在需要突出内容时(内容多，并且逻辑关系复杂)，可以采用上下版式。

在 16：9 的 PPT 页面尺寸比例下，横向的可用空间比纵向多，有足够的空间来呈现逻辑关系复杂的内容。

很多复杂的版式都是由左右或上下版式变化而来的，用户可以从以下两个方面对半图型版式进行调整。

调整图文占比

当页面呈现内容较多时，可以减少图片占比(适用于论述内容的 PPT 类型)，如下图所示。

反之，当页面呈现内容较少时，可以增加图片占比(适用于传达情感或概念性的 PPT 类型)。

增加层次

所谓"增加层次"，就是通过带有阴影的色块，使画面区分出两个以上的层次。

9.2.3　四周型版式

四周型版式将文字摆放在页面中心元素的四周，中心的元素则可以随意进行替换，如下图所示。在设计四周型版式的文案内容时，用户只需要注意标题和内容的对比即可。

9.2.4　分割型版式

分割型版式指的是利用多个面，将 PPT 的版面分割成若干个区域。

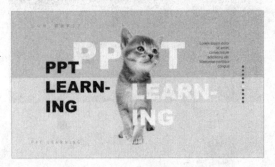

1. 分割"面"的类型

"面"可以有多种具体的形状，比如矩形、平行四边形、圆形等，不同形状的"面"能够通过分割页面，在 PPT 中营造出各种不同的氛围。

▶ 矩形分割：使用矩形分割的页面，多用于各种风格严肃、正式的商务 PPT 中。

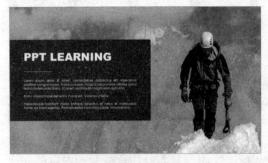

▶ 斜形分割：使用斜形分割页面，能够给人不拘一格的动感。

▶ 圆形分割：相比矩形和斜形有棱有角的形状，用圆形来分割版面，更能营造出一种柔和、轻松的氛围。

此外，用户还可以使用不规则的形状分割页面，使页面能够给观众带来创意感、新鲜感。

2. 分割"面"的作用

分割"面"的作用主要指以下两个。

盛放信息

在一个 PPT 页面中可能会有多种不同类型的内容。为了使内容之间不互相混淆，我们通常需要把它们分开来排版，那么此时使用分割型版面就非常合适了，内容繁杂的页面通过分割就变得非常清晰，如下图所示。

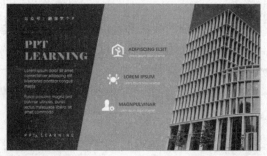

在分割型版式中，"面"可以起到"容器"的作用，它们各自装载着独立的信息，互不干扰，使页面看上去有"骨是骨，肉是肉"的分明感。

提升页面饱满度

在 PPT 页面中，内容过多或过少都会给排版带来困扰。当页面内容过少时，通常会显得比较单调。此时，如果用户想提升页面的饱满度，就可以使用分割型版式中的"面"来填充页面的空白处。

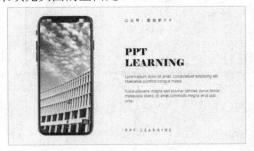

9.2.5　均衡型版式

均衡型版式对页面中上、下、左、右的元素进行了划分，可以细分为上下型均衡版式、左右型均衡版式以及对角线型均衡版式三种。下面将分别进行介绍。

1. 上下型均衡版式

上下型均衡版式可以用在 PPT 目录页或表示多个项目并存在着并列关系的页面中。

2. 左右型均衡版式

左右型均衡版式将页面的左右部分进行了划分，分别在左和右两个部分显示不同的

元素。

3. 对角线型均衡版式

对角线型均衡版式将页面中的元素通过一条分明的对角线进行划分，使页面形成上、下两个对角，并在内容元素上保持均衡。版面对角式构图，打破传统布局，提升整体的视觉表现，在变化中还可以形成相互呼应的效果。

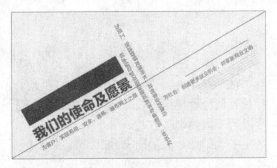

9.2.6　时间轴型版式

时间轴型版式是根据时间轴来进行设计的，整个版面的排版围绕着中间的时间线，被划分为上下两个部分，但整体还是居中于幻灯片的中央。

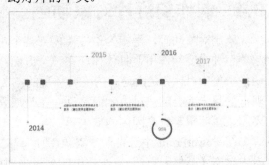

9.3 设置幻灯片切换动画

幻灯片切换动画是指一张幻灯片如何从屏幕上消失，以及另一张幻灯片如何显示在屏幕上的方式。幻灯片切换方式可以是简单地以一个幻灯片代替另一个幻灯片，也可以使幻灯片以特殊的效果出现在屏幕上。

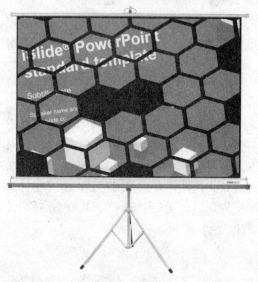
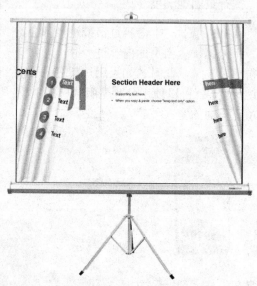

PPT 在放映时的切换动画

在 PowerPoint 中，用户可以为一组幻灯片设置同一种切换方式，也可以为每张幻灯片设置不同的切换方式。

要为幻灯片添加切换动画,可以选择【切换】选项卡，在【切换到此幻灯片】组中进行设置。在该组中单击按钮，将打开如右图所示的幻灯片动画效果列表。单击选中某个动画后，当前幻灯片将应用该切换动画，并可立即预览动画效果。

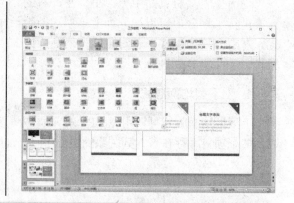

9.4 制作幻灯片对象动画

所谓对象动画，是指为幻灯片内部某个对象设置的动画效果。对象动画设计在幻灯片中起着至关重要的作用，具体体现在三个方面：一是清晰地表达事物关系，如以滑轮的上下滑动作数据的对比，是由动画的配合体现的；二是更能配合演讲，当幻灯片进行闪烁和变色时，观众的目光就会随演讲内容而移动；三是增强效果表现力，例如设置不断闪动的光影、漫天飞雪、落叶飘零、亮闪闪的效果等。

在 PowerPoint 中选中一个对象(图片、文本框、图表等)，在【动画】选项卡的【动画】组中单击【其他】按钮，在弹出的列表中即可为对象选择一个动画效果，如下图所示。

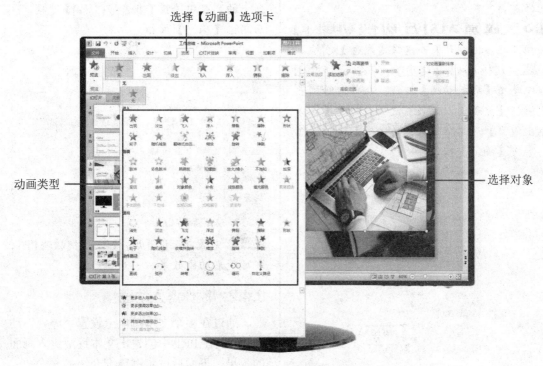

为幻灯片中的对象设置动画效果

除此之外，在【高级动画】组中单击【添加动画】按钮，在弹出的列表中也可以为对象设置动画效果。

PPT 中的对象动画包含进入、强调、退出和动作路径 4 种效果。其中"进入"是指通过动画方式让效果从无到有；"强调"动画是指本来就有，到合适的时间就显示一下；"退出"是指在已存在的幻灯片中，实现从有到无的过程；"动作路径"指本来就有的动画，沿着指定路线发生位置移动。

下面将通过两个具体的动画制作案例，介绍综合利用以上几种动画类型制作各类 PPT 对象动画的技巧。

9.4.1　制作拉幕动画

很多用户使用 PPT 演示时习惯使用"出现"动画，比如要依次显示幻灯片上的三段文字，就分别添加三个出现动画。这种表现方式虽然简单直接，但在演示文稿中经常显示，就会使 PPT 显得有些单调。

下面将介绍一种"拉幕"动画效果，该

动画可以通过移动遮盖的幕布逐渐呈现幻灯片，使 PPT 演示的内容始终汇聚在文档中最重要的位置上，从而达到吸引观看者注意力的效果。

【例 9-1】制作拉幕效果的 PPT 对象动画。 视频

step 1 按下 Ctrl+N 组合键新建一个空白演示文稿后，输入文本内容。

step 2 选择【插入】选项卡，在【插图】组中单击【形状】按钮，在弹出的列表中选择【矩形】选项，在幻灯片中绘制一个矩形图形，遮挡住一部分内容。

step 3 在【格式】选项卡的【形状样式】组中单击【形状填充】按钮，在弹出的列表中

选择【白色】色块。

step 4 在【形状样式】组中单击【形状轮廓】按钮，在弹出的列表中选择【黑色】色块。

step 5 选择【动画】选项卡，在【高级动画】组中单击【添加动画】按钮，在弹出的列表中选择【更多退出效果】选项，打开【添加退出效果】对话框，选择【切出】选项，然后单击【确定】按钮。

step 6 选中幻灯片中的矩形图形，按下Ctrl+D组合键复制图形，然后拖动鼠标将复制后的图形移动到如下图所示的位置。

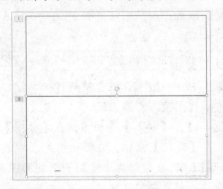

step 7 在【动画】选项卡的【高级动画】组中单击【动画窗格】按钮，打开【动画窗格】窗格。

step 8 在【动画窗格】窗格中按住Ctrl键选中两个动画，右击鼠标，在弹出的菜单中选择【计时】选项。

step 9 打开【切出】对话框的【计时】选项卡，单击【开始】按钮，在弹出的列表中选择【单击时】选项，单击【期间】按钮，在

弹出的列表中选择【非常慢(5秒)】选项，然后单击【确定】按钮

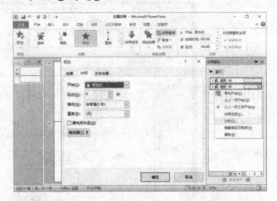

step 10 完成以上设置后，按下F5键放映PPT，即可观看动画效果。

9.4.2 制作浮入动画

通过在多个文本对象上设置"浮入"动画，可以在PPT中创建出文本逐渐进入画面的效果，下面通过实例详细介绍。

【例 9-2】制作一个文本浮入画面的动画效果。
视频

step 1 选择【插入】选项卡，在【文本】组中单击【文本框】按钮，在弹出的列表中选择【绘制横排文本框】选项，在幻灯片中插入一个文本框，并在其中输入一个汉字"谢"。

step 2 选中幻灯片中的文本框，选择【动画】选项卡，在【高级动画】组中单击【添加动画】按钮，在弹出的列表中选择【浮入】动画。

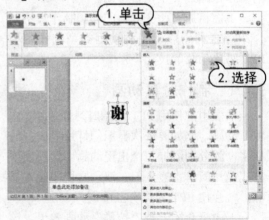

step 3 选中幻灯片中的文本框,按下 Ctrl+D 组合键,将其复制多份,然后修改复制的文本框中的内容。

step 4 选中幻灯片中所有的文本框,在【动画】选项卡的【动画】组中选中【浮入】选项,为文本框对象设置"浮入"动画。

step 5 选中幻灯片中的第 2 个"谢"字和"看"字文本框,在【动画】选项卡的【动画】组中单击【效果选项】按钮,在弹出的列表中选择【下浮】选项。

step 6 在【高级动画】组中单击【动画窗格】按钮,打开【动画窗格】窗格。

step 7 在【动画】选项卡的【计时】组中单

击【开始】按钮,在弹出的列表中选择【与上一动画同时】选项,在【持续时间】文本框中输入 00.75。

step 8 在【动画窗格】窗格中选中第 2 个"谢"字上的动画,在【计时】组中将【持续时间】设置为 01.00。

step 9 在【动画窗格】窗格中选中"观"字上的动画,在【计时】组中将【持续时间】设置为 02.00;选中"看"字上的动画,将动画的【持续时间】设置为 03.00。

step 10 按下 F5 键放映 PPT,即可在幻灯片中预览浮入动画的效果。

9.5　控制 PPT 动画时间

　　对很多人来说,在 PPT 中添加动画是一件非常麻烦的工作:要么动画效果冗长拖沓,喧宾夺主;要么演示时手忙脚乱,难以和演讲精确配合。之所以会这样,很大程度是他们不了解如何控制 PPT 动画的时间。

　　文本框、图形、照片的动画时间多长,重复几次?各个动画如何触发?是单击鼠标后直接触发,还是在其他动画完成之后自动触发?触发后是立即执行,还是延迟几秒钟之后再执行？这些设置虽然基本，但却是 PPT 动画制作的核心。

9.5.1 对动画的时间控制

下面将从触发方式、动画时长、动画延迟和动画重复这 4 个方面介绍如何设置对象动画的控制时间。

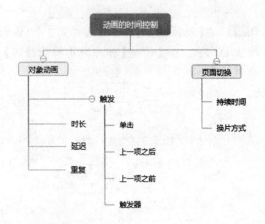

1. 触发方式

PPT 对象的动画有三种触发方式，一是通过单击鼠标的方式触发，一般情况下添加的动画默认就是通过单击鼠标来触发的；二是与上一动画同时，指的是上一个动画触发的时候，也会同时触发这个动画；三是上一动画之后，是指上一个动画结束之后，这个动画就会自动被触发。

选择【动画】选项卡，单击【高级动画】组中的【动画窗格】选项显示【动画窗格】窗格，然后单击该窗格中动画后方的倒三角按钮，从弹出的菜单中选择【计时】选项，可以打开动画设置对话框。

不同的动画，打开的动画设置对话框的名称各不相同，以下图所示的【下浮】对话框为例，在该对话框的【计时】选项卡中单击【开始】下拉按钮，在弹出的下拉列表中可以修改动画的触发方式。

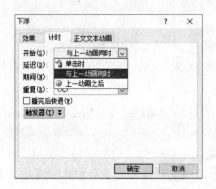

其中，通过单击鼠标的方式触发又可分为两种，另一种是在任意位置单击鼠标即可触发；一种是必须单击某一个对象才可以触发。前者是 PPT 动画默认的触发类型，后者就是我们常说的触发器了。单击上图所示对话框中的【触发器】按钮，在显示的选项区域中，用户可以对触发器进行详细设置，如下图所示。

下面以 A 和 B 两个对象动画为例，介绍几种动画触发方式的区别。

▶ 设置为【单击时】触发：当 A、B 两个动画都是通过单击鼠标的方式触发时，相当于分别为这两个动画添加了一个开关。单击一次鼠标，第一个开关打开；再单击一次鼠标，第二个开关打开。

▶ 设置为【与上一动画同时】触发：当A、B 两个动画中 B 动画的触发方式设置为"与上一动画同时"时，则意味着 A 和 B 动画共用了同一个开关，当鼠标单击打开开关后，两个对象的动画就同时执行。

▶ 设置为【上一动画之后】触发：当A、B 两个动画中 B 的动画设置为"上一动画之后"时，A 和 B 动画同样共用了一个开关，所不同的是，B 的动画只有在 A 的动画执行完毕之后才会执行。

▶ 设置触发器：当用户把一个对象设置为对象 A 的动画的触发器时，意味着该对象变成了动画 A 的开关，单击对象，意味着开关打开，A 的动画开始执行。

2. 动画时长

动画时长就是动画的执行时间，PowerPoint 在动画设置对话框中(以下图所示的【下浮】对话框为例)预设了 5 种时长，分别为非常快、快速、中速、慢速、非常慢，分别对应 0.5~5 秒，实际上，动画的时长可以设置为 0.01 秒到 59.00 秒之间的任意数字。

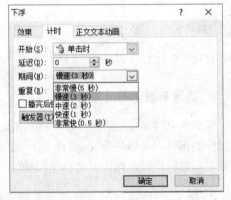

3. 动画延迟

延迟时间是指动画从被触发到开始执行所需的时间。与动画的时长一样，延迟时间也可以设置为 0.01 秒到 59.00 秒之间的任意数字。以下图中所设置的动画选项为例。

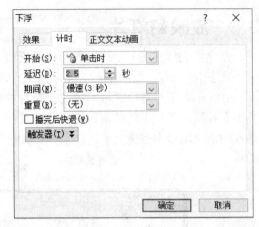

上图中的【延迟】参数设置为 2.5，表示动画被触发后,将再过 2.5 秒才执行(若将【延迟】参数设置为 0，则动画被触发后将立即开始执行)。

4. 动画重复

动画的重复次数是指动画被触发后连续执行几次。值得注意的是，重复次数未必非要是整数，小数也可以。当重复次数为小数时，动画可能执行到一半就会戛然而止。换言之，当把一个退出动画的重复次数被设置为小数时，这个退出动画实际上就相当于一个强调动画。

在上图所示的动画设置对话框中，单击【重复】下拉按钮，即可在弹出的列表中为动画设置重复次数。

9.5.2 PPT 切换时间的控制

与对象动画相比，页面切换的时间控制就简单得多。页面切换的时间控制是通过两个参数完成的，一个是持续时间，也就是翻页动画执行的时间；另一个是换片方式。当幻灯片切换被设置为自动换片时，所有对象的动画将会自动播放。如果这一页 PPT 里所有的对象动画执行的总时间小于换片时间，那么换片时间一到，PPT 就会自动翻页；如果所有的对象动画执行的总时间大于换片时间，那么幻灯片就会等到所有对象自动执行完毕后再翻页。

9.6 放映幻灯片

在完成 PPT 的设计、排版与相关的设置后，就可以在演讲中使用 PPT 来与观众进行沟通了。在放映 PPT 时使用快捷键，是每个演讲者必须掌握的最基础的入门知识。虽然在 PowerPoint 中用户可以通过单击【幻灯片放映】选项卡中的【从头开始】与【从当前幻灯片开始】按钮，或单击软件窗口右下角的【幻灯片放映】图标来放映 PPT，如下图所示，但在正式的演讲场合中难免会手忙脚乱，不如使用快捷键迅速且高效。

在 PowerPoint 中使用软件界面按钮放映 PPT

1. 按 F5 键从头开始放映 PPT

使用 PowerPoint 打开 PPT 文档后，用户只要按下 F5 键，即可快速将 PPT 从头开始播放。但需要注意的是：在笔记本电脑中，功能键 F1~F12 往往与其他功能绑定在一起，例如在 Surface 的键盘上，F5 键就与电脑的"音量减小"功能绑定。

此时，只有在按下 F5 键的同时再多按一个 Fn 键(一般在键盘底部的左侧)，才算是按下了 F5 键，PPT 才会开始放映。

2. 隐藏与显示鼠标指针

在放映 PPT 时，如果在特定环境下需要隐藏鼠标的指针，可以按下 Ctrl+H 键；如果要重新显示鼠标指针，按下 Ctrl+A 键即可。

3. 按 Ctrl+P 键暂停放映并激活激光笔

在 PPT 的放映过程中，按下 Ctrl+P 键，将立即暂停当前正在播放的 PPT，并激活 PowerPoint 的"激光笔"功能，应用该功能用户可以在幻灯片放映页面中对内容进行涂抹或圈示。

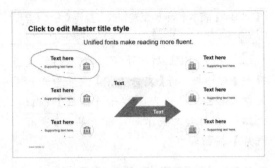

4. 按 E 键取消激光笔涂抹的内容

当用户在 PPT 中使用激光笔涂抹了线条后，按下 E 键可以将线条快速删除。

5. 按 W 键进入空白页状态

在演讲过程中，如果临时需要和观众就某一个论点或内容进行讨论，可以按下 W 键进入 PPT 空白页状态。

如果用户先按下 Ctrl+P 键激活激光笔，再按下 W 键进入空白页状态，在空白页中，用户可以在投影屏幕中通过涂抹画面对演讲内容进行说明。

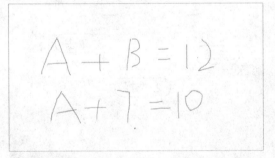

如果要退出空白页状态，则按下键盘上的任意键即可。在空白页上涂抹的内容将不会留在 PPT 中。

9.7　输出 PPT

有时，为了让 PPT 可以在不同的环境下正常放映，用户可以将制作好的 PPT 演示文稿输出为不同的格式，以便播放。

9.7.1　将 PPT 输出为视频

日常工作中，为了让没有安装 PowerPoint

6. 按 B 键进入黑屏页状态

在放映 PPT 时，有时需要观众自行讨论演讲的内容。此时，为了避免 PPT 中显示的内容对观众产生影响，用户可以按下 B 键，使 PPT 进入黑屏模式。当观众讨论结束后，再次按下 B 键即可恢复播放。

7. 指定播放 PPT 的特定页面

在 PPT 放映的过程中，如果用户需要马上指定从 PPT 的某一张幻灯片(例如第 5 张)开始放映，可以按下该张幻灯片的数字键+Enter 键(例如 5+Enter 键)。

8. 快速返回 PPT 的第一张幻灯片

在 PPT 放映的过程中，如果用户需要使放映页面快速返回第一张幻灯片，只需要同时按住鼠标的左键和右键两秒钟左右即可。

9. 暂停或重新开始 PPT 自动放映

在 PPT 放映时，若用户要暂停放映或重新恢复幻灯片的自动放映，按下 S 键或"+"键即可。

10. 快速停止 PPT 放映

在 PPT 放映时，按下 Esc 键将立即停止放映，并在 PowerPoint 中选中当前正在放映的幻灯片。

11. 从当前选中的幻灯片开始放映

在 PowerPoint 中，用户可以通过按下 Shift+F5 键，从当前选中的幻灯片开始放映 PPT。

软件的电脑也能够正常放映 PPT,或是需要将制作好的 PPT 放到其他设备平台进行播放(如手机、平板电脑等)，就需要将 PPT 转换成其他格式。而我们最常用的格式是视频格式，PPT 在输出为视频格式后，其效果不会发生变化，依然会播放动画效果，嵌入的视频、音乐或语音旁白等内容。

【例9-3】将PPT输出为视频。 视频

step 1 打开 PPT 后按下 F12 键，打开【另存为】对话框，将【文件类型】设置为"Windows Media 视频"，然后单击【保存】按钮。

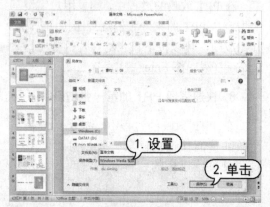

step 2 此时，PowerPoint 将会把 PPT 输出为视频格式，并在软件工作界面底部显示输出进度。

step 3 稍等片刻后，双击输出的视频文件，即可启动视频播放软件查看 PPT 内容。

9.7.2 将 PPT 输出为图片

在 PowerPoint 2010 中，用户可以将 PPT 中的每一张幻灯片作为 GIF、JPEG 或 PNG 格式的图片文件输出。下面以输出为 JPEG 格式的图片为例介绍具体方法。

【例9-4】将本书第 8 章制作的"宣传文稿" PPT 输出为图片。 视频

step 1 打开 PPT 后按下 F12 键，打开【另存为】对话框，将【文件类型】设置为"JPEG 文件交换格式"，然后单击【保存】按钮。

step 2 在打开的提示对话框中单击【所有幻灯片】按钮即可。

9.7.3 将 PPT 打包为 CD

虽然目前 CD 很少被使用，但如果由于某些特殊的原因(例如向客户赠送产品说明 PPT)，用户需要将 PPT 打包为 CD，可以参考以下方法进行操作。

【例9-5】将本书第 8 章制作的"宣传文稿" PPT 打包为 CD。 视频

step 1 选择【文件】选项卡，在弹出的菜单中选择【保存并发送】选项，在显示的选项区域中选择【将演示文稿打包成 CD】选项，并单击【打包成 CD】按钮。

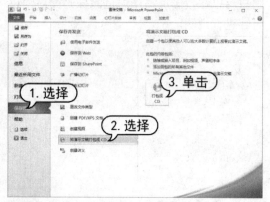

step 2 打开【打包成 CD】对话框，单击【添加】按钮。

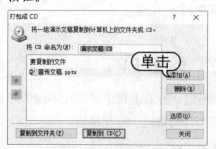

step 3 打开【添加文件】对话框，选择需要一次性打包的 PPT 文件路径，选中需要打包的

PPT 及其附属文件，然后单击【添加】按钮。

step④ 返回【打包成 CD】对话框，单击【复制到文件夹】按钮，打开【复制到文件夹】

对话框，设置"文件夹名称"和"位置"，然后单击【确定】按钮。

step⑤ 在打开的提示对话框中单击【是】按钮，即可复制文件到文件夹。此后，使用刻录设备将打包成 CD 的 PPT 文件刻录在 CD 上，将 CD 放入光驱并双击其中的 PPT 文件，即可开始放映 PPT。

9.8　案例演练

本章的案例演练将指导用户使用 PowerPoint 制作一个分屏式 PPT 幻灯片页面的方法。

【例 9-6】制作一个分屏式幻灯片页面。

📹 视频+素材 (素材文件\第 09 章\例 9-6)

step① 按下 Ctrl+N 组合键创建一个空白 PPT 文档，选择【视图】选项卡，单击【母版视图】组中的【幻灯片母版】按钮。

step② 打开【幻灯片母版】选项卡，单击【页面设置】组中的【页面设置】按钮。

step③ 打开【页面设置】对话框，将【幻灯片大小】设置为【全屏显示(16：9)】后单击【确

定】按钮。

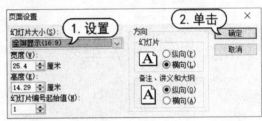

step④ 在【幻灯片母版】选项卡中单击【关闭母版视图】按钮，关闭幻灯片母版视图。

step⑤ 选择【插入】选项卡，单击【图像】组中的【图片】按钮，在页面中插入图像素材。单击【插入】选项卡中的【形状】下拉按钮，在页面中绘制一个矩形形状。按下 Alt+F9 组合键显示参考线，根据参考线调整矩形形状的位置和大小。

step⑥ 保持矩形形状的选中状态，按下 Ctrl+D 组合键将其复制一份，并调整复制的矩形的位置使其覆盖页面中另一部分的图形。

step 7 右击复制的矩形，在弹出的菜单中选择【设置形状格式】命令。

step 8 打开【设置形状格式】对话框，在【填充】选项组中设置矩形形状的透明度参数为60%，然后单击【关闭】按钮。

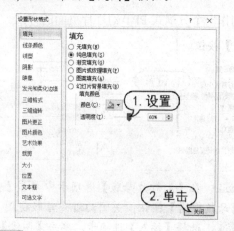

step 9 单击【插入】选项卡【文本】组中的【文本框】下拉按钮，在弹出的下拉列表中选择【绘制横排文本框】选项，在页面中绘制横排文本框并在其中输入文本。

step 10 选中文本框，在【开始】选项卡中设置文本框中文本的字体、字号和颜色。

step 11 选中步骤2绘制的矩形形状，再次按下Ctrl+D组合键将其复制，然后按住形状四周的控制柄拖动，将形状缩小为如下图所示。

step 12 右击形状，在弹出的菜单中选择【编辑文字】命令，在形状中添加如下图所示的文本。

step 13 再次单击【插入】选项卡中的【文本框】下拉按钮，在页面中插入文本框，并编辑文本框中的内容，完成页面的设计，效果如下图所示。

第10章

Office 2010 协同办公

　　在日常工作中，将 Word、Excel 和 PowerPoint 等 Office 组件相互协同使用，可以有效地提高办公效率，并实现许多单个软件无法完成的操作。本章将通过实例，详细介绍 Office 各组件之间相互调用的操作方法与技巧。

 **本章对应视频**

例 10-1 在 Word 中创建 Excel 表格　　例 10-3 将 Excel 数据复制到 Word
例 10-2 Word 与 Excel 数据同步

10.1 Word 与 Excel 协同办公

在 Word 中插入 Excel 工作表，可以使文档内容更加清晰，表达更加完整。

10.1.1 在 Word 中创建 Excel 表格

Word 提供了创建 Excel 工作表的功能，利用该功能用户可以直接在 Word 文档中创建 Excel 工作表，而不必在 Word 和 Excel 两个软件之间来回切换。

【例 10-1】在 Word 文档中创建一个 Excel 工作表。

视频

step ① 打开 Word 文档后，选择【插入】选项卡，在【文本】组中单击【对象】按钮，在弹出的列表中选择【对象】选项。

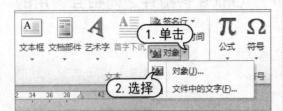

step ② 打开【对象】对话框，在【对象类型】列表中选择 Microsoft Excel Worksheet 选项，然后单击【确定】按钮。

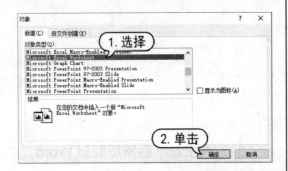

step ③ 此时，Word 文档中将出现 Excel 工作表输入状态，同时当前窗口最上方的功能区将显示 Excel 软件的功能区域，用户可以在 Word 中使用这些区域中提供的按钮创建 Excel 表格。

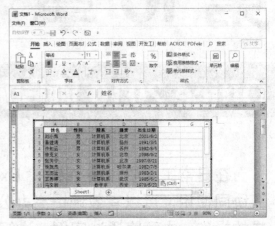

在 Word 中完成 Excel 工作表的创建后，在文档表格外的空白处单击，即可关闭 Excel 功能区域返回 Word 文档编辑界面。

10.1.2 在 Word 中调用 Excel 表格

除了可以在 Word 文档中创建 Excel 工作表外，用户还可以在文档中直接调用已经创建好的 Excel 工作簿，方法如下。

step ① 在 Word 中选择【插入】选项卡，在【文本】组中单击【对象】按钮，在弹出的列表中选择【对象】选项。

step ② 打开【对象】对话框，选择【由文件创建】选项卡，单击【浏览】按钮。

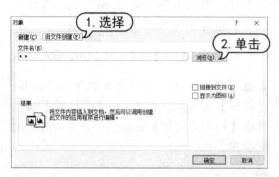

step ③ 打开【浏览】对话框，选择一个制作好的 Excel 工作簿后，单击【插入】按钮。

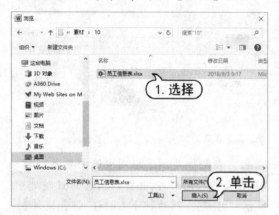

step ④ 返回【对象】对话框，单击【确定】按钮，即可在 Word 文档中调用 Excel 工作簿文件，效果如下图所示。

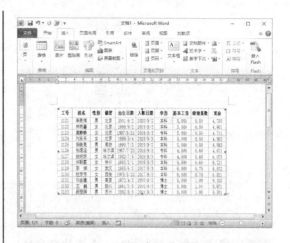

10.1.3　在 Word 中编辑 Excel 表格

在 Word 文档中创建或调用 Excel 表格后，如果需要对表格内容进行进一步编辑，只需要双击表格，即可启动 Excel 编辑模式，显示相应的 Excel 功能区域，执行对表格的各种编辑操作。

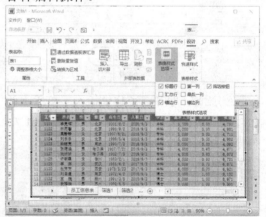

10.2　Word 与 PowerPoint 协同办公

将 PPT 演示文稿制作成 Word 文档的方法主要有两种，一种是在 Word 文档中导入 PPT 演示文稿，另一种是将 PPT 演示文稿发送到 Word 文档中。

10.2.1　在 Word 中创建 PPT

在 Word 文档中创建 PPT 的方法与创建 Excel 工作表的方法类似。具体如下。

step ① 打开 Word 文档后选择【插入】选项卡，在【文本】组中单击【对象】按钮，打开【对象】对话框后选中 Microsoft PowerPoint

97—2003 Slide 选项。

step ② 单击【确定】按钮，即可在 Word 文档中创建一张幻灯片，并显示 PowerPoint 功能区域。

step ③ 此时，用户可以使用 PowerPoint 软件中的功能，在 Word 中创建 PPT 演示文稿。

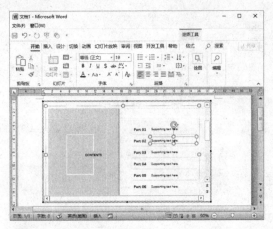

step 4 完成幻灯片的制作后,在文档空白处单击,将打开如下图所示的提示对话框,提示保存对文档所做的更改,单击【保存】按钮。

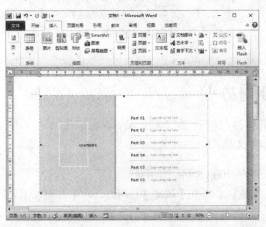

step 5 此时,即可在文档中插入下图所示的幻灯片页面效果。这是一个可以在 Word 文档中直接编辑的幻灯片页面。

10.2.2 在 Word 中插入 PPT

在 Word 文档中插入 PPT 一般有利用【复

制】和【粘贴】功能插入 PPT 内容、直接插入 PPT、将 PPT 链接到 Word 文档中 3 种方法,下面将分别详细介绍。

1. 利用【复制】和【粘贴】功能插入 PPT

step 1 在 PowerPoint 中打开 PPT 后,选择【视图】选项卡,在【演示文稿视图】组中单击【幻灯片浏览】按钮,切换至幻灯片浏览视图。

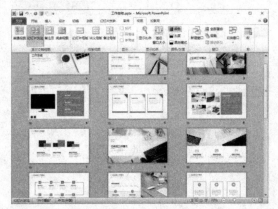

step 2 在幻灯片浏览视图中选中要复制到 Word 文档的幻灯片(也可以按住 Ctrl 键选中多张幻灯片),然后按下 Ctrl+C 组合键复制选中的幻灯片。

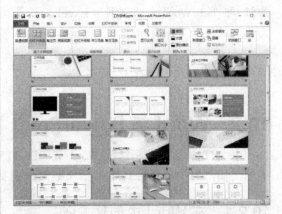

step 3 打开 Word 文档,将鼠标指针置于文档中需要插入幻灯片的位置,按下 Ctrl+V 组合键,即可将 PowerPoint 中选中的幻灯片粘贴至 Word 文档中。

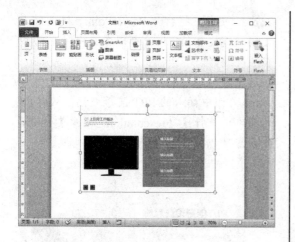

2. 在 Word 中直接插入 PPT

step 1　选择【插入】选项卡，在【文本】组中单击【对象】按钮，打开【对象】对话框并选择【由文件创建】选项卡，单击【浏览】按钮。

step 2　在打开的【浏览】对话框中选择一个创建好的 PPT 演示文稿文件，然后单击【插入】按钮。

step 3　返回【对象】对话框，单击【确定】按钮即可将 PPT 演示文稿插入 Word 文档。

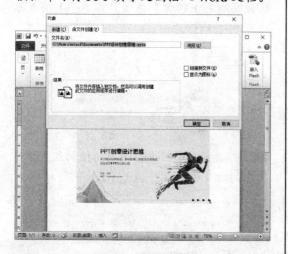

3. 将 PPT 链接到 Word 文档中

step 1　在 Word 文档中选中一段用于链接 PPT 的文本后，右击鼠标，从弹出的菜单中选择【超链接】命令。

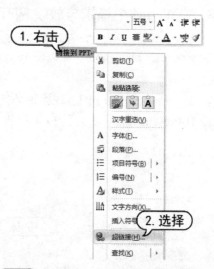

step 2　打开【插入超链接】对话框，在该对话框中选择一个链接的 PPT 文件后，单击【确定】按钮。

step 3　此时，将在选中的文本上创建一个超链接。若用户想要通过该超链接观看 PPT 内容，可以在按住 Ctrl 键后，单击超链接文本，并在弹出的提示对话框中单击【是】按钮。

step 4　此时将启动 PowerPoint 软件，打开指定的 PPT 文档，按下 F5 键即可放映 PPT。

10.2.3 在 Word 中编辑与放映 PPT

在 Word 文档中插入 PPT 后，用户可以参考以下方法编辑 PPT 内容，并通过 Word 放映 PPT。

step 1 右击文档中插入的 PPT，在弹出的菜单中选择【"Presentation"对象】|Edit 命令。

step 2 此时，将打开 PowerPoint，进入演示文稿的编辑界面，用户可以在其中对 PPT 内容进行编辑。

step 3 完成对 PPT 内容的编辑后，再次右击 Word 文档中插入的 PPT 演示文稿，从弹出的菜单中选择【"Presentation"对象】|Show 命令，可以立即播放 PPT。

10.3 PowerPoint 与 Excel 协同办公

Excel 和 PowerPoint 经常在办公中同时使用，在演示文稿的制作过程中，调用 Excel 图表，可以大大地增强 PPT 数据的表现力。

10.3.1 在 PPT 中插入 Excel 图表

在使用 PowerPoint 进行放映讲解的过程中，用户可以通过执行【复制】和【粘贴】命令，直接将制作好的 Excel 图表插入幻灯片中。

step 1 启动 PowerPoint 2010 后，打开一个演示文稿。

step 2 启动 Excel 2010，打开一个工作表，选中需要在演示文稿中使用的图表，按下 Ctrl+C 组合键。

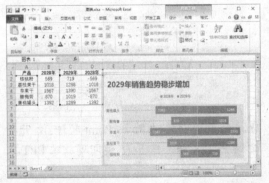

step 3 切换到 PowerPoint 中，选择【开始】

选项卡，在【剪贴板】组中单击【粘贴】下拉按钮，从弹出的下拉列表中选择【保留源格式和嵌入工作簿】选项，将 Excel 图表粘贴至 PPT 幻灯片中。

step 4 最后，使用表格四周的控制点，调整其在幻灯片中的位置和大小。

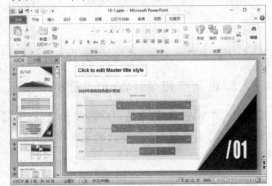

10.3.2 在 PPT 中创建 Excel 表格

除了使用上面介绍的方法可以在幻灯片中插入 Excel 图表以外，还可以在 PowerPoint 中创建 Excel 图表。

step 1 选择【插入】选项卡，在【文本】组中单击【对象】按钮。

step 2 打开【插入对象】对话框，在【对象类型】列表中选中 Microsoft Excel Chart 选项，然后单击【确定】按钮。

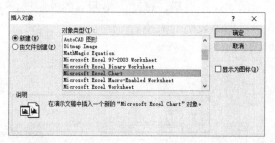

step 3 此时，将在幻灯片中插入一个下图所示的 Excel 预设图表。

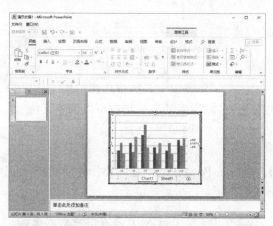

step 4 在图表编辑区域中选择 Sheet1 工作表，输入图表数据。

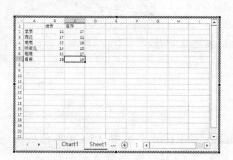

step 5 选择 Chart 选项卡，右击图表，在弹出的菜单中选择【更改图表类型】命令。

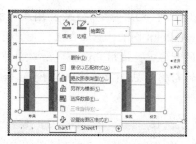

step 6 在打开的【更改图表类型】对话框中，用户可以修改图表的类型。

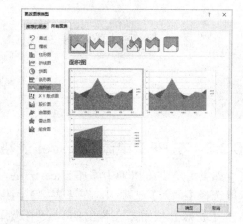

step 7 完成 Excel 图表的设置后，在幻灯片空白处单击鼠标。

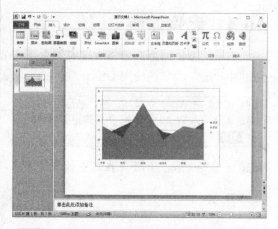

step 8 双击幻灯片中的图表，PowerPoint 将打开一个提示框，提示用户是否要将 Excel 图表转换为 PowerPoint 格式，单击【转换】按钮。

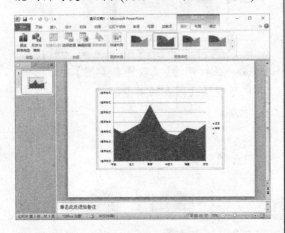

step ⑨ 此时，幻灯片中的 Excel 图表将被转换为 PowerPoint 图表，双击图表，用户可以在打开的窗格中，使用 PowerPoint 软件中的功能编辑与美化图表(具体方法与 Excel 类似)。

10.3.3　在 PPT 中添加 Excel 表格

如果用户要在 PPT 中添加 Excel 表格，可以选择【插入】选项卡，在【表格】组中单击【表格】按钮，在弹出的列表中选择【Excel 电子表格】选项。

此时，将在幻灯片中插入一个如下图所示的 Excel 表格，拖动表格四周的控制柄，可以调整表格的大小。

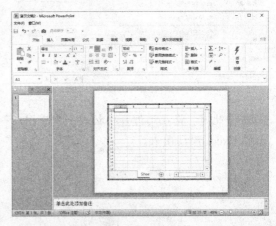

在工作表中输入数据后，单击幻灯片的空白处，然后拖动表格边框可以调整其位置。

10.4　案例演练

本章的案例演练部分将通过实例介绍 Word、Excel、PowerPoint 之间协作办公的技巧，帮助用户进一步掌握使用 Office 软件的方法。

【例 10-2】在 Word 中录入文档，然后把 Excel 中的表格插入 Word 文档中，并且保持实时更新。 📹视频

step ① 启动 Word 2010 并在其中输入文本。

step ② 启动 Excel 2010 并在其中输入数据。

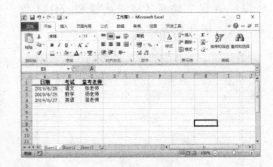

step ③ 在 Excel 中选中 A1:C4 单元格区域，然后按下 Ctrl+C 组合键复制数据。

step 4 切换至 Word，选中文档底部的行，在【剪贴板】组中单击【粘贴】按钮，在弹出的列表中选择【链接与保留源格式】选项。

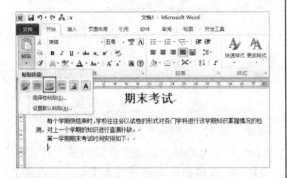

step 5 此时，Excel 中的表格将被复制到 Word 文档中。

step 6 将鼠标指针放置在 Word 文档中插入的表格左上角田按钮上，按住鼠标左键拖动，调整表格在文档中的位置。

step 7 将鼠标指针放置在表格右下角的口按钮上，按住鼠标左键拖动，调整表格的高度和宽度。

期末考试

每个学期快结束时，学校往往会以试卷的形式对各门学科进行该学期知识掌握情况的检测，对上一个学期的知识进行查漏补缺。

第一学期期末考试时间安排如下：

日期	考试	监考老师
2019/6/25	语文	张老师
2019/6/26	数学	杨老师
2019/6/27	英语	蒋老师

step 8 当 Excel 工作表数据变动时，Word 文档数据会实时更新。例如，在 Excel 工作表 C2 单元格中将"张老师"修改为"徐老师"。

step 9 此时，Word 中表格数据将自动同步发生变化。

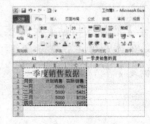

【例 10-3】将 Excel 数据复制到 Word 文档中的表格内。 视频

step 1 启动 Excel 后，选中其中的数据。按下 Ctrl+C 组合键执行复制操作。

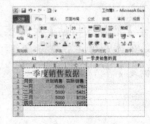

step 2 启动 Word，将鼠标指针插入文档中，在【插入】选项卡的【表格】组中单击【表格】按钮，在弹出的列表中选择【插入表格】选项。

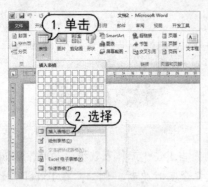

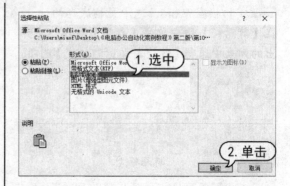

step ③ 打开【插入表格】对话框，在其中设置合适的行、列参数后，单击【确定】按钮，在 Word 中插入一个表格。

step ④ 单击 Word 表格左上角的十字状按钮，选中整个表格，在【开始】选项卡的【剪贴板】组中单击【粘贴】按钮，在弹出的列表中选择【选择性粘贴】选项。

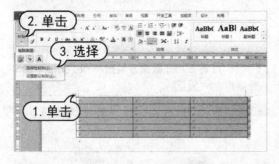

step ⑤ 打开【选择性粘贴】对话框，在【形式】列表框中选中【无格式文本】选项，然后单击【确定】按钮。

step ⑥ 此时，即可将 Excel 中的数据复制到 Word 文档的表格中，选中表格的第 1 行，右击鼠标，在弹出的菜单中选择【合并单元格】命令。

step ⑦ 在【开始】选项卡的【字体】组中设置表格中文本的格式，然后选中并右击表格，在弹出的菜单中选择【自动调整】|【根据内容调整表格】命令，调整表格后的最终效果如下图所示。

一季度销售数据		
月份	计划销售	实际销售
一月	5000	4763
二月	5000	5421
三月	5000	8726
四月	5000	3455

第11章

使用常用办公软件和硬件

　　电脑系统是由软件和硬件组成的，在电脑办公过程中，常常需要很多工具软件和硬件外设加以辅助，例如使用压缩软件、看图软件、电子阅读软件等软件，使用打印机等硬件外设。本章将主要介绍常用办公软件和外部硬件设备的使用和操作。

 **本章对应视频**

例 11-1 安装 office 2010　　　　例 11-3 批量重命名图片
例 11-2 压缩文件　　　　　　　　例 11-4 调整图片像素大小
　　　　　　　　　　　　　　　　本章其他视频参见视频二维码列表

11.1 安装与卸载电脑软件

在电脑中使用某个办公软件，必须要将这个软件安装到电脑中，才能打开它并进行相关的操作。如果不想再使用安装后的软件，还可以将其卸载。

11.1.1 安装软件

用户首先要选择好适合自己的需求和硬件允许安装的软件，然后再选择安装方式和步骤来安装应用程序软件。

首先用户需要检查自己当前电脑的配置是否能够运行该软件，一般软件尤其是大型软件，对硬件的配置要求是不尽相同的。除了硬件配置，操作系统的版本兼容性也要考虑到。

然后用户需要获取软件的安装程序，用户可以通过两种方式来获取安装程序：第一种是从网上下载安装程序，网络上有很多共享的免费软件提供下载，用户可以上网查找并下载这些安装程序；第二种是购买安装光盘，一般软件销售都以光盘的介质为载体，用户可以到软件销售商处购买安装光盘，然后将光盘放入计算机光驱内执行安装。

电脑软件安装的步骤大致都相同，下面通过介绍安装 Office 2010 来说明软件的安装方法。

【例 11-1】在 Windows 7 系统中安装办公软件 Office 2010。

step ① 双击 Office 2010 软件安装程序文件 (setup.exe)后，系统将打开【用户账户控制】对话框，单击【是】按钮。

step ② 此时，系统将弹出一个对话框，开始初始化软件的安装程序。

step ③ 如果此时系统中安装有旧版本的 Office 软件，稍等片刻，系统将打开【选择所需的安装】对话框，用户可在该对话框中选择软件的安装方式，本例选择【自定义】安装方式，单击【自定义】按钮。

step ④ 根据软件安装界面的提示，在打开的对话框中逐步单击【下一步】按钮，配置 Office 2010 的安装需求(例如需要安装的组件、用户信息、软件的安装位置等)。

step ⑤ 安装完成后，系统自动打开安装完成的对话框，单击【关闭】按钮。

step ⑥ 系统提示用户需重启系统才能完成

安装，单击【是】按钮，重启系统后，即可完成 Office 2010 的安装。

11.1.2 卸载软件

卸载软件就是将该软件从电脑硬盘内删除，软件如果使用一段时间后不再需要，或者由于磁盘空间不足，用户可以删除一些软件。

删除软件可采用两种方法：一种是通过软件自身提供的卸载功能；另一种是通过【卸载或更改程序】窗口来完成。

1. 使用卸载程序卸载软件

大部分软件都提供了内置的卸载功能，例如要卸载 360 安全卫士，可单击【开始】按钮，选择【所有程序】|【360 安全卫士】|【卸载 360 安全卫士】命令。

此时，系统会打开卸载提示对话框，提示用户是否删除软件，单击【是】按钮，即可开始卸载软件。

2. 通过控制面板卸载软件

如果软件自身没有提供卸载程序，用户可以通过 Windows 系统【控制面板】中的【程序和功能】选项来卸载该程序。

首先选择【开始】|【控制面板】命令，打开【控制面板】窗口，在该窗口中双击【程序和功能】图标，打开【卸载或更改程序】窗口，在程序列表中右击需要卸载的软件，在弹出的快捷菜单中选择【卸载/更改】命令。

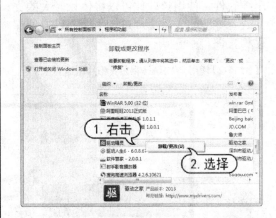

打开【卸载程序】对话框，单击【下一步】按钮，按提示操作即可完成软件的卸载。

11.2 使用文件压缩软件

在使用电脑办公的过程中，用户经常需要交流或存储容量较大的文件，使用压缩软件可以将这些文件的容量进行压缩，以便加快传输速度和节省硬盘空间。

1. 常用的文件压缩软件简介

常用的文件压缩软件如下表所示。

软件名称	说　明
快压压缩	一款免费、方便的压缩软件

(续表)

软件名称	说　　明
速压压缩	一款兼容性强的压缩软件
360压缩	一款可检测木马、病毒的压缩软件
WinRAR	一款压缩率很高的压缩软件

2. 使用WinRAR压缩文件

下面以WinRAR为例介绍压缩软件的使用方法。WinRAR是目前流行的一款文件压缩软件，使用该软件可以将体积较大的文件或者零散的大量文件进行压缩，以方便保存和管理。

【例11-2】使用WinRAR将多张相片压缩为一个压缩文件。

step① 双击桌面上的WinRAR图标，启动WinRAR软件。

WinRAR

step② 在打开的软件界面中单击【路径】文本框最右侧的✓按钮，选择要压缩的文件夹的路径，然后在下面的列表中选中要压缩的多张图片，单击工具栏中的【添加】按钮。

step③ 打开【压缩文件名和参数】对话框，在【压缩文件名】文本框中输入文件名"工作图片"，单击【浏览】按钮。

在WinRAR软件主界面中压缩文件

step④ 打开【查找压缩文件】对话框，选择压缩文件存放路径，单击【确定】按钮。

step⑤ 返回【压缩文件名和参数】对话框，单击【确定】按钮压缩文件。

step⑥ 此时自动弹出进度对话框，显示压缩进度。

解压文件

文件被WinRAR压缩后，将在指定文件夹中生成如下图所示的压缩文件。压缩文件必须要解压才能查看。要解压WinRAR压缩文件，可以使用以下几种方法。

▶ 使用右键快捷菜单解压缩文件：右击要解压缩的文件，此时将弹出右键快捷菜单，其中列出了【解压文件】【解压到当前文件夹】和【解压到……】3 个相关命令，供用户执行解压操作，选择要解压的文件即可。

▶ 通过 WinRAR 主界面的工具栏解压缩文件：选择目标文件，单击工具栏上的【解压到】按钮，打开【解压路径和选项】对话框进行相关设置，单击【确定】按钮即可。

▶ 直接双击压缩文件进行解压缩：直接双击压缩文件，即可打开 WinRAR 的主界面，同时该压缩文件会被自动解压，并将解压后的文件显示在 WinRAR 主界面的文件列表中。

11.3 使用图片处理软件

在日常办公的过程中，浏览与处理各种图片是一项经常性的工作。此时，掌握一款图片处理软件的使用方法，将可以大大提高工作效率。

1. 常用的图片处理软件简介

常用的图片处理软件如下表所示。

软件名称	说 明
ACDSee	一款用于浏览、管理图片的软件
光影魔术手	一款简单易用的照片美化软件
Photoshop	一款目前最流行的图片处理软件
美图秀秀	一款免费的图片加工处理软件

2. 使用 ACDSee 浏览图片

下面以 ACDSee 为例介绍在办公中使用软件浏览与管理图片的方法。ACDSee 是一款非常好用的图片处理软件，它被广泛地应用在图片获取、管理以及优化等各个方面。

浏览图片

ACDSee 提供了多种查看方式供用户浏览图片，用户在安装 ACDSee 软件后，双击桌面上的软件图标启动软件，即可启动 ACDSee 主界面。在主界面左侧的【文件夹】列表框中选择图片的存放位置，然后双击某张图片的缩略图，即可查看该图片，如下图所示。

批量重命名图片

使用 ACDSee 不仅能查看图片，还能对电脑中的图片执行批量重命名操作，一次性将大量图片按照办公要求修改名称。

文件夹列表————

双击即可放大查看图片

使用 ACDSee 浏览电脑中的图片

【例 11-3】使用 ACDSee 批量重命名图片。
🔘视频

step ① 启动 ACDSee 软件后，在其主界面左侧的【文件夹】列表框中依次展开保存图片文件的文件夹。

step ② 按 Ctrl 键，选中该文件夹中需要重命名的图片，单击工具栏中的【批量】按钮，从弹出的下拉菜单中选择【重命名】命令。

step ③ 打开【批量重命名】对话框，选中【使用模板重命名文件】复选框，在【模板】文本框中输入新图片的名称"新照片##"；选中【使用数字替换#】单选按钮，在【固定值】微调框中设置数值为 1，此时在【预览】列

表框中将会显示重命名前后的图片名称，单击【开始重命名】按钮。

step ④ 打开【正在重命名】对话框，并显示命名进度，完成后单击【完成】按钮。

step ⑤ 批量重命名操作结束后，在 ACDSee 的图片文件列表框中将显示图片名称效果，此时自动以序号代替名称后的"##"。

3. 使用 Photoshop 编辑图片

Photoshop(简称 PS)软件是 Adobe 公司研发的使用最广泛的图像处理软件之一。该软件在日常工作中应用非常广泛,平面设计、淘宝美工、数码照片处理、网页设计等都要用到它,它几乎成了各种设计的必备软件,Photoshop 的工作界面如下图所示。

菜单栏

选项栏

工具箱

状态栏

文档窗口

Photoshop 的工作界面

裁剪图片

裁剪图片指的是移除图片中的一部分图像,以突出或加强构图效果。在 Photoshop 中使用【裁剪工具】可以裁剪掉多余的图像,并重新定义画布的大小。选择【裁剪工具】后,在画面中调整裁切框,以确定需要保留的部分。

在左下图中按下 Enter 键,即可得到下图所示的图片。此外,执行【图像】|【裁切】命令,可以打开【裁切】对话框,在该对话框中用户可以设置 Photoshop 基于像素的颜色来裁剪图片。

调整图片像素大小

【例 11-4】使用 Photoshop 调整图片像素大小。
视频+素材 (素材文件\第 11 章\例 11-4)

step① 启动 Photoshop 软件后，按下 Ctrl+O 组合键打开【打开】对话框，选择一个图片文件，单击【打开】按钮打开图片文件。

step② 执行【图像】|【图像大小】命令，或按下 Ctrl+Alt+I 组合键，打开【图像大小】对话框，在该对话框的【像素大小】选项组中用户可以修改图片的像素大小。

执行这些命令，可以旋转或翻转整个图像，下图所示为对图片执行【水平翻转画布】命令后图像的效果对比。

旋转图片

在 Photoshop 中执行【图像】|【图像旋转】命令，在弹出的菜单中提供了 6 种旋转画布的命令，如下图所示。

11.4 使用 PDF 阅读软件

PDF 全称 Portable Document Format，译为可移植文档格式，是一种电子文件格式。电子阅读软件(Adobe Reader)是一个查看、阅读和打印 PDF 文件的最佳工具。

1. 常用 PDF 的软件简介

常用的 PDF 软件如下表所示。

软件名称	说　　明
金山 PDF 阅读器	一款稳定的 PDF 编辑软件
Adobe Reader	一款 PDF 文件阅读器(无法编辑)
Adobe Acrobat	一款兼容性强的 PDF 编辑软件
PDF 阅读器	一款小巧的 PDF 阅读软件

2. 使用 Adobe Reader 阅读 PDF 文件

Adobe Reader 是一款电子阅读器，除了支持 PDF 格式的文件以外，还支持其他格式的电子文档，是机关、企业作为编辑、收发、阅读电子文档的主要工具之一。

【例 11-5】使用 Adobe Reader 阅读 PDF 电子书。

step ① 启动 Adobe Reader 软件,进入其主界面,单击【打开】按钮。

step ② 打开【打开】对话框,选择要打开的 PDF 电子文档,然后单击【打开】按钮。

step ③ 此时可以看到 Adobe Reader 的工作区由导航窗格和文件浏览区组成,在导航窗格中单击【页面】按钮□。

step ④ 在导航窗格中将显示每一页的缩略图,单击某一缩略图,即可在文档浏览区中显示该页内容。

step ⑤ 在工具栏中单击【上一页】按钮⬆,可以查看上一页的内容。

step ⑥ 单击【下一页】按钮⬇,可以查看下一页的内容。

step ⑦ 在阅读文档时,在文档阅读区域中右击鼠标,从弹出的快捷菜单中选择【手形工具】命令。

step ⑧ 此时,将鼠标指针移动到文档中,鼠标指针变成"手形"图标,拖动鼠标滚轮,即可逐页阅读文档(向上或向下)。

3. 复制 PDF 文件中的内容

使用 Adobe Reader 阅读 PDF 文档的同时,用户可将 PDF 中的文字复制下来,以方便用作其他用途。

【例 11-6】使用 Adobe Reader 复制 PDF 文档内容。
📹视频

step ① 打开一个 PDF 文档,在导航窗格中单击一页缩略图,在文档浏览窗格中显示文本内容。

step ② 在文档阅读区域中右击鼠标,从弹出的快捷菜单中选择【选择工具】命令,切换至选择工具模式。在工具栏上单击【显示比例】下拉按钮,从弹出的下拉列表中选择【75%】选项,调节窗口的显示比例。

step ③ 将鼠标指针移动到要选择的文本处单击,并按住左键不放,拖动鼠标选中文本,然后选择【编辑】|【复制】命令。

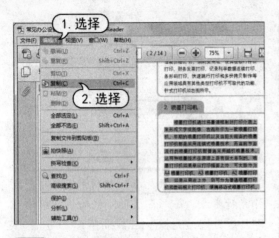

step 4 启动【写字板】应用程序，然后右击文档编辑区，从弹出的快捷菜单中选择【粘贴】命令，即可粘贴 PDF 文档中所选的文本至写字板中。

step 5 返回当前 Adobe Reader 主界面中，单击喷墨打印机图片，然后右击选中的图片，从弹出的快捷菜单中选择【复制图像】命令。

step 6 切换至【写字板】窗口，将插入点定位到目标位置，按 Ctrl+V 组合键，即可将图片粘贴到目标位置。

11.5 使用电子邮件软件

电子邮件是互联网应用最广的服务之一。通过网络的电子邮件系统，用户可以以非常低廉的价格、非常快速的方式，与世界上任何一个角落的网络用户联系。

电子邮件的地址格式如下：

用户标识符+@+域名

例如 miaofa@sina.com，其中"@"符号，表示"在"的意思。

1. 常用的电子邮件软件简介

常用的电子邮件软件如下表所示。

软件名称	说　明
Outlook	微软办公软件套装组件之一
Foxmail	著名的电子邮件客户端软件
Windows Live Mail	Windows 7 的一个服务组件程序
Thunderbird	一款搭配 Firefox 浏览器的电子邮件软件

2. 使用 Windows Live Mail 收发电子邮件

Windows Live Mail 是 Windows 7 系统中的一个服务组件程序，它作为一个 Web 服务平台，通过互联网向计算机终端提供各种应用服务。本节将通过 Windows Live Mail，介绍收发电子邮件的方法。

添加电子邮件账户

有了电子邮箱地址，用户就可以使用 Windows Live Mail 添加该邮箱地址。首次启动 Windows Live Mail 时，都会打开【添加电子邮件账户】对话框，通过它可以完成电子邮件账户的创建。

【例 11-7】在 Windows Live Mail 中添加电子邮件账户。

step ①　单击【开始】按钮，从弹出的菜单中选择【所有程序】|Windows Live Mail 命令，启动 Windows Live Mail。

step ②　选择【账户】选项卡，然后单击【电子邮件】按钮，打开【添加您的电子邮件账户】对话框。

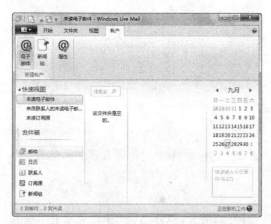

step ③　在【电子邮件地址】文本框内输入已经申请好的邮箱地址，在【密码】文本框内输入邮箱密码，在【发件人显示名称】文本框内输入设置的显示名称，单击【下一步】按钮。

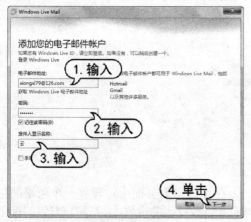

step ④　打开【您的电子邮件账户已添加】对话框，单击【完成】按钮。

step ⑤　此时返回 Windows Live Mail 主界面，在左侧窗格中显示添加的 126 邮箱，也就是新添加的电子邮件账户。

接收电子邮件

使用 Windows Live Mail 接收电子邮件很简单，只要设置了电子邮件账户后，软件将自动接收发往该邮箱的电子邮件。用户只需单击左侧窗格中的【收件箱】按钮后，在 Windows Live Mail 窗口中就会出现接收到的邮件列表。

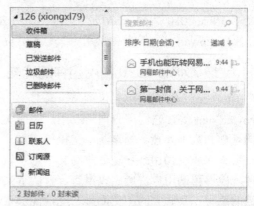

此时，单击需要查看的邮件，右侧窗格会显示该邮件内容，如下图所示。如果想要查看邮件的内容细节时，可以双击该邮件项，打开邮件查看窗口。

发送电子邮件

下面以发送一封电子邮件为例，介绍如何使用 Windows Live Mail 发送电子邮件。

【例 11-8】使用 Windows Live Mail 发送一封电子邮件。

step 1 选择【开始】|【所有程序】|Windows Live Mail 命令，启动 Windows Live Mail。

step 2 选择【开始】选项卡，然后单击【电子邮件】按钮，打开【新邮件】窗口。

step 3 在相应的文本框内输入收件人地址、主题、邮件正文等，然后单击【发送】按钮。

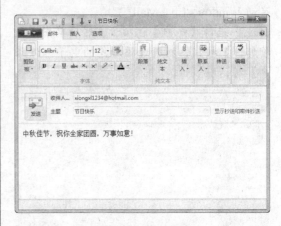

step 4 此时邮件即被发送至收件人邮箱。

11.6 使用 Office 办公软件

Office 2010 是 Microsoft 公司推出的办公软件。其界面清爽，操作方便，并且集成了 Word、Excel、PowerPoint 等多种常用办公软件，是办公人员必备的办公软件。

11.6.1 Office 2010 常用组件的功能

Office 2010 组件主要包括 Word、Excel、PowerPoint 等，它们可分别帮助用户完成文档处理、数据处理、制作演示文稿等工作。

➤ Word 2010：它是专业的文档处理软件，能够帮助用户快速完成报告、合同等文档的编写。其强大的图文混排功能，能够帮助用户制作图文并茂且效果出众的文档。

➤ Excel 2010：它是专业的数据处理软件，通过它用户可方便地对数据进行处理，包括数据的排序、筛选和分类汇总等，是办公人员进行财务处理和数据统计的好帮手。

➤ PowerPoint 2010：它是专业的演示文稿制作软件，它能够集文字、声音和动画于一体制作生动形象的多媒体演示文稿，例如方案、策划、会议报告等。

11.6.2 使用 Office 2010 打印文件

使用 Office 2010 中的 Word、Excel 或 PowerPoint 组件打开一个办公文档后，单击【文件】按钮，在弹出的菜单中选择【打印】选项(或按下 Ctrl+P 组合键)，即可打开如下图所示的文档打印界面。

在【打印】界面中，设置一个可用的打印机和需要打印的份数，并在窗口右侧的打印预览区域确认无误后，单击【打印】按钮，即可采用软件默认的设置打印全部文档内容。

此外，Word、Excel 和 PowerPoint 等软件在打印文档时各有其技巧，下面将分别介绍。

1. 在 Word 中指定文档打印页面

在 Word 中打印长文档时，用户如果只需要打印其中的一部分页面，可以参考以下方法。

step 1 以打印文档中的第 2、5、13、27 页为例，启动 Word 后单击【文件】按钮，在弹出的菜单中选择【打印】命令，在打开的文档打印界面中的的【页数】文本框中输入"2,5,13,27"，单击【打印】按钮即可。

step 2 以打印文档中的第 1、3 和 5~12 页为例，在【页数】文本框中输入"1,3,5~12"后，单击【打印】按钮即可。

step 3 如果用户需要打印 Word 文档中当前正在编辑的页面，可以单击【设置】选项中的第一个按钮(默认为【打印所有页】选项)，在弹出的列表中选择【打印当前页面】选项，如下图所示，然后单击【打印】按钮即可。

2. 在 Word 中缩小打印文档

如果用户需要将 Word 文档中的多个页面打印在一张纸上，可以参考以下方法。

step 1 在 Word 中单击【文件】按钮，从弹出的菜单中选择【打印】命令，在显示的界面中单击【每版打印 1 页】按钮，在弹出的列表中可以选择 1 张纸打印几页文档。

step 2 以选择【每版打印 2 页】选项为例，选择该选项后，单击【每版打印 2 页】按钮，在弹出的列表中选择【缩放至纸张大小】选项，在显示的列表中选择打印所使用的纸张大小。

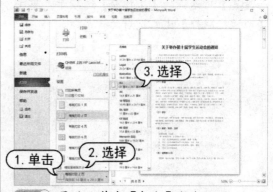

step 3 最后，单击【打印】按钮即可。

3. 在 Excel 中设置居中打印表格

如果用户需要将 Excel 工作表中的数据在纸张中居中打印，可以参考以下方法。

step 1 使用 Excel 打开一个电子表格后，按下 Ctrl+P 组合键进入打印界面，单击界面底部的【页面设置】按钮。

step 2 打开【页面设置】对话框，选择【页边距】选项卡，选中【水平】复选框。

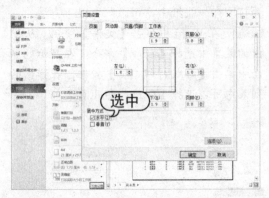

step 3 单击上图中的【确定】按钮，返回文档打印界面，单击【打印】按钮即可。

4. 在 Excel 中打印表格标题行

当工作表打印内容大于1页时，用户可以参考以下方法，设置 Excel 在每页固定打印表格的标题行。

step 1 选择【页面布局】选项卡，在【页面设置】组中单击【打印标题】选项，打开【页面设置】对话框的【工作表】选项卡，单击【顶端标题行】文本框后的按钮。

step 2 选中表格中的标题行，按下 Enter 键。

step 3 返回【页面设置】对话框，单击【确定】按钮。按下 Ctrl+P 组合键，在打开的打印界面中单击【打印】按钮，即可在打印表格的每一页纸张上都自动添加标题行。

5. 在 Excel 中设置表格打印区域

当工作表中需要打印的内容超出打印纸张的大小时，用户可以参考以下方法将工作表中的所有内容调整在一页内打印。

step 1 选中工作表中需要打印的区域后，选择【页面布局】选项卡，单击【打印区域】按钮，在弹出的列表中选择【设置打印区域】选项。

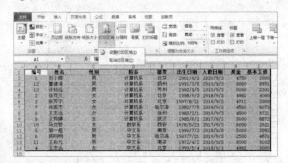

step 2 按下 Ctrl+P 组合键，在打开的打印界面中单击【打印】按钮即可打印指定的区域。

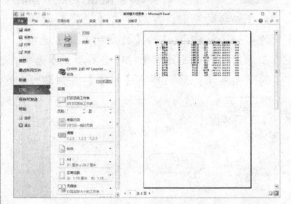

要取消设置的工作表打印区域，在【页面布局】选项卡的【页面设置】组中单击【打印区域】按钮，在弹出的列表中选择【取消打印区域】选项即可。

6. 在 PowerPoint 中同时打印多张幻灯片

在 PowerPoint 中，如果用户要在一张纸上打印多张幻灯片，可使用以下方法。

step① 按下 Ctrl+P 组合键进入打印界面后，在【设置】组中单击【整页幻灯片】按钮，

在弹出的列表中选择【2 张幻灯片】选项，设置每张纸打印 2 张幻灯片。

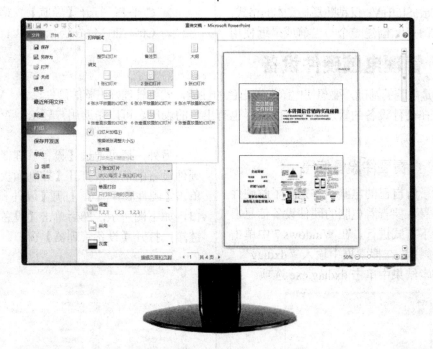

设置 PowerPoint 在一张纸上打印 2 张 PPT 幻灯片

step② 此时，在打印界面右侧看到预览区域中一张纸上显示了 2 张幻灯片。单击【打印】按钮即可开始打印幻灯片。

11.6.3　使用 Office 2010 快捷操作

Office 2010 软件包含了大量的键盘快捷键。使用快捷键，用户可以大幅加快各组件的操作速度，提高办公效率，具体如下。

➤ Ctrl+F12 或 Ctrl+O：打开【打开】对话框，打开文档。

➤ Delete：删除选中的内容。

➤ Shift+F10：显示选中项目的快捷菜单(相当于右击鼠标)。

➤ F12：打开【另存为】对话框，保存文档。

➤ Ctrl+Shift+空格：在鼠标位置创建不间断空格。

➤ Ctrl+B：将选中的文本设置为"粗体"。

➤ F5 键：打开【查找和替换】对话框。

➤ Esc 键：取消当前操作。

➤ Ctrl+Z：撤销上一个操作。

➤ Ctrl+Y：恢复或重复操作。

➤ Ctrl+[：将选中的文本字号减小 1 磅。

➤ Ctrl+空格：删除选中的段落和文字格式。

➤ Ctrl+C：复制所选文本。

➤ Ctrl+X：剪切所选文本。

➤ Ctrl+V：粘贴所选文本。

➤ Ctrl+Alt+V：打开【选择性粘贴】对话框。

➤ Ctrl+P：打开打印界面。

➤ Ctrl+I：将选中的文本设置为"斜体"。

➤ Ctrl+U：为选中的文本添加下画线。

➤ Ctrl+Shift+<：将选中的文本字号减小一个值。

➤ Ctrl+Shift+>：将选中的文本字号加

大一个值。

> Ctrl+]组合键：将选中的文本字号加大1磅。

> Ctrl+Shift+V：仅粘贴复制文本的格式。

> Ctrl+N：创建一个与当前或最近使用

过的文档类型相同的新文档。

> Ctrl+W：关闭当前文档。

> Ctrl+S：保存当文档。

> Ctrl+F：打开【导航】窗格。

> Ctrl+Alt+M：在当前选中位置插入批注。

11.7　管理电脑硬件设备

硬件是电脑的基础，要想使电脑发挥出色的性能，就要管理好电脑的硬件设备。Windows 7操作系统在硬件设备的管理配置方面同样也有出色的表现，可以帮助用户轻松地查看和管理硬件设备。

11.7.1　查看硬件设备信息

要想了解自己的电脑，首先要了解硬件设备的信息，要查看电脑的硬件设备信息，可按照以下方式进行。在 Windows 7 中单击【开始】按钮，在搜索框中输入"dxdiag"，然后在搜索结果中单击 dxdiag.exe 选项。

随后打开【DirectX 诊断工具】窗口，在【系统】选项卡中，可查看详细的电脑硬件信息和操作系统版本。

另外，还可通过【设备管理器】来查看硬件设备的信息。打开【控制面板】窗口，单击【硬件和声音】，打开【硬件和声音】窗口，如下图所示，然后单击【设备管理器】链接，打开【设备管理器】窗口。

在该窗口中可查看电脑各个硬件设备的信息，例如要查看网卡的型号，可单击展开【网络适配器】节点，即可显示网卡的信息。

11.7.2　安装与更新驱动程序

驱动程序(Device Driver)全称为"设备驱动程序"，其作用就是将硬件的功能传递给操作系统，操作系统才能控制好硬件设备。

通常在安装新硬件设备时，系统会提示用户需要为硬件设备安装驱动程序，此时可以使用光盘、本机硬盘、联网等方式寻找与硬件相符的驱动程序。安装驱动程序时可以先打开【设备管理器】窗口，选择菜单栏上的【操作】|【扫描检测硬件改动】命令，系统会自动寻找新安装的硬件设备。

如下图所示为安装高清晰度音频设备驱动程序，由于该驱动程序存储在系统硬盘上，所以系统直接安装驱动程序即可。

驱动程序也和其他应用程序一样，随着系统软硬件的更新，软件厂商会对相应的驱动程序进行版本升级，通过更新驱动程序来完善计算机硬件性能。用户可以通过光盘或联网等方式安装更新的驱动程序版本，下面举例介绍更新驱动程序的步骤。

【例 11-9】在 Windows 7 系统中，更新电脑硬件设备驱动。

step 1 单击【开始】按钮，选择【控制面板】命令，打开【控制面板】窗口，然后单击该窗口中的【设备管理器】图标，打开【设备管理器】窗口，并双击【显示适配器】选项，右击显卡的名称，在弹出的快捷菜单中选择【更新驱动程序软件】命令。

step 2 在打开的对话框中单击【浏览计算机以查找驱动程序软件】按钮。

step 3 打开【浏览计算机上的驱动程序文件】对话框，单击【浏览】按钮，设置驱动程序所在的位置，然后单击【下一步】按钮。

step 4 系统开始自动安装驱动程序。安装完成后，可在【设备管理器】窗口中右击显卡

的名称，在弹出的快捷菜单中选择【属性】命令，接着在打开的对话框中查看驱动程序的信息。

11.7.3　禁用与启用硬件设备

在实际办公应用中，为了方便工作，有时用户需要将某个硬件设备禁用。要禁用硬件设备，可打开【设备管理器】窗口，在要禁用的设备上右击，在弹出的快捷菜单中选择【禁用】命令。打开提示对话框，单击【是】按钮，即可将该设备禁用。

如果想要恢复该设备的使用，可在【设备管理器】窗口中右击该设备，然后在弹出的快捷菜单中选择【启用】命令即可。

11.7.4　卸载硬件设备

在使用电脑的过程中，如果某些硬件暂时不需要运行，或者该硬件同其他硬件设备产生冲突而导致无法正常运行电脑的时候，用户可以在 Windows 7 系统中卸载该设备。

卸载硬件设备的步骤很简单，用户只需打开【设备管理器】窗口，右击要卸载的硬件设备选项，在弹出的快捷菜单中选择【卸载】命令，在打开的对话框中单击【确定】按钮即可开始卸载。当卸载完成后，硬件设备将显示为不可用状态图标。

11.8　使用电脑办公设备

在使用电脑办公时，经常会用到一些外设，例如打印机、扫描仪和传真机等。另外，用户还可使用 U 盘或移动硬盘等移动存储设备来复制文件。

11.8.1　使用打印机

打印机的主要作用是将电脑编辑的文字、表格和图片等信息打印在纸张上，以方便用户查看。目前常见的打印机主要是喷墨打印机和激光打印机两种。

▶ 喷墨打印机：喷墨打印机就是通过将墨滴喷射到打印介质上来形成文字和图像的打印机。它的优点是能打印彩色的图片，并且在色彩和图片细节方面优于其他打印机，可完全达到铅字印刷质量。但缺点是打印速度慢、墨水较贵且消耗量较大，主要适用于打印量不大、打印速度要求不高的家庭和小

型办公室等场合。

▶ 激光打印机：激光打印机具有很高的稳定性，且打印速度快、噪音低、打印质量高，是最理想的办公打印机。激光打印机可分为黑白激光打印机和彩色激光打印机两类。黑白激光打印机是当今办公打印市场的

主流,彩色激光打印机主机和耗材比较昂贵。激光打印机除了可打印普通的文本文件外,还可以进行胶片打印、多页打印、邮件合并、手册打印、标签打印、海报打印、图像打印和信封打印等。

要使用打印机还需要安装驱动程序,用户可以通过安装光盘和联网下载获得驱动程序;用户还可以选择 Windows 7 系统下自带的相应型号打印机驱动程序来安装打印机。下面举例介绍使用系统自带驱动程序的方式来安装本地打印机。

step 1　单击【开始】按钮,从弹出的【开始】菜单中选择【设备和打印机】命令。

step 2　打开【设备和打印机】窗口,单击【添加打印机】按钮。

step 3　打开【添加打印机】对话框,单击【添加本地打印机】链接。

step 4　在打开的【选择打印机端口】对话框中单击【下一步】按钮。

step 5　打开【安装打印机驱动程序】对话框,选中当前所使用的打印机驱动程序,单击【下一步】按钮。

step 6　在打开的【键入打印机名称】对话框中单击【下一步】按钮,即可开始在 Window 7 系统中安装打印机驱动程序,完成安装后,在打开的对话框中单击【完成】按钮即可。

step 7　此时在【设备和打印机】窗口中可以看到新添加的打印机。

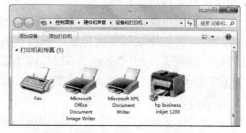

打印机的作用就是将电脑的文档或图片通过打印机打印在纸张上,一般能查看文档和图片的软件都支持打印功能。例如使用 Word 软件打印一份文档文件,按下 Ctrl+P 组合键,打开【打印】界面,在该界面中可以进行打印设置,包括设置打印范围、打印份数、打印模式等内容,最后单击【打印】按钮,打印机就开始打印该文档。

11.8.2　使用扫描仪

扫描仪是一种高科技产品,是一种输入设备,它可以将图片、照片、胶片以及文稿资料等书面材料或实物的外观扫描后输入电脑当中并以图片文件格式保存起来。扫描仪主要分为平板式扫描仪和手持式扫描仪两种。

使用扫描仪前首先要将其正确连接至电脑，并安装驱动程序。扫描仪的硬件连接方法与其他办公设备的连接方法类似，只需将扫描仪的 USB 接口插入电脑的 USB 接口中即可。扫描仪连接完成后，还要为其安装驱动程序，驱动程序安装完成后，就可以使用扫描仪来对文件进行扫描。

扫描仪与电脑连接后，需要把扫描仪的电源线接好，如果这时接通电脑，扫描仪会先进行自动测试。测试成功后，扫描仪上面的 LED 指示灯将保持绿色状态，表示扫描仪已经准备好，可以开始使用。

扫描文件需要软件支持，一些常用的图形图像软件都支持使用扫描仪，例如 Microsoft Office 的 Microsoft Office Document Imaging 程序，用户可以通过【开始】菜单打开该软件进行操作。

11.8.3 使用传真机

传真机在日常办公中发挥着非常重要的作用，因其可以不受地域限制地发送信号，且具有传送速度快、接收的副本质量好、准确性高等特点已成为众多企业传递信息的重要工具。

传真机通常具有普通电话机的功能，但其操作比电话机复杂一些。传真机的外观与结构各不相同，但一般都包括操作面板、显示屏、话筒、纸张入口和纸张出口等组成部分，如下图所示。其中，操作面板是传真机

最为重要的部分，它包括数字键、"免提"键、"应答"键和"重拨/暂停"键等，另外还包括"自动/手动"键、"功能"键和"设置"键等，以及一些工作状态指示灯。

在连接好传真机之后，就可以使用传真机传递信息了。首先将传真机的导纸器调整到需要发送的文件的宽度，再将要发送的文件的正面朝下放入纸张入口中，在发送时，应把先发送的文件放置在最下面。然后拨打接收方的传真号码，要求对方传输一个信号，当听到从接收方传真机传来的传输信号(一般是"嘟"声)时，按"开始"键即可进行文件的传输。

接收传真的方式有两种：自动接收和手动接收。

➤ 设置为自动接收模式时，用户无法通过传真机进行通话，当传真机检查到其他用户发来的传真信号后，便会开始自动接收。

➤ 设置为手动接收模式时，传真的来电铃声和电话铃声一样，用户需手动操作来接收传真。手动接收传真的方法为：当听到传真机铃声响起时拿起话筒，根据对方要求，按"开始"键接收信号。当对方发送传真数据后，传真机将自动接收传真文件。

11.8.4 使用移动存储设备

移动存储设备主要包括 U 盘、移动硬盘以及各种存储卡，使用这些设备可以方便地将办公文件随身携带或传递到其他办公电脑中。

➤ U 盘：U 盘是一种常见的移动存储设备。它的特点是体型小巧、存储容量大和价格便宜。目前常见的 U 盘的容量为 8GB、16GB 和 32GB 等。

➤ 移动硬盘：移动硬盘是以硬盘为存储介质并注重便携性的存储产品。相对于 U 盘来说，它的存储容量更大，存取速度更快，但是价格相对昂贵一些。目前常见的移动硬盘的容量为 500GB 到 2TB。

➤ 存储卡：SD 卡和 TF 卡都属于存储卡，但又有区别。从外形上来区分，SD 卡比 TF 卡要大；从使用环境上来分，SD 卡常用于数码相机等设备中。而 TF 卡比较小，常用于手机中。

移动存储设备的使用方法基本类似，具体方法如下。

step 1 将 U 盘的数据线插入电脑主机的 USB

接口中，在桌面任务栏右下角的通知区域中将显示连接 USB 设备的图标，此时系统自动打开【自动播放】窗口，【可移动磁盘(G:)】列表框中提供了多个选项，选择【打开文件夹以查看文件】选项。

step 2 此时打开【可移动磁盘(G:)】窗口，查看 U 盘内容。

step 3 打开【计算机】窗口，双击【本地磁盘(C：)】图标，进入 C 盘根目录。选择一个文件夹，按 Ctrl+C 快捷键复制该文件夹。

step 4 切换至【可移动磁盘(G：)】窗口，按 Ctrl+V 快捷键，粘贴复制的文件夹。

step 5 复制完成后，单击【关闭】按钮，关闭【可移动磁盘(G：)】窗口。

step 6 单击任务栏右边的图标，选择【弹出 Cruzer Blade】命令。

step⑦ 当桌面的右下角出现【安全地移除硬件】提示框,此时即可将U盘从电脑主机上拔下。

11.9 案例演练

本章的案例演练将指导用户在 Windows 7 系统中安装网络打印机的方法。

【例 11-10】在 Windows 7 系统中安装网络打印机。
🎬 视频

step① 单击【开始】按钮,打开【开始】菜单,选择【设备和打印机】选项,在打开的【设备和打印机】窗口中单击【添加打印机】按钮。

step② 打开【添加打印机】对话框,单击【添加网络、无线或 Bluetooth 打印机】按钮,系统开始搜索网络中可用的打印机。

step③ 显示搜索到的打印机列表,用户可选中要添加的打印机的名称,然后单击【下一步】按钮。

step④ 此时,系统开始连接该打印机,并自动查找驱动程序。

step⑤ 打开【打印机】提示窗口,提示用户需要从目标主机上下载打印机驱动程序,单击【安装驱动程序】按钮。

step⑥ 此时,系统自动下载并安装打印机驱动程序,成功下载驱动程序并安装完成会弹出对话框,提示用户已成功添加打印机,单击【下一步】按钮。

step⑦ 在打开的对话框中,选中【设置为默认打印机】复选框,然后单击【完成】按钮。

step⑧ 返回【设备和打印机】窗口,显示打钩的设备(默认打印机)即为添加的网络打印机。

第12章

电脑网络化办公

　　电脑办公现在越来越离不开网络，比如在局域网中可以共享资源，使用 Internet 可以下载办公资源、发送与接收电子邮件、与客户进行网上即时聊天等。本章主要介绍实现网络化办公的各项操作。

本章对应视频

例 12-1　配置电脑 IP 地址　　　　例 12-5　访问共享资源

例 12-2　配置网络位置　　　　　　例 12-6　取消共享资源

例 12-3　测试网络连通性　　　　　例 12-7　使用 IE 选项卡浏览网页

例 12-4　设置共享文件夹　　　　　本章其他视频参见视频二维码列表

12.1 组建办公局域网

局域网，又称 LAN(Local Area Network)，是在一个局部的地理范围内，将多台电脑、外围设备互相连接起来组成的通信网络，其用途主要是数据通信与资源共享。办公室里组建局域网可以让工作进行得更加顺利方便。

12.1.1 办公局域网简介

办公局域网与日常生活中所使用的互联网极其相似，只是范围缩小到了办公室而已。把办公用的电脑连接成一个局域网，电脑间共享资源，可以极大地提高办公效率。

办公局域网一般属于对等局域网，在对等局域网中，各台电脑有相同的功能，无主从之分，网上任意节点的电脑都可以作为网络服务器，为其他电脑提供资源。

通常情况下，按通信介质将局域网分为有线局域网和无线局域网两种。

1. 有线局域网

有线局域网是指通过网络或其他线缆将多台电脑相连形成的局域网。但有线网络在某些场合会受到布线的限制，布线、改线工程量大；线路容易损坏；局域网中的各节点不可移动。

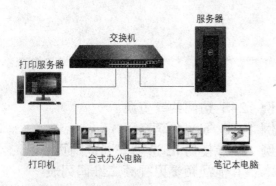

2. 无线局域网

无线局域网是指采用无线传输介质将多台电脑相连形成的局域网。这里的无线传输介质可以是无线电波、红外线或激光。无线局域网(Wireless LAN)技术可以非常便捷地以无线方式连接网络设备，用户之间

可随时、随地、随意地访问网络资源，是现代数据通信系统发展的重要方向。无线局域网可以在不采用网络电缆线的情况下，提供网络互联功能。

12.1.2 连接办公局域网

办公局域网如果是有线局域网，可以用双绞线和路由器将多台电脑连接起来。

➤ 双绞线：双绞线(Twisted Pair Wire)是最常见的一种电缆传输介质，它使用一对或多对按规则缠绕在一起的绝缘铜芯电线来传输信号。在局域网中最为常见的是由 4 对、8 股不同颜色的铜线缠绕在一起的双绞线。

➤ 路由器：路由器(Router)是连接互联网中各局域网、广域网的设备，它会根据信道的情况自动选择和设定路由，以最佳路径，

按前后顺序发送信号。

　　要连接局域网的设备，只需将网线的一端水晶头插入电脑机箱后的网卡接口中，然后将网线另一端的水晶头插入路由器的接口中。接通路由器即可完成局域网设备的连接操作。

　　使用相同的方法为其他电脑连接网线，连接成功后，双击桌面上的【网络】图标，打开【网络】窗口，即可查看连接后的多台电脑图标。

12.1.3　配置 IP 地址

　　IP 地址是电脑在网络中的身份识别码，只有为电脑配置了正确的 IP 地址，电脑才能够接入网络。

【例 12-1】在一台电脑中配置局域网的 IP 地址。
▶视频

step 1　在 Windows 7 系统中单击任务栏右方的网络按钮，在打开的面板中单击【打开网络和共享中心】链接。

step 2　打开【网络和共享中心】窗口，单击【本地连接】链接。

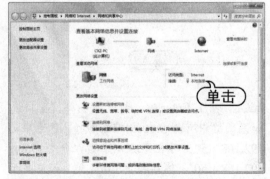

step 3　打开【本地连接　状态】对话框，单击【属性】按钮。

step 4　打开【本地连接 属性】对话框，双击【Internet 协议版本 4(TCP/IPv4)】选项。

step 5　打开【Internet 协议版本 4(TCP/IPv4) 属性】对话框，在【IP 地址】文本框中输入本机的 IP 地址，按下 Tab 键会自动填写子网掩码，然后分别在【默认网关】【首选 DNS 服务器】和【备用 DNS 服务器】中设置相应的地址。设置完成后，单击【确定】按钮，完成 IP 地址的设置。

　　TCP/IP 协议是 Internet 的基础协议，是用来维护、管理和调整局域网中电脑间的通

信的一种通信协议。在 TCP/IP 协议中，IP
地址是一个重要的概念，在局域网中，每台
电脑都由一个独有的 IP 地址来唯一识别。一
个 IP 地址含有 32 个二进制(bit)位，被分为 4
段，每段 8 位(1Byte)，如 192.168.1.2。

12.1.4　配置网络位置

在 Windows 7 操作系统中第一次连接
网络时，必须选择网络位置。因为这样可
以为所连接网络的类型自动进行适当的防
火墙设置。

当用户在不同的位置(例如，家庭、本地
咖啡店或办公室)连接网络时，选择一个合适
的网络位置将会有助于用户始终确保自己的
计算机设置为适当的安全级别。

【例 12-2】在一台电脑中配置网络位置。 视频

step 1 单击 Windows 系统任务栏右方的网
络按钮，在打开的面板中单击【打开网络
和共享中心】链接。

step 2 打开【网络和共享中心】窗口，单击
【工作网络】链接。

step 3 打开【设置网络位置】对话框，设置
电脑所处的网络，这里选择【工作网络】。

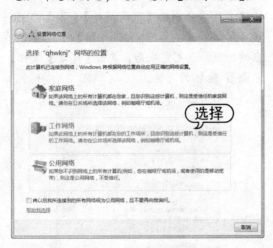

step 4 打开【设置网络位置】对话框，显示
说明现在正处于工作网络中，单击【关闭】
按钮，完成网络位置的设置。

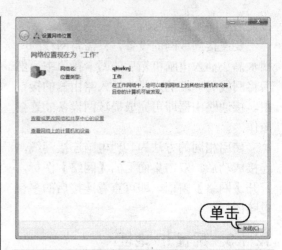

12.1.5　测试网络连通性

配置完网络协议后，还需要使用 ping 命
令来测试网络连通性，查看电脑是否已经成
功接入局域网。

【例 12-3】在 Windows 7 中使用 ping 命令测试网
络的连通性。 视频

step 1 单击【开始】按钮，在搜索框中输入
命令"cmd"。

step 2 按下 Enter 键，打开命令测试窗口。
如果网络中有一台电脑(非本机)的 IP 地址是
192.168.1.50，可在该窗口中输入命令"ping
192.168.1.50"，然后按下 Enter 键，如果显示
字节和时间等信息的测试结果，则说明网络
已经正常连通。

step 3 如果未显示字节和时间等信息的测

试结果，则说明网络未正常连通。

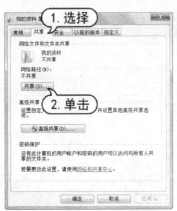

12.2 办公局域网共享资源

当用户的电脑接入局域网后，就可以设置共享办公资源，目的是方便局域网中其他电脑的用户访问该共享资源。

12.2.1 设置共享文件与共享文件夹

在局域网中共享的本地资源大多数是文件或文件夹资源。共享本地资源后，局域网中的任意用户都可以查看和使用该共享文件或文件夹中的资源。

【例 12-4】共享本地 C 盘中 "我的资料" 文件夹。
视频

step 1 双击桌面上的【计算机】图标，打开【计算机】窗口。双击【本地磁盘(C:)】图标。

step 2 打开 C 盘窗口，右击 "我的资料" 文件夹，在弹出的快捷菜单中选择【属性】命令。

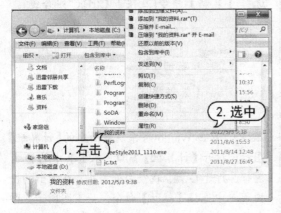

step 3 打开【属性】对话框，选择【共享】选项卡，然后单击【网络文件和文件夹共享】区域里的【共享】按钮。

step 4 打开【文件共享】对话框，在上方的下拉列表中选择 Everyone 选项，然后单击【添加】按钮，Everyone 即被添加到中间的列表中。

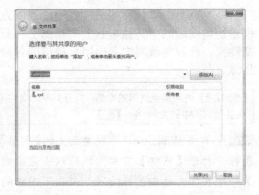

step 5 选中列表中刚刚添加的 Everyone 选项，然后单击【共享】按钮，即可开始共享设置。

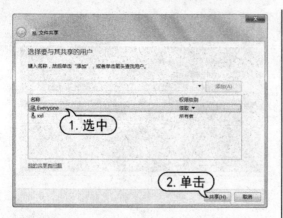

step 6 打开【您的文件夹已共享】对话框，单击【完成】按钮，完成共享操作。

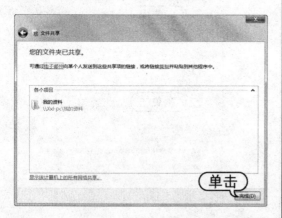

step 7 返回【属性】对话框，单击【关闭】按钮完成设置。

12.2.2 访问共享资源

在 Windows 7 操作系统中，用户可以方便地访问局域网中其他电脑上共享的文件或文件夹，获取局域网内其他用户提供的各种资源。

【例 12-5】访问局域网内的电脑，打开共享的文件夹并复制其中的文档。 视频

step 1 双击 Windows 7 系统桌面上的【网络】图标，打开【网络】窗口，然后双击该中的某一个共享文件夹图标(例如，双击下图中的 QHWK 图标)。

step 2 进入用户 QHWK 的电脑，其中显示了该用户共享的文件夹，双击 ShareDocs 文件夹，打开该文件夹。

step 3 双击打开文件夹中的 My Pictures 子文件夹图标，打开该文件夹，在窗口中显示文件和文件夹列表。

step 4 右击一个文件，从弹出的快捷菜单中选择【复制】命令(或按下 Ctrl+C 组合键)。

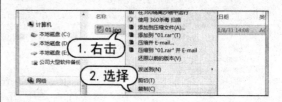

step 5 双击 Windows 系统桌面上的【计算机】图标，打开【计算机】窗口，双击其中的 D 盘图标，打开 D 盘，在空白处右击，在弹出的快捷菜单中选择【粘贴】命令，如下图所示。即可将 QHWK 电脑里的共享文档复制到本地电脑中。

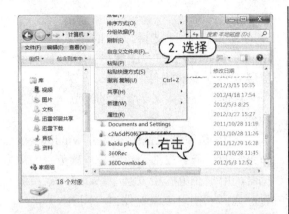

知识点滴

在【我的电脑】窗口中，在【地址】栏中输入"\\用户电脑名"，如输入"\\ QHWK"，也可以快速进入局域网上 QHWK 用户的电脑。

12.2.3 取消共享资源

如果用户不想再继续共享文件或文件夹，可将其共享属性取消，取消共享后，其他人就不能再访问该文件或文件夹的资源了。

【例 12-6】取消 C 盘中"我的资料"文件夹的共享。
▶视频

step① 打开【本地磁盘(C:)】窗口，右击"我的资料"文件夹，在弹出的快捷菜单中选择【属性】命令。

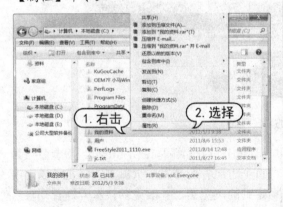

step② 打开【我的资料 属性】对话框，选择【共享】选项卡，单击【高级共享】区域中的【高级共享】按钮。

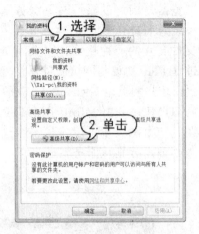

step③ 打开【高级共享】对话框，取消【共享此文件夹】复选框的选中状态，然后单击【确定】按钮。

step④ 返回【我的资料 属性】对话框，单击【关闭】按钮完成设置。

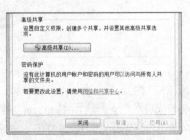

12.3 使用网络办公资源

网络成功连接后就可以上网了，要上网浏览信息必须要用到浏览器。用户可以使用它在 Internet 上浏览网页，并查找办公资源。对于查找到的有用资源，用户还可将其保存或下载下来，以方便日后使用。

12.3.1 使用浏览器上网

浏览器是指可以显示网页服务器或者文件系统的 HTML 文件内容，并让用户与这些文件交互的一种软件。网页浏览器主要通过 HTTP 协议与网页服务器交互并获取网页，这些网页由 URL 指定，文件格式通常为 HTML，并由 MIME 在 HTTP 协议中指明。一个网页中可以包含多个文档，每个文档都是分别从服务器获取的。大部

分的浏览器本身支持广泛的格式，例如 JPEG、PNG、GIF 等图像格式，并且能够扩展支持众多的插件。

目前，办公人员最常用的浏览器有以下几种。

▶ IE 浏览器：是微软公司 Windows 操作系统的一个组成部分。它是一款免费的浏览器，用户在电脑中安装了 Windows 系统后，就可以使用该浏览器浏览网页。

IE 浏览器的软件界面

▶ 谷歌浏览器(Google Chrome)：又称 Google 浏览器，是一款由 Google(谷歌)公司开发的开放源代码的网页浏览器。该浏览器基于其他开放源代码的软件所编写，目标是提升稳定性、速度和安全性，并创造出简单且有效率的使用者界面。

▶ 火狐(Mozilla Firefox)浏览器：是一款开源网页浏览器，该浏览器使用 Gecko 引擎

(即非 IE 内核)编写，由 Mozilla 基金会与数百个志愿者所开发。火狐浏览器是可以自由定制的浏览器，一般电脑技术爱好者都喜欢使用该浏览器。它的插件是世界上最丰富的，刚下载的火狐浏览器一般是纯净版，功能较少，用户需要根据自己的喜好对浏览器进行功能定制。

▶ 360 安全浏览器：是一款互联网上安

全的浏览器,该浏览器和 360 安全卫士、360 杀毒软件等都是 360 安全中心的系列软件产品。安装 360 软件后,通过该软件中提供的链接,下载并安装 360 浏览器。

在 Windows 7 操作系统中集成了 IE 8.0 浏览器,双击桌面上的 IE 浏览器图标，即可打开 IE 浏览器。IE 浏览器的操作界面主要由标题栏、地址栏、搜索栏、选项卡、状态栏等几部分组成。

▷ 标题栏:位于窗口界面的最上端,用来显示打开的网页名称,以及窗口控制按钮。

▷ 地址栏:用来输入网站的网址,当用户打开网页时显示正在访问的页面地址。单击地址栏右侧的 按钮,可以在弹出的下拉列表中选择曾经访问过的网址;单击右侧的【刷新】按钮，可以重新载入当前网页;单击右侧的【停止】按钮，将停止当前网页的载入。

▷ 搜索栏:用户可以在其文本框中输入要搜索的内容,按 Enter 键或单击 按钮,即可搜索相关内容。

▷ 收藏夹栏:用来收藏用户常用的网站。单击【收藏夹】按钮，会打开一个窗格,其中包括【收藏夹】【源】【历史记录】三个选项卡,分别显示收藏的网站、更新的网站内容和浏览历史记录。单击【添加到收藏夹栏】按钮，可以在收藏夹栏中添加一个当前网页的超链接按钮,单击此按钮可以快速进入相应的网页。

▷ 选项卡:因为 IE 支持在同一个浏览器窗口中打开多个网页,每打开一个网页对应增加一个选项卡标签,单击【新选项卡】按钮 能打开一个空白选项卡标签,单击相应的选项卡标签可以在打开的网页之间进行切换。

▷ 命令栏:包含了一些常用的工具按钮,如【主页】按钮，单击该按钮可以打开设置的主页页面。

▷ 网页浏览区:这是浏览网页的主要区域,用来显示当前网页的内容。

▷ 状态栏:位于浏览器的底部,用来显示网页下载进度和当前网页的相关信息。

IE 浏览器通过选项卡功能,可以在一个浏览器中同时打开多个网页。

【例 12-7】在 IE 中使用选项卡浏览网页。 视频

step 1 启动 IE 浏览器,然后在浏览器地址栏中输入网址"www.163.com",按 Enter 键。

step 2 单击【新选项卡】按钮,打开一个新的选项卡。

step 3 在地址栏中输入"www.sohu.com",按 Enter 键打开搜狐网的首页。

step 4 右击某个超链接,然后在弹出的快捷菜单中选择【在新选项卡中打开】命令,即可在一个新的选项卡中打开该链接。

step 5 使用同样的方法,用户可在一个 IE 窗口中打开多个选项卡,同时打开多个网页。

每个选项卡标签对应当前窗口内的一个独立的网页，单击这些标签，即可在不同的网页之间进行快速切换。

12.3.2 搜索办公资源

如何使用 Internet 才能找到自己需要的信息呢？这就需要使用搜索引擎。目前常见的搜索引擎有百度和 Google 等，使用它们可以帮助用户从海量的网络信息中快速、准确地找出需要的信息，提高用户的上网效率。

搜索引擎是一个能够对 Internet 中的资源进行搜索整理，然后提供给用户查询的网站系统。它可以在一个简单的网页页面中帮助用户实现对网页、网站、图像、音乐和电影等众多资源的搜索和定位。使用各种搜索引擎搜索办公信息的方法基本相同，一般是输入关键词作为查找的依据，然后单击【百度一下】或【搜索】按钮，即可进行查找。

【例12-8】使用"百度"搜索引擎，搜索网络中关于"智能手机"方面的网页信息。 视频

step 1 访问百度页面后，在页面中输入要搜索网页的关键词，单击【百度一下】按钮。

step 2 百度会根据搜索的关键词自动查找相关网页，查找完成后在新页面中以列表形

式显示相关网页。

step 3 在列表中单击超链接，即可打开对应的网页。例如单击【智能手机 百度百科】超链接，可以在浏览器中访问对应的网页。

12.3.3 保存网络资料

在浏览网页的过程中，遇到所需的办公资料，如网页中的文本、图片等，可以将这些信息资源保存到本地电脑中，供用户参考和使用。

1. 保存网页中的文本

在网上查找资料时，如果碰到自己比较喜欢的文章或者是对自己比较有用的文字信息，可将这些信息保存下来以供日后使用。

首先在要保存的网页中选中文本，右击，从弹出的快捷菜单中选择【复制】命令，打开文档编辑软件(记事本、Word 等)，将其粘贴并保存即可。

此外，还可以在要保存的网页中选择【页面】|【另存为】命令，打开【保存网页】对话框，在打开的对话框中设置网页的保存位置，然后在【保存类型】下拉列表中选择【文本文件】选项。选择完成后，单击【保存】按钮，即可将该网页保存为文本文件的形式。双击保存后的文本文件，即可查看已经保存的网页内容。

2. 保存网页中的图片

网页中有大量精美的图片，用户可将这些图片保存在自己的电脑中。要保存网页中的图片，可在该图片上右击，在弹出的快捷

菜单中选择【图片另存为】命令，打开【保存图片】对话框。在【保存图片】对话框中设置图片的保存位置和名称，然后单击【保存】按钮，即可将图片保存到本地电脑中。

3. 保存整个网页文件

若用户要在网络断开的情况下也能浏览某个网页，可将该网页整个保存在电脑的硬盘中。

【例12-9】使用 IE 浏览器保存网页文件。　视频

step 1　打开一个网页后，在 IE 浏览器中选择【页面】|【另存为】命令，打开【保存网页】对话框。

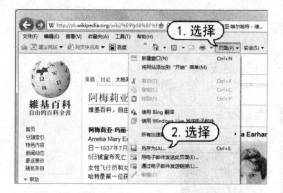

step 2　在打开的【保存网页】对话框中设置网页的保存位置，然后在【保存类型】下拉列表中选择【网页，全部】选项。选择完成后，单击【保存】按钮，即可将整个网页保存下来。

step 3　找到该网页的保存位置，双击保存的网页文件，即可打开该网页。

12.3.4　下载网络办公资源

网上具有丰富的资源，包括图像、音频、视频和软件等。用户可将自己需要的办公资源下载下来，存储到电脑中，从而实现资源的有效利用。

1. 使用浏览器下载

IE 浏览器提供了一个文件下载的功能。当用户单击网页中有下载功能的超链接时，IE 浏览器即可自动开始下载文件。

【例12-10】使用 IE 浏览器下载迅雷软件。　视频

step 1　打开 IE 浏览器，在地址栏中输入网址"https://www.xunlei.com/"，然后按 Enter 键打开网页。

step 2　单击【立即下载】按钮，系统将自动打开下载提示对话框，在下载提示对话框中单击【保存】按钮即可开始下载文件资源。

step 3　完成下载后，将弹出一个对话框提示是否运行下载的文件，用户在该对话框中单击【运行】按钮即可运行迅雷软件的安装程序。

2. 使用迅雷下载

迅雷是一款出色的网络资源下载工具，该软件使用多资源超线程技术，能够将网络

上存在的服务器和电脑资源进行有效的整合，以最快的速度进行数据传递。

【例12-11】使用迅雷下载聊天软件"腾讯QQ"。
📀视频

step 1 打开IE浏览器，访问QQ的下载页面，输入网址为http://im.qq.com/pcqq/。

step 2 右击QQ下载链接，在弹出的菜单中选择【使用迅雷下载】命令。

step 3 打开【新建任务】对话框，单击对话框右侧的【浏览】 按钮。

step 4 打开【浏览文件夹】对话框，选择下载文件的保存位置，然后单击【确定】按钮。

step 5 返回【新建任务】对话框，单击【立即下载】按钮。

step 6 此时，迅雷将开始下载文件，在主界面中可以查看与下载相关的信息与进度。

12.4 使用网络交流软件

网络交流是指通过 QQ 聊天工具和电子邮件等在互联网上与联系人进行交流的通信方式。使用这些软件，可以快捷地交流信息，使交流和沟通更加方便快捷。

12.4.1 使用 QQ 软件

腾讯 QQ 是一款即时聊天软件，在网络化办公中，通过 QQ 可以即时地和联系人进行沟通、发送文件、进行语音和视频通话等，是目前使用最为广泛的聊天软件之一。

1. 申请 QQ 号码

要使用 QQ 与他人聊天，首先要有一个QQ 号码，这是用户在网上与他人聊天时对个人身份的特别标识。用户可以在腾讯的官网进行申请。

step 1 打开IE 浏览器，在地址栏中输入网址"http://zc.qq.com/"，然后按 Enter 键，打开申请QQ 号码的首页。

step 2 在QQ 号码申请页面中根据网页要求输入昵称、密码、手机号码以及验证信息后单击【立即注册】按钮，即可在打开的页面

中获取一个QQ 号码。

2. 登录 QQ 号码

QQ 号码申请成功后，就可以使用该QQ 号码了。在使用 QQ 前首先要登录 QQ。双击系统桌面上的 QQ 启动图标，打开 QQ 的登录界面。在【账号】文本框中输入 QQ 号码，然后在【密码】文本框中输入申请QQ 时设置的密码。输入完成后，按 Enter 键或单击【登录】按钮。

此时即可开始登录 QQ，登录成功后将显示 QQ 的主界面。

3. 添加 QQ 好友

如果用户知道要添加好友的 QQ 号码，可使用精确查找的方法来查找并添加好友。

step 1 当 QQ 登录成功后，单击其主界面下方的【加好友】按钮🔲打开【查找】对话框。

step 2 在账号文本框中输入好友的 QQ 账号，单击【查找】按钮。

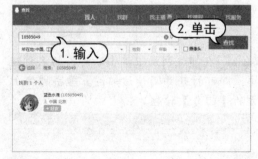

step 3 系统即可查找出 QQ 上的好友，选中该用户，然后单击【+好友】按钮，打开【添加好友】对话框。

step 4 在【添加好友】对话框中要求用户输入验证信息。输入完成后，单击【下一步】按钮，即可发出添加好友的申请，等对方同意验证后，即可成功地将其添加为自己的好友。

4. 使用 QQ 网上办公

QQ 中有了好友之后，就可以与好友聊天了。用户可在好友列表中双击对方的头像，打开聊天窗口。

在聊天窗口下方的文本区域中输入聊天的内容，然后按 Ctrl+Enter 组合键或者单击【发送】按钮，即可将消息发送给对方，同时该消息以聊天记录的形式出现在聊天窗口上方的区域中。

QQ 不仅支持文字聊天，还支持视频聊天。要与好友进行视频聊天，必须要安装摄像头，将摄像头与电脑正确地连接后，就可以与好友进行视频聊天了。打开聊天窗口，单击该窗口上方的【发起视频通话】按钮，给好友发送视频聊天请求。等对方接受视频聊天请求后，双方就可以进行视频聊天了。在视频聊天的过程中，如果电脑安装了耳麦，还可同时进行语音聊天。

12.4.2 收发电子邮件

电子邮件又叫 E-mail，是指通过网络发送的邮件，和传统的邮件相比，电子邮件具有方便、快捷的优点。在各种商务往来和社交活动中，电子邮件起着举足轻重的作用。

1. 申请电子邮箱

要发送电子邮件，首先要有电子邮箱。目前国内的很多网站都提供了各有特色的免费邮箱服务。对于不同的网站来说，申请免费电子邮箱的步骤基本相同。

step 1 打开 IE 浏览器，在地址栏中输入网址"http://www.126.com/"，然后按 Enter 键，进入 126 电子邮箱的首页，单击【注册】按钮。

step 2 打开【用户注册】页面，如下图所示。根据网页提示输入邮箱地址、密码、手机号、验证码等信息。

step 3 正确填写网页信息后，单击页面底部的【立即注册】按钮，即可注册电子邮箱。

2. 阅读并回复电子邮件

用户只需输入用户名和密码，然后按 Enter 键即可登录电子邮箱。进入邮箱首页后，单击页面左侧的【收件箱】选项即可显示邮箱中的邮件列表。

登录电子邮箱后，如果邮箱中有邮件，就可以阅读电子邮件了。如果想要给发信人回复邮件，直接单击【回复】按钮即可。

step 1 电子邮箱登录成功后，如果邮箱中有新邮件，则系统会在邮箱的主界面中给予用户提示，同时在界面左侧的【收件箱】按钮后面会显示新邮件的数量。单击【收件箱】按钮，将打开邮件列表。

step 2 在邮件列表中单击新邮件的名称链接，即可打开并阅读该邮件。单击邮件上方的【回复】按钮。

step 3 打开回复邮件的页面，自动在【收件人】和【主题】文本框中添加收件人的地址和邮件的主题。用户只需在写信区域输入要回复的内容，然后单击【发送】按钮即可回复邮件。

step 4 成功回复后，系统将显示邮件回复成功界面。

3. 撰写并发送电子邮件

登录电子邮箱后，就可以给其他人发送电子邮件了。单击邮箱主界面左侧的【写信】按钮，打开写信的页面，在【收件人】文本框中输入收件人的电子邮件地址，在【主题】文本框中输入邮件的主题，然后在邮件内容区域输入邮件的正文，单击【发送】按钮，即可发送电子邮件。

12.5 案例演练

本章的案例演练部分将结合前面学过的 Word、Excel 软件介绍利用 Office 软件的"邮件合并"功能，群发"员工工资条"邮件的方法。

【例 12-12】使用 Word+Excel 群"发员工工资条"邮件。

视频+素材 (素材文件\第 12 章\例 12-12)

step 1 首先在电脑中配置好 Outlook，然后在 Excel 工作表中录入要群发的工资条数据，并将工作簿保存为"6月工资"。

step 2 使用 Word 制作一个下图所示的本月工资条文档模板。

本月工资条

姓名	提成工资	基本工资	实发工资

step 3 选择【邮件】选项卡，单击【开始邮

件合并】组中的【选择收件人】下拉按钮，从弹出的列表中选择【使用现有列表】选项。

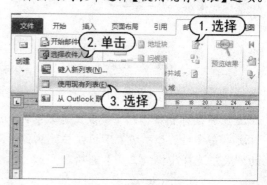

step 4 打开【选取数据源】对话框，选中步骤 1 创建的"6月工资"工作簿后单击【打开】按钮。

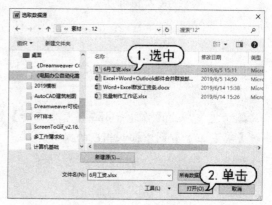

step 5 打开【选择表格】对话框，选中其中的"工资表$"选项，单击【确定】按钮。

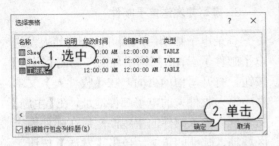

step 6 将鼠标指针置于 Word 文档表格中的【姓名】列内，单击【邮件】选项卡【编写和插入域】组中的【插入合并域】下拉按钮，从弹出的列表中选择【姓名】选项。

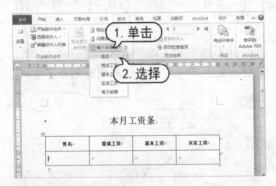

step 7 将鼠标指针插入【提成工资】列内，再次单击【插入合并域】下拉按钮，从弹出的列表中选择【提成工资】选项。

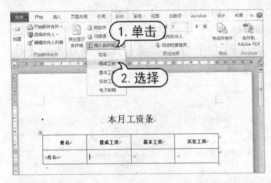

step 8 重复以上操作，分别在【基本工资】和【实发工资】列中插入相应的项目。

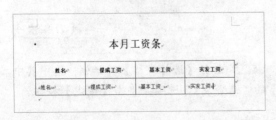

step 9 单击【邮件】选项卡【完成】组中的【完成并合并】下拉按钮，从弹出的列表中选择【发送电子邮件】选项。

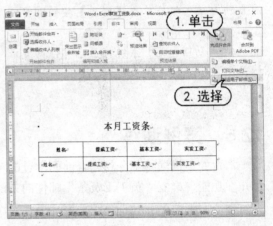

step 10 打开【合并到电子邮件】对话框，单击【收件人】下拉按钮，从弹出的列表中选择【电子邮箱】选项。

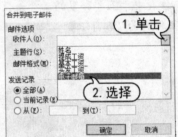

step 11 在【合并到电子邮件】对话框的【主题行】输入"6月份工资通知单"，然后单击【确定】按钮，即可启动 Outlook 自动群发电子邮件。